高等学校电子技术类专业系列教材

电离层波传播

周彩霞　吴振森　编著

西安电子科技大学出版社

内 容 简 介

本书介绍电离层的基本形态、电离层中的波传播特性、电离层探测技术及其应用。主要内容包括电离层的形成、形态结构及变化规律，电离层波传播的磁离子理论以及色散关系，几何光学近似理论下的射线方程，分层介质中的波传播特性，电波垂直、斜向、返回散射传播特性及穿透电离层的波传播特性，电离层信道特征，电离层探测技术的基本原理和应用等。

本书注重基本概念和基本原理，将传播理论与实际观测相结合，以图表形式引用了多种电离层探测手段的相关观测结果；知识覆盖面较宽，内容充实，难易适中；每章都配有相应的习题及课外学习任务，便于学生掌握必要的传播概念和理论，培养并提高学生的工程应用及创新实践能力。

本书可供电波传播与天线、电子信息科学与技术及相关专业的本科学生学习“电离层传播”课程时使用，也可供通信、雷达、电波传播等相关专业领域的研究生、科研和工程技术人员参考。

图书在版编目(CIP)数据

电离层波传播/周彩霞，吴振森编著. —西安：西安电子科技大学出版社，2021.11
ISBN 978-7-5606-6126-1

Ⅰ. ①电… Ⅱ. ①周… ②吴 Ⅲ. ① 电离层传播—研究 Ⅳ. ① TN011

中国版本图书馆 CIP 数据核字(2021)第 151308 号

策划编辑 李惠萍
责任编辑 张 玮
出版发行 西安电子科技大学出版社(西安市太白南路 2 号)
电　　话 (029)88202421 88201467　　邮　　编 710071
网　　址 www.xduph.com　　电子邮箱 xdupfxb001@163.com
经　　销 新华书店
印刷单位 西安创维印务有限公司
版　　次 2021 年 11 月第 1 版 2021 年 11 月第 1 次印刷
开　　本 787 毫米×1092 毫米 1/16 印张 10.5
字　　数 243千字
印　　数 1～2000 册
定　　价 25.00 元
ISBN 978-7-5606-6126-1/TN
XDUP 6428001-1

前　言

“电离层传播”课程是电波传播与天线专业的专业核心课程，是电子信息类专业的重要专业课程。本书是为适应电波传播与天线专业关于“理论与实践相结合，电波传播和天线基础与电子信息环境和科技工程应用相结合”的人才培养理念及“厚基础、重实践、宽口径、精术业”的创新人才教学理念，在编者多年的教学经验基础上精心编写的本科专业教材。

本书参考学时为40～50学时。全书围绕电离层形态特性和介质特性以及无线电波在电离层中的传播特性展开，共分为6章，其中第1章介绍电离层基本结构和形态特性，第2～3章介绍均匀及非均匀等离子体介质中的电波传播理论，第4章结合电离层垂直、斜向及后向返回散射探测系统介绍无线电波经电离层反射的天波传播特性，第5章结合卫星监测系统介绍穿透电离层的卫星信号传播特性，第6章介绍电离层的探测技术及人工影响电离层的相关技术和实验。

本书注重基本概念和基本理论，将传播理论与实践应用相结合，以大量图表形式引用了电离层实际观测数据和数值模拟数据，力图形象化地展示电离层形态特征及电波传播特性。本书每章都配有习题，便于学生掌握必要的传播概念和理论；此外还在每章末布置了课外学习任务，题目大都具有启发性或工程实用性，可供教师教学使用，以培养并提高学生的工程应用及创新实践能力。

本书所引用的电离层及空间环境观测数据大都来自中国电波传播研究所、西安电波观测站以及中国科学院空间环境预报中心、中国气象局国家空间天气监测预警中心等，在此对上述各单位及相关人员表示诚挚的谢意。本书在编写过程中参考和引用了大量国内外相关著作和文献，在此也对这些参考文献的作者表示感谢。

由于编者时间和水平有限，书中难免存在疏漏之处，敬请广大读者批评指正。

本书作者电子邮箱：cxzhou@xidian.edu.cn，wuzhs@mail.xidian.edu.cn。

作　者

2021年5月

目　录

第0章 绪 论

按照国际无线电工程师协会给出的定义：电离层是地球大气中一个部分电离的区域，高度范围约为60～1000 km，其中含有足够多的自由电子，它们显著地影响着无线电波的传播。地球电离层与磁层、低层中性大气(平流层及对流层)以及地球表面和内部构成地球空间，而地球空间、行星际空间、太阳及太阳大气又构成日地空间，这是人类赖以生存的空间环境。日地空间的各层在太阳支配下构成了相互联系的整体，称为日地系统，如图0.1所示。

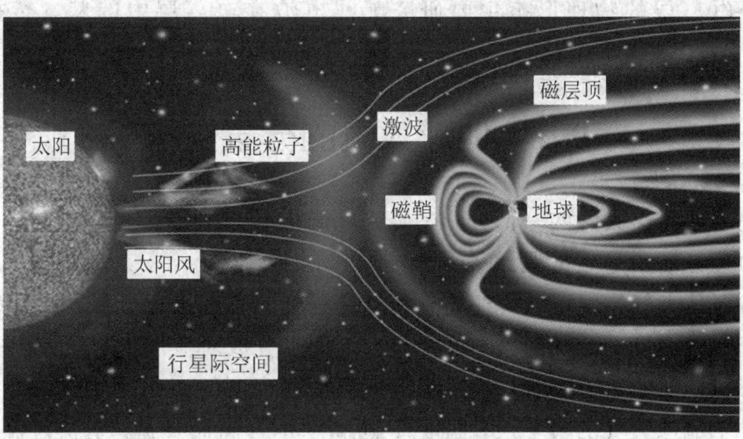

图0.1 日地系统示意图

从电波传播角度来讲，离地面几千千米高度(或者高至同步卫星轨道)以下的近地空间环境是通信、导航、雷达等无线电信息系统电波的主要传播环境。不同频率的无线电波通过地球附近的近地空间各层区时均会受到不同程度的影响。

电离层作为日地空间环境的重要组成部分，是多种雷达和导航系统的环境要素之一。对于无线电波传播而言，电离层不仅是随机的、时变的、不均匀的、色散的、有耗的、各向异性的，甚至非线性的传输媒质，还会对无线电波产生折射、散射、吸收、时延、极化旋转等电磁效应，引起电波射线弯曲、衰减、闪烁、色散、多径、多普勒频移等传播效应。特别是太阳风暴期间，电离层受到严重干扰，导致雷达和导航系统的信号传播环境变坏，从而影响系统的正常运行。受电离层影响的无线电信息系统的频谱很宽，粗略地说，10 GHz以下的无线电系统都要受到不同程度的影响。这些系统种类繁多，包括天基对地遥感系统、地基空间目标监测系统、卫星导航系统、卫星通信系统、高频通信系统、天波超视距雷达系统，以及甚低频对潜艇通信和导航系统等，如图0.2所示。

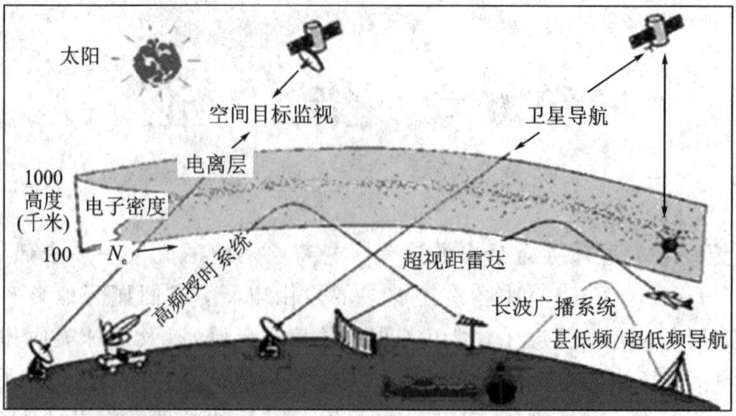

图 0.2　电离层对无线电系统的影响

本书基于电离层的物理形态主要研究无线电波在电离层中的基本传播理论及传播特性。

0.1　地球大气的分层结构

电离层是地球高层大气的一部分，在研究电离层的过程中，有必要先概要地了解一下地球大气的物理特征及分层情况。

通常可将地球大气按温度、大气成分和电离程度的不同进行分层，如图 0.3 所示。

按照地球大气温度的变化特点，可将其自下而上分成对流层、平流层、中层、热层和逃逸层，如图 0.3(a)所示，图中曲线描述了大气温度随高度的变化。

对流层位于地球大气的最下层，温度 T 随高度 h 升高而降低。对流层高度范围随地球纬度不同而略有差别，一般赤道地区约为 17～18 km，中纬地区约为 9～12 km，高纬极地地区约为 8～9 km。从光学/电磁学角度来讲，对流层是大气传输衰减较为显著的区域。平流层大约在 12～50 km 高度范围之间，温度 T 随高度 h 升高而略有上升。中层大约位于 50～80 km高度范围之间，其温度 T 又随高度 h 升高而降低。热层位于大约 80～800 km 高度范围之间，温度 T 单调上升，并且开始变化很快，随后变化缓慢。在热层顶高度以上，温度 T 几乎不随高度变化，这里大气极为稀薄，大气粒子常常散逸到星际空间，称为逃逸层。

按照地球大气成分组成特点，可将其自下而上分成均质层(或湍流层)和异质层，如图 0.3(b)所示，图中曲线描述了大气平均分子量随高度的变化。

在大约 100 km 高度以下，受大气湍流、对流等活动的影响，大气中各种物理化学成分完全混合，平均分子量随高度变化不大，称为均质层或湍流层。在大约 100 km 高度以上，大气中各种成分的比例随高度的不同而变化，平均分子量随高度增加逐渐减小，称为异质层或非均质层。

按照地球大气被电离的程度，可将其自下而上分成中性层、电离层和磁层，如图 0.3(c)所示，图中曲线描述了电子密度随高度的变化。

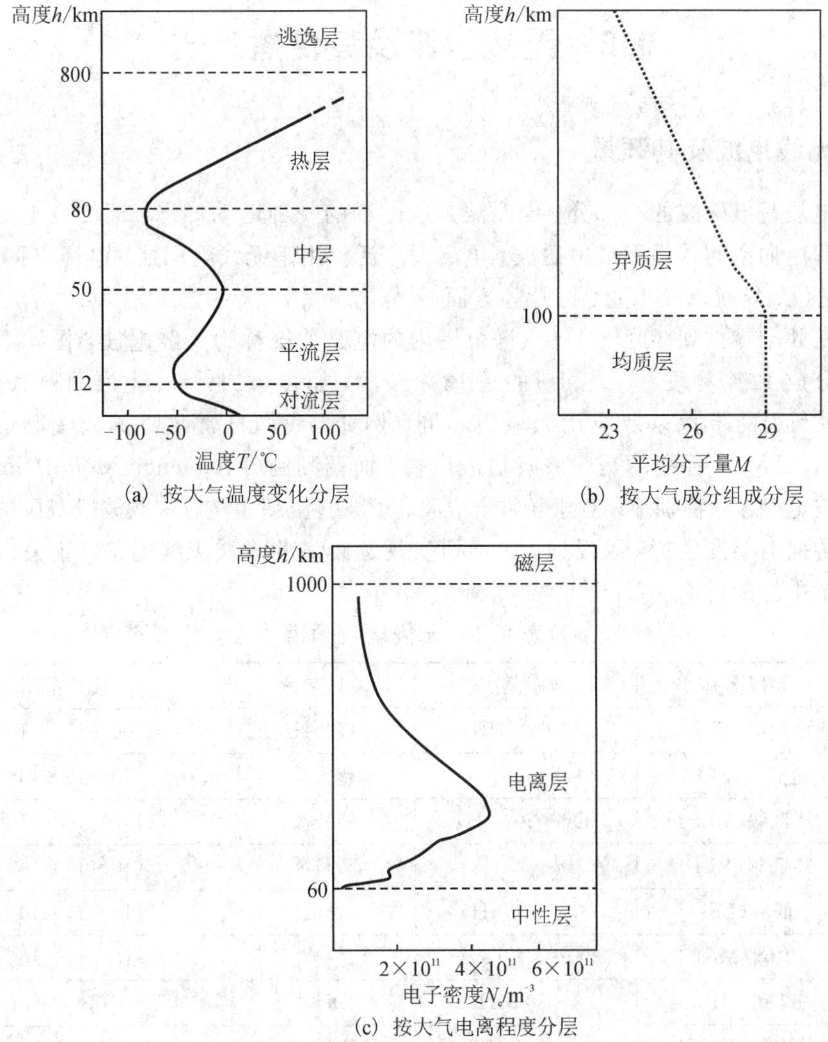

图 0.3 地球大气的分层结构

由于太阳高能电磁辐射、宇宙射线和沉降粒子等作用于地球高层大气，使大气分子发生电离后产生大量的自由电子和离子。其中电离层是位于大约 60～1000 km 高度范围内被部分电离的准电中性等离子体区域，电离层中含有大量的自由电子、正负离子及中性分子和原子。电离层对于通过此区域的无线电波的传播特性(如传播方向、传播速度、偏振状态等)有着显著的影响。按照国际无线电工程师协会给出的定义：电离层是地球大气中一个部分电离的区域，高度范围约为 60～1000 km，其中含有足够多的自由电子，显著地影响无线电波的传播。

中性层是位于大约 60 km 以下的几乎未被电离的中性大气层。磁层是位于大约1000 km 以上被太阳风包围的完全电离的等离子体区域，它是保护地球人类生存环境的第一道天然屏障，受地磁场控制。正常的磁层对无线电波影响不大，在磁暴期间可引发电离层暴，进而影响无线电波传播性能。

0.2　无线电波及其传播方式

0.2.1　无线电波及其频谱

无线电波是电磁波的一部分。电磁波是电磁场的一种运动形态，即交变电磁场在相互激发的过程中向空间传播形成电磁波。电磁波广泛应用于无线电广播、电视、手机通信、卫星通信、定位、导航以及工业、医疗等方面。

频率从几十赫兹到3000 GHz频谱范围内的电磁波统称为无线电波，国际上将无线电波频谱划分成12个频段，与之相应的是12个波段，如表0.1所示。电波的频率不同，其传播特性、可利用的带宽以及应用领域也不同。例如，我们日常收听的调幅制(Amplitude Modulation，AM)广播指的是中波及短波广播，而调频制(Frequency Modulation，FM)广播是超短波电磁波。特别地，对于长波、中波、短波甚至超短波，这些波段范围的无线电波经电离层传播时会发生折射、反射，进而可实现远距离的天波无线通信，相关内容将在本书的第4章中详细讨论。

表0.1　无线电波频谱

<table>
<tr><th>段号</th><th>频段名称</th><th>频率范围</th><th>波段名称</th><th colspan="2">波长范围</th></tr>
<tr><td>1</td><td>极低频(ELF)</td><td>3～30 Hz</td><td>极长波</td><td colspan="2">$(100\sim10)\times10^6$ m</td></tr>
<tr><td>2</td><td>超低频(SLF)</td><td>30～300 Hz</td><td>超长波</td><td colspan="2">$(10\sim1)\times10^6$ m</td></tr>
<tr><td>3</td><td>特低频(ULF)</td><td>300～3000 Hz</td><td>特长波</td><td colspan="2">$(100\sim10)\times10^4$ m</td></tr>
<tr><td>4</td><td>甚低频(VLF)</td><td>3～30 kHz</td><td>甚长波</td><td colspan="2">$(10\sim1)\times10^4$ m</td></tr>
<tr><td>5</td><td>低频(LF)</td><td>30～300 kHz</td><td>长波</td><td colspan="2">$(10\sim1)\times10^3$ m</td></tr>
<tr><td>6</td><td>中频(MF)</td><td>300～3000 kHz</td><td>中波</td><td colspan="2">$(10\sim1)\times10^2$ m</td></tr>
<tr><td>7</td><td>高频(HF)</td><td>3～30 MHz</td><td>短波</td><td colspan="2">100～10 m</td></tr>
<tr><td>8</td><td>甚高频(VHF)</td><td>30～300 MHz</td><td>超短波</td><td colspan="2">10～1 m</td></tr>
<tr><td>9</td><td>特高频(UHF)</td><td>300～3000 MHz</td><td>分米波</td><td rowspan="4">微波</td><td>10～1 dm</td></tr>
<tr><td>10</td><td>超高频(SHF)</td><td>3～30 GHz</td><td>厘米波</td><td>10～1 cm</td></tr>
<tr><td>11</td><td>极高频(EHF)</td><td>30～300 GHz</td><td>毫米波</td><td>10～1 mm</td></tr>
<tr><td>12</td><td>至高频</td><td>300～3000 GHz</td><td>丝米波</td><td>1～0.1 mm</td></tr>
</table>

微波段的波长相对较短，具有穿透性，能穿透电离层、云雾、雨、植被甚至物质内部，是宇宙探测、遥感技术、卫星通信等的重要技术手段。在雷达、通信以及常规微波技术中，常用字母代号表示微波的分波段，表0.2列出了几种常用的微波分波段代号及其对应的频率和波长范围。例如，美国的GPS(Global Positioning System)、我国的北斗卫星导航系统(BeiDou Navigation Satellite System，BDS)，其工作频段大都位于L波段范围。卫星与地面间的雷达、导航、通信等系统的无线电波是穿透电离层进行传播的，其传播特性受到电离层一定程度的影响，相关内容将在本书的第5章中详细讨论。

表 0.2　常用微波分波段代号

波段代号	标称波长/cm	频率范围/GHz	波长范围/cm
L	22	1～2	30～15
S	10	2～4	15～7.5
C	5	4～8	7.5～3.75
X	3	8～12	3.75～2.5
Ku	2	12～18	2.5～1.67
K	1.25	18～27	1.67～1.11
Ka	0.8	27～40	1.11～0.75
U	0.6	40～60	0.75～0.5
V	0.4	60～80	0.5～0.375
W	0.3	80～100	0.375～0.3

30 kHz 以下的甚低频(Very Low Frequency，VLF)乃至极低频(Extremely Low Frequency，ELF)电磁波，其波长较长，在沿着地球表面传播时的传输损耗小，相位和幅度较为稳定，通常可在全球范围内传输，在一定程度上还能够渗透海水和土壤，因此被广泛应用于地层勘测分析、地面目标探测以及对潜(指潜艇)通信等领域。ELF/VLF 波在地—电离层波导中的传播特性不在本书讨论范围中，有兴趣的读者可自己查找相关资料学习。

0.2.2　无线电波传播方式

任何一种完整的通信系统都应该包含发射端、接收端和传播媒质三个组成部分。无线电波通信的传播媒质主要是地球空间，如地表、对流层、电离层等。而不同媒质对于不同频段的无线电波传播特性有着不同的影响，因此特定频率和极化特性的无线电波与特定媒质匹配形成了某种特定的无线电波传播方式。

常用的无线电波传播方式包括以下几种(如图 0.4 所示)。

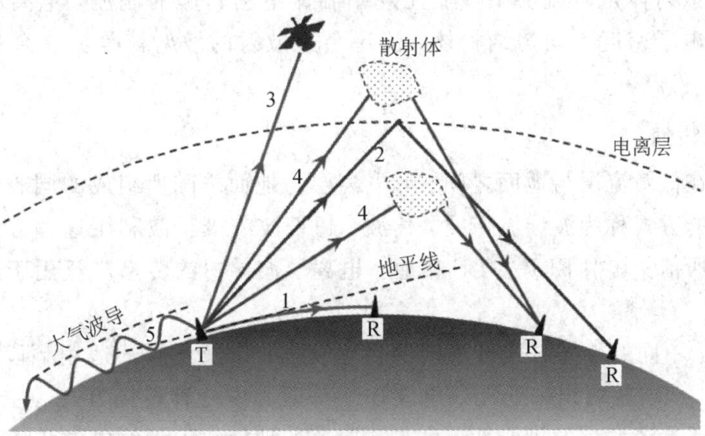

1—地波传播；2—天波传播；3—视距传播；4—散射传播；5—波导波传播

图 0.4　无线电波传播方式

1. 地面波传播

无线电波沿地球表面空间绕射的传播模式称为地面波传播或地波传播。波长较长的无线电波沿地表绕射传播的能力较强，可以传播到地平线以下，实现超视距传播。地面波传播的主要特点是传输损耗小，作用距离远，主要适用于超长波、长波和中波波段。其中超长波、长波沿地表绕射传播距离可达1000 km以上，常用于超远程无线电通信和导航；中波、中短波适用于广播与电报通信，比如白天的中波广播就是靠地面波传播的。

2. 天波传播

无线电波经高空电离层的反射而到达地面接收点的传播模式称为天波传播。电离层只能反射有限频段的无线电波，波长过长的无线电波经电离层传播时能量损耗太大而消散，波长过短的无线电波受电离层折射效应太弱而不能返回地面。长波、中波、短波都可以利用电离层的反射实现天波通信，其中短波在电离层中传播时吸收损耗较弱，且反射点较高，经电离层反射后的地面传输距离较远，通常可以实现3000 km以上的超视距传播。本书第4章将详细讨论天波传播的基本理论和传输特性。

3. 视距传播

无线电波在发射点和接收点之间沿直线传播的方式称为视距传播。视距传播又可分为地—地视距传播和地—空视距传播。地—地视距传播的有效传输距离一般较短，主要用于超短波和微波通信，比如地面移动通信、电视广播、微波中继通信、雷达通信等。卫星与地面台站之间的无线通信链路属于地—空视距传播，比如卫星通信、卫星导航等。地—空视距传播通常是穿透对流层和电离层的传播方式，因此无线电波传输性能受对流层和电离层的显著影响，本书第5章将讨论电离层对地—空链路上无线电波传播特性的影响。

4. 散射传播

利用空间媒质中“团”状的不均匀结构对无线电波的散射特性实现超视距传播的方式统称为散射传播。散射传播主要包括对流层散射、电离层散射和流星余迹散射，其中对流层散射中的散射体是对流层中气流无规则湍流运动引起的涡流，电离层散射中的散射体是小尺度的电子密度不均匀结构体，流星余迹散射的散射体是流星余迹穿过后形成的电离区。

5. 波导波传播

无线电波在低对流层与地面之间、低电离层与地面之间所组成的同心球壳形波导内实现超视距传播的方式称为波导波传播。长波、超长波或极长波利用这种方式能以较小的衰减进行远距离通信。其中ELF/VLF在地—电离层波导内的传播广泛用于远距离通信和深海对潜通信等。

综上所述，不同的传播方式有不同的传输特性，以及不同的适用频段和应用领域。实际上，发射端天线所辐射出来的无线电波往往是以其中一种传播方式为主，并不排除某些条件下几种传播途径并存的可能性。只有掌握了各种模式下无线电波传播的特性和规律之后，才能根据实际需要确定一条无线链路作为主要传播方式，选择合适的工作频率，以确保最佳的传播条件。这是使无线电通信、广播、导航等系统正常工作的必要保证。

0.3　电离层研究与探测

0.3.1　电离层研究与探测的发展过程

电离层波传播理论及应用研究与电离层探测特别是探测手段的发展是紧密相关的。

早在1902年，英国学者海维塞德(O. Heaviside)和美国电气工程师肯尼利(A. E. Kennelly)分别提出假设，在大气层高处存在一个“导电层”，可以起到反射无线电波的作用，成功解释了1901年意大利电气工程师马可尼(G. Marconi)的跨大西洋无线通信实验。自此以后的一段时期内该导电层被称为“Heaviside层”或“Kennelly - Heaviside层”。以当时所应用的无线电波频率来判断，此为电离层的常规E层。

在1924—1925年，英国物理学家艾普利通(E. V. Appleton)和他的研究生巴涅特(M. A. F. Barnett)利用地波与天波干涉法证明了电离层的存在。后来艾普利通又发现了电离层F层，称为艾普利通电离层，并以此获得了1947年诺贝尔物理学奖。

1925年，美国的布雷特(G. Breit)和图夫(M. A. Tuve)利用垂直向上发射无线电脉冲并接收来自电离层的回波的方法，通过测量无线电脉冲的飞行时间推算电离层的剖面特性。这种技术的核心思想一直保留到今天，成为现代电离层研究工作中最有力的手段。

1926年，英国物理学家沃森·瓦特(Robert Watson Watt)首次使用了“电离层”(Ionosphere)这一术语，并沿用至今。

1925—1932年，艾普利通和哈特里(D. R. Hartree)等人建立了完整的磁离子理论，提出了计算电波折射指数的Appleton - Hartree公式(简称A - H公式)，为研究无线电波在电离层中的传播奠定了理论基础。1931年，卡普曼(S. Chapman)提出了大气层电离及电离层形成理论，极大地推动了电离层的研究，而电离层的研究又进一步促进了短波通信的发展。

第二次世界大战期间及战后，电离层及无线电波传播的研究发展迅速。1946年射电望远镜刚刚投入使用，人们观测天鹅座射电星(Cygnus)64 MHz射电信号时发现其辐射强度有明显的短周期不规则起伏，从而开始电离层闪烁研究。1949年，首次在V - 2火箭上安装朗缪尔探针直接探测电离层，开创了电离层直接探测的先例。1957年苏联第一颗人造地球卫星发射成功，将信标机搭载于卫星上，利用电波传播效应进行电离层总电子含量、电子密度剖面和电离层运动等方面的探测。

1958年戈登(W. E. Gordon)提出了电离层非相干散射探测理论，并预言可以在地面用大功率雷达探测到散射回波，进而获得整个电离层的电子密度剖面。同年10月，鲍尔斯(K. L. Bowles)在秘鲁测得电子的非相干散射回波，证实了戈登的预言。当前非相干散射雷达已发展成为地面探测技术中最精确、获得参量最多的一种探测方法，以美国和欧洲非相干散射协会(European Incoherent SCATter, EISCAT)为主已先后建设了十多套非相干散射雷达。

20世纪70年代开始逐步开展了电离层人工变态的相关实验和理论研究，利用电离层加热、电离层物质注入、人工电离镜等技术，人为地、有控制地局部改变电离层形态，以建立新的或阻断原有的通信链路。目前全球最大的电离层高频加热设备是美国为实施“高频人造极光研究计划”(HF Artificial Auroral Research Project, HAARP)而建在阿拉斯加的有效辐射功率达3 GW的电离层高频加热站。

国内的电离层研究最早起步于20世纪30年代，上海前国立中央研究院物理研究所的陈茂康研究员等、武昌前华中大学的桂质廷教授等利用手动电离层垂直探测设备先后在上海、武昌地区进行了电离层垂直探测，这是我国最早的电离层研究记载。

1944年，前中国国际广播电台台长冯简筹建了“中央电波研究所”，研制了电离层垂直探测仪，先后建立了重庆、兰州等观测站。抗日战争胜利后，桂质廷教授领导武汉大学电离层实验室进行电离层垂直探测的常规测量。中华人民共和国成立初期在吕保维等人的主持下，我国先后在北京、满洲里、长春、广州等地建立了电离层垂测站，基本建成了我国的电离层垂测网，并陆续开展国内局部区域的电离层骚扰预报业务。

自20世纪60～70年代，中科院地球物理研究所、中国电波传播研究所等科研单位利用火箭、卫星等手段，陆续开展了高空实地探测及穿透电离层的电波传播效应研究工作，筹建并开展了高频后向散射返回雷达观测、非相干散射雷达观测、电离层人为干扰及其对电波传播影响的大规模实验观测。

目前在国内的北京、青岛、广州、昆明、海口等多个城市及南北极等多个国家和地区设立的电波环境观测站，组成了全国性的电波环境观测站网，基本实现了对我国境内和部分国家利益相关区域的覆盖，基于电波观测站网的观测数据建立了国家电波数据库，形成了大量电波研究成果，在国防信息化建设中已得到广泛应用。

2012年10月，我国空间科学领域首个国家重大科技基础设施项目——东半球空间环境地基综合探测子午链(简称“子午工程”)通过国家验收。“子午工程”是利用东经120°子午线附近，北起漠河，经北京、武汉，南至海南并延伸到南极中山站，以及东起上海，经武汉、成都，西至拉萨的沿北纬30°纬度线附近现有的15个监测台站，建成一个以链为主、链网结合的，运用地磁、无线电、光学和探空火箭等多种手段的监测网络。“子午工程”是国际上监测空间范围最广、地域跨度最大、监测空间环境物理参数最多、综合性最强的地基空间环境监测网，将为我国建立独立自主的空间环境监测和保障体系奠定重要基础。“子午工程”于2012年在云南曲靖建成了我国第一台具有国际先进水平的非相干散射雷达。2011年5月“子午工程”首枚探空火箭成功发射，是我国空间环境监测探空火箭沉寂20年后的再次升空，是中国火箭探空事业一个新的里程碑。

0.3.2　西安电波观测站

西安电波观测站位于西安电子科技大学南校区大学生活动中心(如图0.5(a)所示)，成立于2011年，是中国电子科技集团公司第二十二研究所(中国电波传播研究所)与西安电子科技大学联合建立的电波环境观测站，也是中国国防科技工业环境试验与观测网的重要组成部分之一(如图0.5(b)所示)。西安电波观测站目前承担着电离层垂直探测/斜向探测、电离层闪烁监测、电离层电子总含量监测等任务。西安电波观测站是西安电子科技大学电波传播与天线专业的创新实践训练基地，也是“电离层传播”课程的教学实践平台。本书关于我国中纬度(西安)地区电离层形态的描述及相关图表部分源于西安电波观测站的实际观测数据。

(a) 观测站所在地　　　　　　　　(b) 观测站牌匾

图 0.5　西安电波观测站

0.4　本书章节介绍

本书是基于“电离层传播”课程的教学计划和教学目标编写的本科专业教材。“电离层传播”课程是电波传播与天线专业以及电子信息科学与技术专业的专业核心课程。通过本课程的学习，要求学生准确、系统地掌握电离层波传播的基本概念、基本理论和方法；了解电离层的形态特性和探测手段；理解并掌握电磁波在电离层中的各种传播效应和机理；领会电离层传播在电波传播与天线领域的应用；基本掌握应用电离层波传播理论分析和解决工程技术问题的能力。

本书基于电磁场与电磁波等基本专业知识介绍了电离层的基本形态、电离层中的波传播特性、电离层探测及其应用。其中包括电离层的形成、形态结构及变化规律，无线电波在电离层中传播的磁离子理论以及色散关系，几何光学近似下的射线理论，分层介质中的波传播特性，电波垂直、斜向、返回散射传播及穿透电离层的电波传播的基本概念、基本理论、应用技术和传播信道特征，电离层探测手段的基本原理和应用等。具体章节编排如下：

第 1 章　电离层概况，介绍了电离层的形成、分层结构和电离层基本形态特性，包括磁等离子体特性参量、频高图特性参量、电离层电子密度模型、电离层总电子含量、电离层形态的规则变化、不规则变化及其对于太阳风暴的异常响应等。

第 2 章　磁离子理论，介绍了电波传播理论基础，并基于单粒子轨道模型推导了忽略/考虑地磁场作用时的均匀各向同性/各向异性等离子体介质的色散关系；利用色散曲线讨论了纵传播、横传播及斜传播情况下各特征波模式的基本传播特性。

第 3 章　射线理论，介绍了几何光学近似下的射线理论及射线方程；基于射线理论讨论了平面电磁波及电磁脉冲信号在平面分层介质中的反射、透射等传播理论；结合电离层垂直探测电离图分析了真高与虚高的关系。

第 4 章　天波传播，讨论了电波垂直传播特性、电离层垂直探测系统及其应用；描述了垂直传播与斜向传播的三大等效定理；以抛物型电离层模型为例，基于射线理论讨论了电波斜向传播时的射线路径、地面传输距离、最大可用频率及跳距、最小群路径等电波传播特性；介绍了斜向探测系统及短波天波传播的传输模式、频率选择、环球回波等传播特性；讨论了后向返回散射传播特性、后向返回散射探测系统及其典型应用。

第 5 章　穿透电离层的电波传播，讨论了星—地链路上卫星信号穿透电离层传播时的相位超前、群路径延迟、法拉第旋转、多普勒效应等电离层传播效应；介绍了基于星—地链路上卫星信号传输特性的电离层总电子含量的测量方法及电离层延迟修正方法；介绍了基于卫星信号的电离层闪烁监测系统、电离层闪烁基本形态特性及电离层闪烁的相位屏理论。

第 6 章　电离层探测技术，介绍了非相干散射探测技术、本地探测技术及电离层加热、电离层化学物质释放等人工影响电离层的相关技术和实验。

需指出，本书中所涉及的电离层模型均为水平分层结构，即电离层背景电子密度及碰撞频率等仅为高度的函数。尽管由于地球表面曲率导致电离层呈曲面分布，但是在本书大部分问题中对电离层的曲率均忽略不计。除第 5 章 5.3.3 小节之外，本书其他章节均不考虑电子密度随机起伏特性及其对电波传播的影响，仅限于讨论背景电离层中无线电波传播特性以及背景电离层的变化对无线电波传播特性的影响。本书中大部分内容均忽略了电离层中正、负离子的作用，假设只有自由电子能够影响无线电波的传播，且忽略了其热运动效应。由小尺度波源产生的电磁波近似为球面波，但当其到达电离层反射时，其波前球面半径已经大到足以将其视为平面波来处理。本书讨论的所有问题几乎都假设电磁场由谐波产生，所有场量都以相同的角频率随时间正弦变化，所有微分方程都是线性的，时谐因子取为负，即 $e^{-j\omega t}$ 。本书在天波传播部分仅讨论电磁波经电离层单次反射的情形。

本书侧重点在于无线电波在电离层中的传播及其应用，因此书中并未过多讨论电离层形成的物理机制，也未系统讨论各种等离子体波及等离子体不稳定性等问题，相关内容可自行查阅熊年禄、叶公节、F. F. Chen 等的相关著作。此外，受学时限制，电离层的非线性效应、地—电离层波导波传播理论及其应用等问题也不在本书讨论范围中。

第 1 章　电离层概况

本章将系统介绍电离层的物理概况，包括电离层的形成与分层结构，以及电离层的特性参量、常用的电离层电子密度模型、电离层形态的规则与不规则变化等特征概述。

1.1　地球电离层的形成

1.1.1　电离层的电离源

电离层是地球大气中部分电离的区域，而大气中某种成分要被电离，它必须吸收某种辐射能量，且所吸收能量必须超过自身电离能，因此在电离层的形成以及电离层复杂的形态变化中起决定性作用的是其电离源。高层大气的电离源主要有太阳辐射和来自太阳或其他星体的高能粒子。

根据太阳活动的相对强弱，可将太阳的活动状态分为两大类，即太阳宁静期和太阳活动爆发期。

1. 太阳宁静期

图 1.1 所示为太阳宁静期的光球面和日冕图，日面上基本没有活动区。宁静期太阳的电离辐射、太阳风以及射电辐射是地球高层大气的主要电离源。

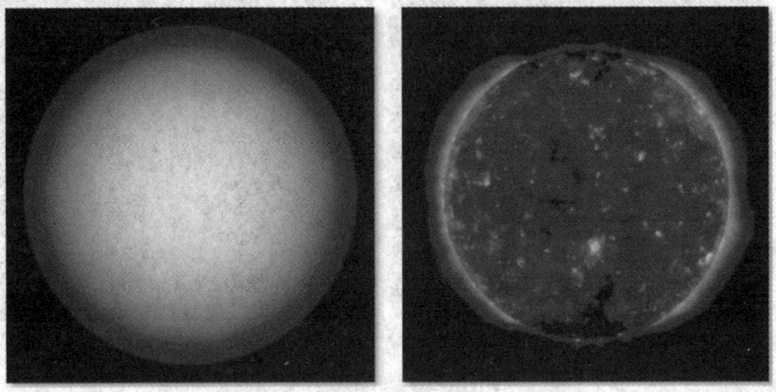

图 1.1　太阳宁静期的光球面和日冕图

宁静期太阳辐射的电磁波具有很宽的波长范围，其中对电离层的形成有重要贡献的主要是紫外线和 X 射线辐射。其中还包含一些重要的谱线，比如氢赖曼 α(1216 Å)、氦 I(584 Å)等是上层大气电离的重要辐射源；氢赖曼 α 可以电离一氧化氮(NO)，是 D 层的主要电离辐射源；太阳宁静期的 E 层形成以 X 射线(10～100 Å)、氢赖曼 β(1025.7 Å)、碳离子谱线 CⅢ(977 Å)和赖曼连续波(910～980 Å)为主；F 层电离与赖曼连续波和包括氦离子谱线 HeⅡ(304 Å)等射线在内的 200～350 Å 波段的辐射有关。

太阳风是由太阳的粒子辐射和磁能量高温使日冕连续膨胀所产生的稀薄热等离子体，以大约 200～800 km/s 的速度大尺度逃逸到行星际空间而形成的带电粒子流。太阳风的主要成分为质子和电子，它们流动时所产生的效应与空气流动相似，故称为太阳风。由于太阳自转，太阳风呈螺旋状射向太空。太阳风与地球磁场作用形成地球磁层。

太阳在大气中的等离子体振荡和磁旋振荡也会发射某些无线电频率的电波，即无线电射电。通常太阳射电频率在 100 MHz～10 GHz 范围内，其中对电离层的形成有重要影响的是波长为 10.7 cm(2.8 GHz)的射电，其辐射通量是描述太阳辐射强度的重要参量，称为 F107 指数，取值范围通常在 60～250 之间，单位为“太阳通量单位”(1 太阳通量单位 = 1×10^{-22} W/(m^2 · Hz))。

2. 太阳活动爆发期

太阳表层通常会发生一定程度周期性的变化，这种变化称为太阳活动性。太阳活动指数通常用“太阳黑子数”或“10.7 cm 射电流量(F107 指数)”来表征。太阳活动周期主要表现为 27 天和 11 年两种。在太阳活动爆发期，太阳辐射增强或向太空喷射出大量物质和能量，在电离层甚至整个日—地空间环境中引发一系列强烈扰动。太阳活动爆发期的表现形式主要包括耀斑爆发、日冕物质抛射、射电暴等，这些统称为太阳风暴。图 1.2 所示为太阳活动爆发期光球面和日冕图。其中左图的光球面呈现的黑色点群为太阳黑子，图中数字为太阳黑子的国际通用编号；右图中的高亮度区为太阳活动区的耀斑，日面上黑色区域称为冕洞。

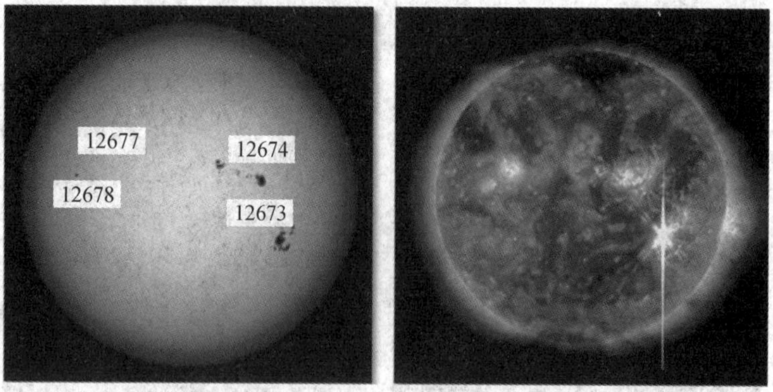

图 1.2　太阳活动爆发期的太阳黑子和耀斑

太阳黑子是太阳光球表面上成群出现的一种可见光学现象。相对于 6000 K 的光球，黑子的温度只有 3000 K，因此在太阳光球表面上呈现为较暗的黑色点群。太阳黑子数一般指太阳黑子相对数 R，根据沃尔夫(J. R. Wolf)提出的定义：

$$R = k(10g + f) \tag{1-1}$$

式中：g 表示太阳日面观测到的黑子群数；f 表示观测到的孤立的黑子数；k 为转换因子，随观测者所在地点、所用仪器、观测方法、观测技术和天气能见度而异。由式(1-1)可见，“群”具有很大的权重，说明它对太阳活动性的估计有重大意义。

人们对太阳黑子有 300 多年的连续观测历史，观测资料表明，太阳黑子数呈现出十分明显的周期性。其平均变化周期大约为 11 年，其周期的变化范围为 8.5～14 年，太阳黑子数的年变化范围最小是 0～10，最大是 50～190。人们规定以 1755 年太阳活动极小年起为第 1 太阳活动周，图 1.3 所示为国家空间天气监测预警中心发布的第 24 太阳活动周太阳黑子数的中期预报图，其中实线为太阳黑子数的实测值，星点为预测值。由图可见太阳黑子数在本周期内呈现出在 2012 年和 2014 年各达到一次峰值的双峰结构，且在 2019 年底基本达到太阳活动极低峰，并由此开始进入第 25 太阳活动周期。电离层形态的规则变化通常与太阳黑子的周期性活动十分相关。

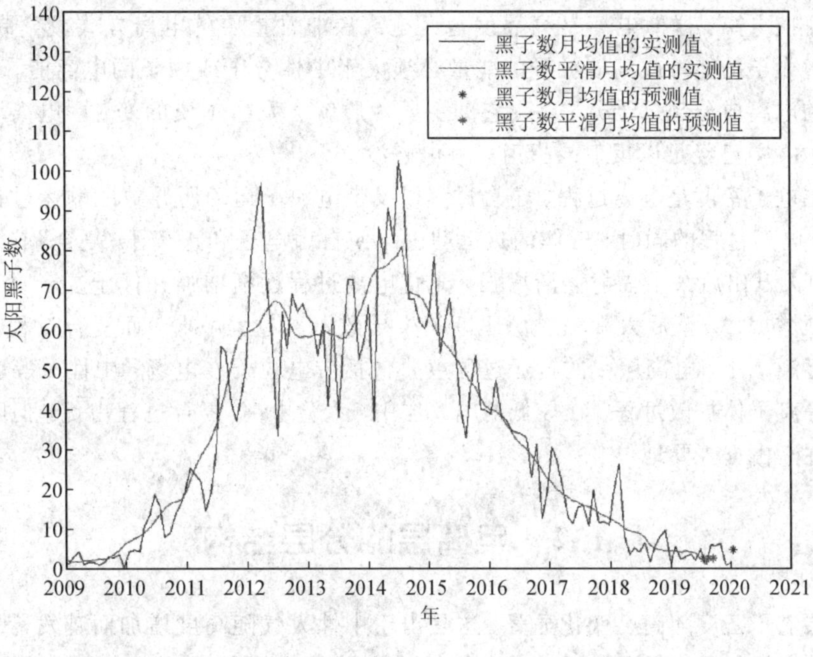

图 1.3　第 24 太阳活动周太阳黑子数

耀斑是太阳大气局部区域突然发生的剧烈能量爆发现象，在对太阳的光学观测中表现为突然变亮的光斑，也表现为多波段电磁辐射的突然增强。耀斑的爆发有三种形态：光耀斑、X 射线耀斑和质子事件。目前通常按照卫星观测的 X 射线峰值流量的量级将 X 射线耀斑分成五级：A、B、C、M 和 X，释放能量依次增大。耀斑的持续时间一般为几分钟到几十分钟，大耀斑释放出的能量相当于上百亿颗氢弹同时爆炸，可引起地球电离层下部电子密度剧增。

日冕物质抛射是从太阳日冕中抛射出来的等离子体团，本身携带着大量的物质能量和磁场，可引起磁暴和电离层暴。

太阳无线电波射电暴是伴随耀斑爆发时的射电辐射增强现象。它的频谱很宽，从毫米波到千米波的范围内都会出现辐射增强现象，其强度常常要千万倍于“宁静射电”，可持续几分钟至几小时，甚至几天。

太阳风暴对于电离层的形成特别是电离层形态的变化有着极为显著的影响，本章1.3.5小节将具体讨论太阳风暴所引起的电离层的形态变化。

1.1.2 电离层的形成过程

地球高层大气存在大量的分子和原子，它们大多呈中性状态。在太阳辐射（远紫外和X射线辐射）和高能粒子流的作用下，部分气体分子和少量原子会发生电离，从而使60～1000 km的高层大气形成由自由电子、正负离子、中性分子及原子组成的等离子体。

高层大气电离的方式主要包括两种，太阳辐射光子作用于大气中的中性分子或原子使其吸收光子能量而电离的方式称为光化电离，高能粒子与中性分子或原子碰撞使其电离的方式称为碰撞电离。碰撞电离是高纬度地区电离层非常重要的电离方式。若要发生电离，则太阳辐射光子的能量或高能粒子的能量必须大于中性分子或原子的电离能。实际中，只要气体中的电离成分超过千分之一，它的主要性质就会发生本质的变化。电离层的电离度约为2‰～3‰，已经足以反射或折射高频电磁波。

电离层电子密度是电离过程、复合过程以及带电粒子运动所导致的输运过程共同作用的结果。在电离过程的同时，气体的热运动也会使自由电子和正离子“复合”成为中性分子或原子。白天日出后太阳辐射逐渐增强，光化电离过程逐渐增强并优于复合过程，此时电子密度逐渐增加；日落后太阳辐射源逐渐消失导致电离过程减弱，而复合过程占优，致使电子密度逐渐减小。电离层中的输运过程主要包括带电粒子在电场、中性风等驱动下的漂移过程及等离子体扩散过程。在较低的电离层中，光化电离/复合过程占优，但随高度增加输运过程逐渐占据主要地位。

1.2 电离层的分层结构

电离层电子密度随高度变化显著。这是由于中性大气随高度增加而越发稀薄，而太阳辐射强度及高能粒子能量在穿透地球大气的过程中逐渐减弱，致使电离层上部区域及底部区域电子密度都很小，甚至60 km以下区域几乎不被电离，而在某个高度上存在电子密度极大值。此外，不同高度空域的气体成分不同，它们所需的逸出功亦不同，能使各种气体成分发生电离的太阳辐射谱线或频段也各不相同；再加上大气温度随高度的变化、大气运动、大气电流和电场以及地磁场等因素，使得整个电离层呈分层的结构。

电离层垂直探测系统所测得的频高图能够非常清楚地描绘出电离层的水平分层结构。电离层的分层状况以及各层电子密度峰值随时间（地方时、季节和太阳活动周等）、地理纬度以及太阳活动的变化十分显著。从大尺度的角度看，通常可按照电离层电子密度峰值所在高度将其划分为四个区域：D区、E区、F区和上电离层。表1.1列出了常规状态下电离层各层区的主要参数和特点。

表 1.1 电离层的分层结构

分层区域		高度范围/km	电子密度峰值范围/(个/m^3)	基本特点
D		60～90	10^9～10^{10}	中性分子多，碰撞频繁，夜间消失
E		90～150	10^9～10^{11}	电子密度白天大、夜间小，随太阳活动变化明显，常有偶发 E 层现象
F	F1	150～200	10^{11}	夏季白天出现，夜间消失
	F2	200～500	10^{11}～10^{12}	电子密度白天大、夜间小，冬季大、夏季小，赤道附近有纬向双驼峰结构，常有扩展 F 层现象
上电离层		F2 峰值高度以上	—	电子密度随高度近似指数减小

D 层是电离层中的最低层，高度范围约为 60～90 km。其电离过程主要受光化学反应控制。该层电子浓度相对较小，且与太阳活动呈正相关。通常夏季电子浓度最大，中纬地区有时冬季电子浓度呈异常增加。中性分子比例极大，电子与中性分子的频繁碰撞导致电波能量转移，所以电离层对电波的吸收效应主要发生在此区域。D 层夜间消失。

E 层的高度范围约为 90～150 km，电子浓度大于 D 层，中性分子比例较大。电离过程主要受光化学反应和发电机效应控制。该层是最早被发现且变化最为简单规律的层，电子浓度存在显著的昼夜、季节和太阳活动周期变化，随太阳天顶角的变化基本满足余弦定律，夏季最强，浓度与太阳活动呈正相关。白天足以反射频率为几兆赫兹的无线电波，夜间无太阳辐射，电子密度会降低 1～2 个数量级。E 层的高度上常有突发的电子密度很高的不均匀结构，称为偶发 E 层或 Es(Sporadic E)层。

F 层是电离层中经常存在且电子浓度最大的层，高度约在 150 km 以上。夏季白天 F 层分裂为较低的 F1 层和较高的 F2 层。F1 层高度约为 150～200 km，主要在夏季白天时间内出现，夜间消失。电离过程主要受光化学反应控制，电子浓度夏季最强，与太阳活动正相关。F2 层高度范围约为 200～500 km，形态比较复杂，主要受电离、扩散和地球磁场控制。F2 层电子浓度与太阳活动正相关。在北半球，冬季 F2 层电子浓度呈异常增加，通常比夏季大 20%以上。磁赤道附近有“赤道异常”现象，即 F2 层在磁赤道附近的电子浓度比邻近地磁纬度的电子浓度低而呈现“双驼峰”结构。夜间至凌晨时段 F 层的高度区域内常有突发的电子密度不均匀结构，影响电波传播，称为扩展 F(Spread F，SF)层。F 层的状态是通信系统设计和运行最关心的问题之一。地面台站之间的远距离短波通信及天波雷达成像系统主要靠 F 层对无线电波的反射来实现，F 层的状态将直接影响短波通信及雷达系统的性能。

上电离层是从 F2 层电子密度峰值高度以上至电离层顶的区域，而 F2 层峰值高度以下统称为下电离层。从 F2 层峰值高度向上电子浓度近似以指数函数形式缓慢递减。常规地面探测手段无法获取上电离层的相关信息，通常利用火箭进行本地探测，或利用人造卫星进行顶部探测，或利用非相干散射雷达等方式进行探测。

图 1.4 给出了我国中纬度地区(西安)上空电离层电子密度水平分层结构的时空变化情况。由图可见，夜间无太阳辐射时，电离层各层高度上的电子密度都比白天降低约 1～3 个数量级，D 区和 E 区变化尤为明显，表明电离层中的物理过程随高度变化很大。

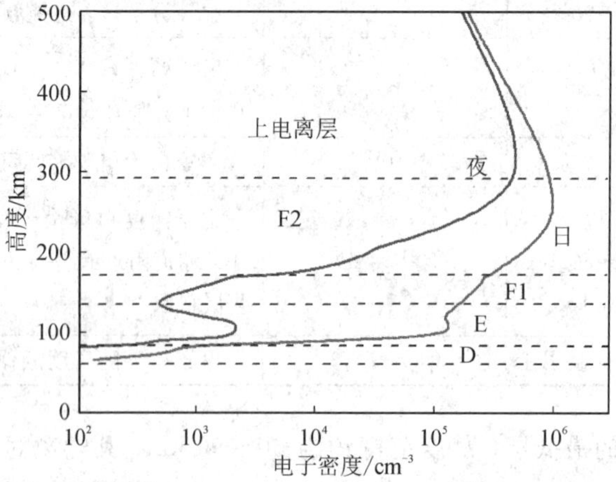

图 1.4　中纬地区(西安)电离层典型的电子浓度剖面

1.3　电离层形态特征

本节主要介绍电离层基本特性参量、电离层电子密度模型、电离层总电子含量及电离层形态的规则与不规则变化。

1.3.1　电离层基本特性参量

1. 磁等离子体特性参量

等离子体是除了固、液、气态之外物质存在形式的第四态，是一种被电离的状态，其中包括自由电子、正负离子、中性分子和原子。需指出，并不是任何电离的气体都能称为等离子体，严格地说，等离子体是带电粒子和中性粒子组成的表现出集体行为的一种准电中性气体。之所以称为集体行为，是因为等离子体中带电粒子运动形态受长程的电磁力所支配。所谓准电中性，是指等离子体能够在宏观尺度的时空范围内维持负电荷与正电荷总数大体相等。

宇宙间 99%以上的物质处于等离子体状态。比如电离层、太阳风、气态星云等都是等离子体。正如前言中所述，电离层是地球高层大气中被部分电离的区域，含有大量的带电粒子及中性分子和原子，是典型的等离子体介质。由于电离层等离子体处在地球磁场中，因此是被地球磁场所磁化了的磁等离子体。

1) 等离子体密度

等离子体密度是指单位体积内所含电子数(N_e)或离子数(N_i)，是描述等离子体物理特性的最重要的基本参量之一，其单位通常以 m^{-3} 或者 cm^{-3} 来表示。例如在中纬度地区电离层中，午后最大电子密度通常达 10^{11}～10^{12} m^{-3}。电离层内中性粒子数密度通常在 10^{14}～10^{21} m^{-3}

之间，因此可见电离层属于电离度比较小的弱电离等离子体。

2）准电中性和德拜长度

在电中性条件下，电子密度 N_e 和离子密度 N_i 在数值上应满足：$N_e = \sum Z_i N_i$，其中 Z_i 表示离子所带的正电荷数。特别地，由单电荷正离子和自由电子及中性粒子组成的等离子体中，电中性条件可描述为 $N_e = N_i$。

等离子体受到扰动后，如带电粒子的无规则热运动，可能会造成其内部的局部区域出现正负电荷分离的状态，从而产生局部电场，致使该区域电中性受到破坏。若此电场或因此导致的电中性偏离仅存在于远小于等离子体宏观尺度的局部区域或极短时间内，等离子体依然能够在其宏观时空范围内保持电中性，这一特性即为等离子体的准电中性。可见，等离子体的电中性或准电中性条件的成立需满足特定的时空尺度要求。

考虑在准电中性的等离子体中引入一点电荷 q，由于其静电作用，同种电荷受到排斥，异种电荷受到吸引，致使该点电荷周围形成一个球状的异种电荷云区。形成的异种电荷云对引入的点电荷 q 的库仑势具有屏蔽作用，屏蔽后的库仑势可表示为

$$\phi_D(r) = \frac{q}{4\pi\varepsilon_0 r}\exp\left(-\frac{r}{\lambda_D}\right) \tag{1-2}$$

式(1-2)表明中心点电荷的电势在等离子体中以 λ_D 为特征长度呈指数下降，且库仑势的梯度(电场强度)同样以 λ_D 为特征长度呈指数下降。也就是说，任何电荷的库仑势、场在等离子体中经过几个 λ_D 后几乎被完全屏蔽了。这种屏蔽作用即为德拜屏蔽，其中 λ_D 称为德拜长度或德拜半径，以德拜长度为半径的球称为德拜球。

在德拜球内，即德拜长度以内的区域($r < \lambda_D$)，存在中心电荷所产生的静电场，因此该区域内等离子体不满足电中性条件。而在德拜球外，特别是当 $r \gg \lambda_D$ 时，中心电荷的库仑作用因被屏蔽而消失，因此该范围内的等离子体电中性条件成立，即在 $L \gg \lambda_D$ 的大尺度上，等离子体是满足电中性或准电中性的。因此说德拜长度是等离子体静电作用的屏蔽半径，是局域性电荷分离的空间尺度。

德拜长度是等离子体密度和温度的函数。当 $N_e = N_i$ 且 $T_e = T_i$ 时，球体内孤立点电荷的德拜长度为

$$\lambda_D = \left(\frac{\varepsilon_0 k_B T_e}{N_e e^2}\right)^{1/2} \tag{1-3}$$

式中，ε_0 为真空中介电常数，k_B 为玻尔兹曼常量，T_e 表示电子温度。

3）等离子体温度

从微观角度看，温度标志着系统内部分子无规则热运动的剧烈程度，是大量分子热运动的集体宏观表现。根据经典热力学定义，只有当热力学系统处于热力平衡态时，才可以用温度标识系统的状态。也就是说，温度是平衡态的参量。在等离子体系统未达到平衡态时，首先是各种带电粒子成分各自达到热力学平衡状态，这时电子、离子及中性粒子分别由各自的温度 T_e、T_i 和 T_n 来表征。图1.5所示为白天中纬度地区(西安)电离层中性粒子温度、离子温度、电子温度的典型垂直剖面。电子的温度 T_e 通常高于离子的温度 T_i 和中性粒子的温度 T_n。这是因为电子质量远小于离子质量，光电子通过碰撞与粒子传递能量

时，电子更易于吸收能量而使温度上升。

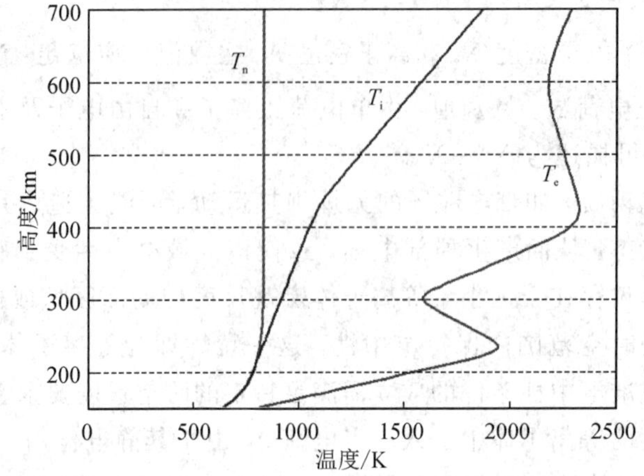

图 1.5 白天中纬度地区(西安)电离层等离子体温度的垂直剖面

在等离子体物理中，等离子体温度是其粒子平均动能的量度。因此通常采用能量单位(如电子伏特 eV)来表示“温度”，其实此时所表示的不是温度 T，而是等离子体热运动能量 $k_B T$。两者的转换关系为 1 eV＝11 600 K。

当等离子体的热运动速度远小于波的相速度时，其热运动效应可忽略不计，而此时的等离子体称为“冷”等离子体。本书中所涉及的大部分问题均忽略了等离子体的热运动效应。

4) 等离子体振荡频率

如果等离子体内部受到某种扰动而造成空间电荷分离，形成空间电场，等离子体内带电粒子就会在静电恢复力的作用下发生集体振荡。这种振荡是电场和等离子体的流体运动相互制约形成的。

由于离子的质量远大于电子的质量，不妨将离子视为静止不动的均匀分布带正电荷的离子背景。当电子密度受到扰动时，致使电子相对于正电荷的离子背景沿某方向有一个微小位移，进而造成电荷空间分离，形成空间电场。电子在库仑力的作用下被拉回到其原来的位置，以保持等离子体的电中性。由于电子具有惯性，它们回到平衡位置时的速度使其不能就此停止下来，而是在大质量的背景离子周围来回振荡，其振荡频率则称为电子的等离子体频率 f_{pe}。不难证明，电子的等离子体频率为

$$f_{pe}^2 = \frac{N_e e^2}{4\pi^2 \varepsilon_0 m_e} = 80.6 N_e \tag{1-4}$$

可见等离子体振荡频率与其密度的平方根成正比，与带电粒子质量的平方根成反比。同理可得离子的等离子体振荡频率 f_{pi}，由于离子质量远大于电子质量，离子的等离子体振荡频率远小于电子的等离子体振荡频率，因而等离子体振荡频率近似等于电子的等离子体频率，即

$$f_p^2 = f_{pe}^2 + f_{pi}^2 \approx f_{pe}^2 \tag{1-5}$$

因此通常所讲的等离子体频率实际上是指电子的等离子体振荡频率(如式(1－4)所示)。等离子体振荡频率是静电作用下等离子体内部带电粒子的集体振荡频率，是等离子体

集体行为的一个最基本的特征频率，像弹簧振子的振荡一样，是系统的固有振荡频率。

5）磁旋频率

带电粒子在磁场 **B** 中运动，洛伦兹力的作用使带电粒子在垂直于磁场的方向上回旋运动，运动方程为

$$m\frac{d\boldsymbol{v}}{dt}=q(\boldsymbol{v}\times\boldsymbol{B}) \tag{1-6}$$

设外磁场沿 z 轴方向，求解上式方程可得

$$\begin{aligned} v_x &= v_\perp\cos(\omega_H t+\alpha) \\ v_y &= -v_\perp\sin(\omega_H t+\alpha) \\ v_z &= v_{/\!/} \end{aligned} \tag{1-7}$$

式中，ω_H 称为等离子体磁旋角频率。相应的 f_H 则称为等离子体磁旋频率：

$$f_H=\frac{1}{2\pi}\frac{|q|B}{m} \tag{1-8}$$

磁旋频率是等离子体在外磁场作用下的特征频率。等离子体的磁旋频率与粒子质量成反比，因此在同一外磁场中电子的磁旋频率远远大于离子的磁旋频率。电子和离子的回旋方向不同，如图1.6所示，设磁场方向垂直纸面向里，沿磁场方向看，电子呈顺时针方向，而离子呈逆时针方向回旋运动。

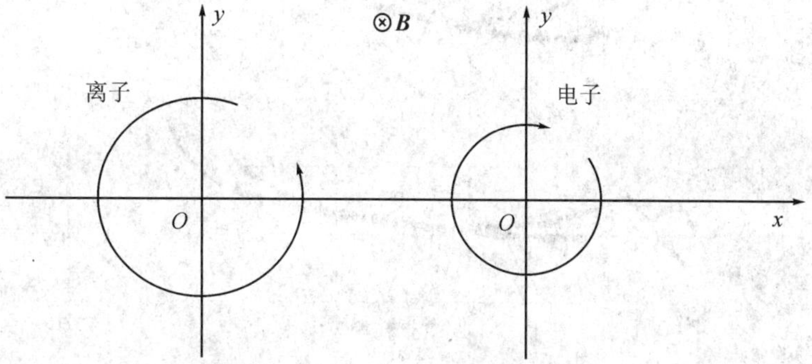

图1.6 带电粒子在磁场中的回旋运动示意图

等离子体磁旋频率也是反映外磁场大小的一个特征量，因此其值大小因纬度和电离层高度而不同，在中纬度地区电子的等离子体磁旋频率约为1.2～1.4 MHz。

等离子体在外磁场作用下作回旋运动的回旋半径称为拉莫半径，它不仅与磁场有关，还与粒子能量有关。

6）平均碰撞频率

等离子体中的电子、离子和中性粒子之间可以发生各种类型的相互作用，其中带电粒子间的相互作用是德拜长度范围内的屏蔽库仑势，而此范围内同时存在着大量的其他带电粒子及中性粒子，这将导致带电粒子总是同时与大量其他粒子进行“碰撞”。电离层等离子体中主要是离子、电子与中性粒子间的碰撞。平均碰撞频率 ν 是代表等离子体粒子性的特征频率。

电子与大气分子间的碰撞频率与大气组分和密度有关，还与电子速率有关。若大气组分和温度恒定，则碰撞频率通常可表示为随高度呈指数衰减。离子碰撞频率随高度增加迅速减小，总体上电子碰撞频率远远大于离子碰撞频率。

洛伦兹(Lorentz)曾指出碰撞对电子的影响相当于一个与速度成正比的阻力。碰撞阻力对低频问题非常重要，对于高频无线电波传播问题则可将碰撞频率设为常数，甚至可忽略碰撞效应。

2. 频高图特征参量

频高图是电离层垂直探测仪对电离层实时探测的图形记录，又称为电离图，描述了电离层能够反射的无线电波频率与相应的等效反射高度的关系。图 1.7 为西安电波观测站电离层垂直探测系统实际测得的电离图界面。电离图中包含了电离层的各种状态信息，利用电离图可直接度量电离层最低频率 f_{min}、Es 层遮蔽频率 f_bEs、各层最低虚高(hE，hF，hF2，hEs)及各层临界频率(f_OE，f_OF，f_OF2，f_OEs)等 14 个电离层特性参量，以及扩展 F 层和偶发 E 层等电离层异常形态信息。

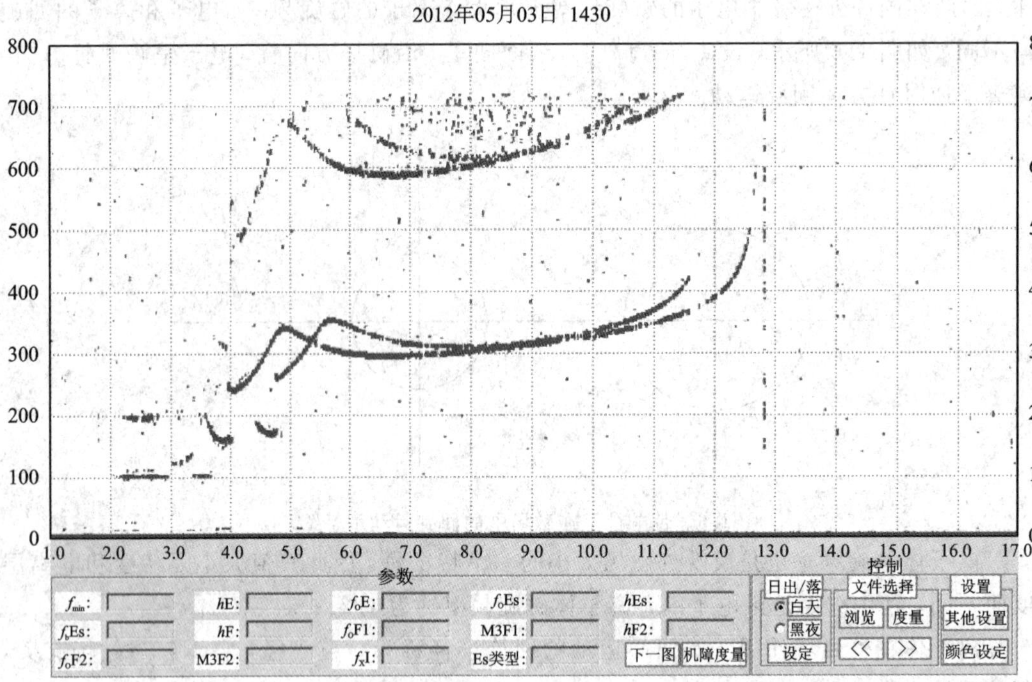

图 1.7　西安电波观测站实测电离图界面

1）临界频率

电离层中某层的临界频率是指该层能够反射无线电波的最高频率，又称为穿透频率，即能够穿透电离层该层的无线电波的最低频率。f_OE、f_OEs、f_OF1 和 f_OF2 分别表示寻常波(O 波)在常规 E 层、Es 层、F1 层、F2 层反射的最高频率，单位通常取 MHz。电离层临界频率是描述电离层形态的重要参量，最大电子密度 N_{em} 与电离层临界频率 f_O 的平方成正比，即

$$N_{em} = 1.24 \times 10^{10} f_O^2 \quad (\mathrm{m}^{-3}) \tag{1-9}$$

电离层临界频率与太阳天顶角有密切关系，通常在当地中午前后有最高值，并有平缓的日变化。实际工程中，E、F1 层的临界频率可以由太阳天顶角 χ 和太阳黑子数 R 推导出来：

$$f_o E \approx 0.9[(180+1.44R)\cos\chi]^{0.25} \quad (\text{MHz}) \tag{1-10}$$

$$f_o F1 \approx (4.3+0.01R)\cos^{0.2}\chi \quad (\text{MHz}) \tag{1-11}$$

电离层 F2 层临界频率 f_oF2 是对高频通信最重要的频率，频率高于 f_oF2 的垂直电波则穿透电离层。电离层 F2 层受地磁场控制，对于特定的时间和地点，f_oF2 可用“亚洲大洋洲地区电离层预报方法”获取。

2）最低频率 f_{min}

最低频率 f_{min}是在电离图上记录到的反射回波的最低频率。此参数是电离层垂直探测仪性能的一个指标，也可以作为电离层对无线电波吸收强度变化的指标。西安地区电离层最低频率 f_{min}通常在 1.3～2.3 MHz 之间，且凌晨最低，午间最高。当电离层吸收很强或垂测仪灵敏度降低时，f_{min}将增大。

3）最低虚高 h'

电离层中某层最低虚高是指该层能反射无线电波的最低等效高度。h'E、h'Es、h'F、h'F2分别表示常规 E 层、Es 层、F1 层、F2 层的最低虚高。图 1.7 所示电离图参数区的 hE、hEs、hF、hF2 实际所指为各层的最低虚高 h'E、h'Es、h'F、h'F2。

4）Es 层的遮蔽频率 f_bEs

当偶发 E 层(Es 层)存在时，可能会部分或完全遮蔽 F 层，使本来能够穿透 E 层进入 F 层反射的无线电波在 Es 层发生反射。遮蔽频率 f_bEs 是指允许无线电波穿透 Es 层从更高层反射的第一个频率，相当于在比 Es 层还高的层中开始出现回波描迹的频率，因此遮蔽频率 f_bEs 反映了 Es 层的透明度。电离图度量时，f_bEs 总是由穿透 Es 层的更高层的寻常波描迹的最低频率决定。

5）最高可用频率因子 M

最高可用频率因子 M 又称倾斜因子，是指同一高度反射时垂直入射频率和斜向入射频率之间的转换因子。M(3000)即以 3000 公里作为标准传播距离的 M 因子，通常要附加上反射层的名称来表示，如 M(3000)F2。

当垂直入射频率取某层临界频率(即最高反射频率)时，则相应的斜向入射频率为特定距离路径上经该层反射传输的最高可用频率 MUF。如 F2 层 M(3000)F2 因子与 F2 层临界频率 f_oF2 及 3000 千米路径上经 F2 层反射传输的最大可用频率 MUF(3000)F2 之间的关系为

$$\text{MUF}(3000)\text{F2} = f_o\text{F2} \times \text{M}(3000)\text{F2} \tag{1-12}$$

1.3.2　电离层电子密度剖面

电离层中的电子密度通常随时间、空间以及太阳和地磁活动程度而变化，电子密度随真实高度的分布称为“电子密度剖面”，而电离层电子密度剖面的数学表达式则称为电离层模型。电离层模型主要包括理论模型、经验模型和半经验模型三大类。理论模型是以电离层形成机制和电离层等离子体物理特性为基础建立的模型；经验模型是以大量电离层探测

数据为基础，并利用统计方法加以数学抽象而建立的模型。半经验模型是以电离层探测数据的经验模型为基础，并利用某些函数(如卡普曼函数等)重构理论模式而建立的模型。由于电离层结构和形态的复杂性，任何一种严格的数学表达式都无法精确地描述电子密度在整个电离层高度空间的分布，而往往是分区分段地对其电子密度剖面进行描述。下面介绍几种可以近似描述电离层局部高度区间电子密度分布的典型的电离层模型。

1. 卡普曼层模型

卡普曼层模型是卡普曼(S. Chapman)根据其在 1931 年提出的电离层形成理论而建立的理论模型。该模型中以太阳紫外辐射为电离层形成的主要电离源，以电离层等离子体间电离和复合过程的动态平衡为基本机理。根据卡普曼层模型，假设地球大气的组分和温度是恒定的，地面以上高度为 h 处的电子密度为

$$N_e = N_{em0}\exp\frac{1}{2}\left\{1-\frac{h-h_{m0}}{H}-\sec\chi\cdot\exp\left(-\frac{h-h_{m0}}{H}\right)\right\} \tag{1-13}$$

式中，χ 为太阳天顶角，N_{em0} 为 $\chi=0$ 时的最大电子密度，h_{m0} 为 $\chi=0$ 时电子密度峰值所在高度，$H=k_B T/mg$ 为大气标准高度，其中 k_B 为玻尔兹曼常数，T 为热力学温度，m 为分子质量，g 为重力加速度。

由上式可得，对于任意太阳天顶角 χ，电子密度峰值所在高度 h_m 为

$$h_m = h_{m0} + H\ln(\sec\chi) \tag{1-14}$$

此时最大电子密度为

$$N_{em} = N_{em0}\ (\cos\chi)^{1/2} \tag{1-15}$$

定义一无量纲的归一化高度 Z：

$$Z=\frac{h-h_m}{H}=\frac{h-h_{m0}}{H}-\ln(\sec\chi) \tag{1-16}$$

Z 表示从电子密度峰值高度 h_m 算起的以标准高度 H 为尺度的高度标量，$Z=0$ 表示峰值高度处，$Z>0$ 表示峰值高度以上，$Z<0$ 表示峰值高度以下，Z 绝对值越大表示离峰值高度越远。此时式(1-13)可表示为

$$N_e = N_{em}\exp\frac{1}{2}\{1-Z-\exp(-Z)\} \tag{1-17}$$

式(1-17)表明，卡普曼层模型的形状与太阳天顶角无关。卡普曼层模型的电子密度剖面形状如图 1.8 所示，图中纵坐标为归一化高度 Z，横坐标为某高度处的电子密度 N_e 与同时刻最大电子密度 N_{em} 的比值。

通常电离层中 E 层和 F1 层电子密度随高度的分布与卡普曼层模型比较相近。根据卡普曼层模型，在峰值高度 h_m 以上，电子密度随高度增加呈指数衰减，且与太阳天顶角无关；在峰值高度 h_m 以下，电子密度随高度降低而迅速截止；而在峰值高度处，电离层的电子密度最大值 N_{em} 始终与太阳天顶角余弦的平方根成正比，如式(1-15)所示。该结论可以较为完满地解释 E 层电子密度峰值随地方时和季节的变化形态。由式(1-9)可知电离层的临界频率与其电子密度峰值的平方根成正比，于是卡普曼层的临界频率满足 $f_O \propto \cos^{1/4}\chi$。某些台站的观测资料中显示，余弦函数的幂指数取值一般在 0.1～0.4 之间。

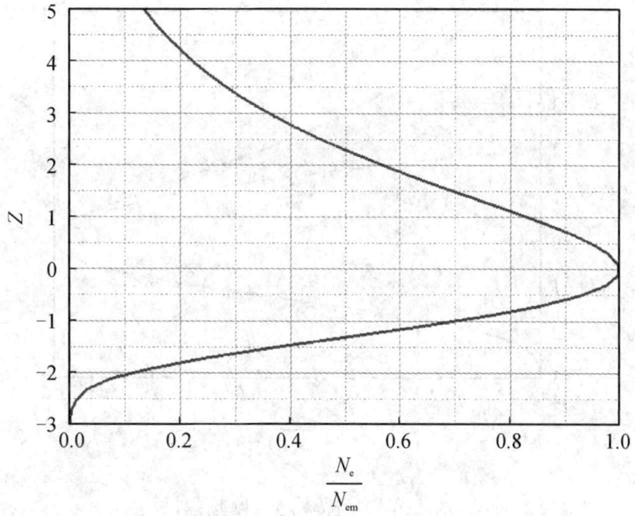

图 1.8　卡普曼层模型的电子密度剖面形状

F2 层电子密度随高度的分布与卡普曼层模型的偏差比较大，这是由于电离扩散在 F2 层的电离平衡分布过程中起着重要作用。而卡普曼理论中没有考虑电离层等离子体的运动。

2. 抛物层和准抛物层模型

抛物层模型采用抛物线来近似描述电离层内电子密度随高度的分布。抛物层模型的数学表达式为

$$N_e = \begin{cases} N_{em}\left[1-\left(\dfrac{h-h_m}{y_m}\right)^2\right] & |h-h_m| \leqslant y_m \\ 0 & |h-h_m| > y_m \end{cases} \tag{1-18}$$

式中，N_{em}为抛物层的电子密度最大值，h_m 为抛物层的电子密度峰值所在高度，y_m 为抛物层的半厚度。实际电离层在电子密度峰值附近的电子密度分布与抛物层模型非常接近。由于其数学表达式比较简单，抛物层模型或准抛物层模型常被用于电离层电波传播等问题的解析求解过程。本书在第 4 章 4.2.4 小节将以抛物层模型为例讨论无线电波经电离层斜向传播的射线路径、传输曲线等问题。

若将卡普曼层模型的式(1-17)在 $Z=0$ 点附近以幂级数形式展开，并且略去高于二次的高阶项，则可得

$$N_e = N_{em}\left(1-\frac{Z^2}{4}\right) = N_{em}\left[1-\left(\frac{h-h_m}{2H}\right)^2\right] \tag{1-19}$$

此式即表示半厚度为 $2H$ 的抛物层。将卡普曼层模型和抛物层模型进行比较，如图 1.9 所示，其中实线为卡普曼层，虚线为抛物层。从图中可以看出，在卡普曼模型峰值高度附近及其下半部与抛物层模型贴合得相当好，上半部则偏离较大。

诸多电离层垂直探测和斜向探测经验及数据表明，准抛物层模型更接近电离层真实情况，特别在短波通信及雷达系统中准抛物层模型广泛应用于电波射线轨迹及传播路径参数

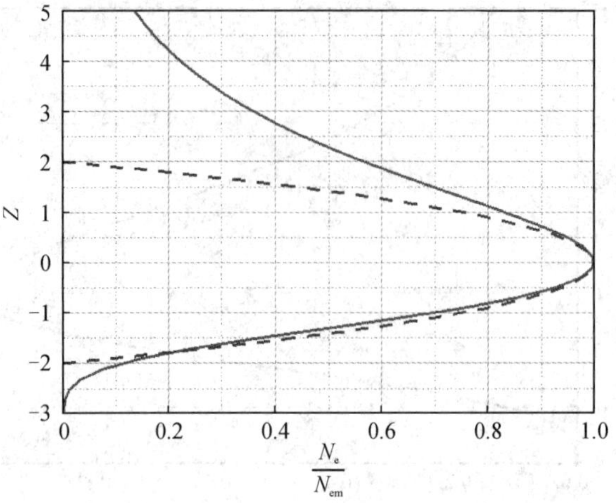

图 1.9　卡普曼层与抛物层

的计算、分析等。准抛物层模型的数学表达式为

$$N_e = \begin{cases} N_{em}\left[1-\left(\frac{r-r_m}{y_m}\frac{r_0}{r}\right)^2\right] & r_0 < r < \frac{r_m r_0}{r_0 - y_m} \\ 0 & \text{其他} \end{cases} \tag{1-20}$$

式中，r_0 是地心到准抛物层底部的径向距离，r_m 是地心到电子密度峰值所在高度的径向距离，则半厚度为 $y_m = r_m - r_0$。

3. 线性分层模型

线性分层模型是将电离层划分为许多薄层，并假设每个薄层内电子密度都随高度呈线性分布，其线性表达式为

$$N_e = N_{ei} + \frac{N_{ei+1} - N_{ei}}{h_{i+1} - h_i}(h - h_i) \quad h_i \leqslant h \leqslant h_{i+1} \tag{1-21}$$

式中，N_{ei}、N_{ei+1}分别为高度 h_i、h_{i+1}处的电子密度。通常在电离层起始高度附近或 F1 层高度范围的电子密度随高度分布可用线性分层模型来近似描述。

4. 指数层模型

指数层模型是将电离层电子密度随高度的分布近似描述为指数分布规律，其数学表达式为

$$N_e = N_{e0}\exp(-k_h \cdot Z) \tag{1-22}$$

式中，Z 为归一化高度，且有 $Z=(h-h_0)/H$；h_0 为某一参考高度，通常取为指数层模型的底高；H 为大气标高；N_{e0}为高度 h_0 处的电子密度；k_h为衰减因子。

F 层峰值高度以上的上电离层电子密度随高度的分布通常可采用指数层或分段指数层模型来近似描述。卡普曼层模型在上电离层区域电子密度随高度的分布也近似为指数分布。

5. 国际参考电离层

国际无线电科学联合会(International Union of Radio Science，URSI)根据全球地面观测站所获得的大量电离层观测数据和多年来电离层模型的理论研究成果，建立了一个在全

球范围内普遍适用的电离层经验模型，即国际参考电离层(International Reference Ionosphere，IRI)。在给定的太阳活动条件下，只需输入时间、地点信息，就可以利用国际参考电离层模型计算出 60～1000 km 高度范围内的电子密度分布、等离子体温度、某些离子的相对百分比浓度、临界频率、等离子体碰撞频率以及总电子含量等。国际参考电离层(IRI)模型反映了规则电离层的平均状态，目前已被广泛应用于电离层相关的科学研究方面。但由于该模型过于复杂细致，一般工程上不经常采用。本章 1.3.4 小节多次利用 IRI 模型来描述电离层电子密度随高度的分布特性及变化规律。

6. 中国参考电离层模型

为提高国际参考电离层(IRI)在中国区域的预报精度，结合国内各站点电离层垂直探测数据的分析研究成果，在对国际参考电离层(IRI)某些部分进行修改的基础上，进而建立了“中国参考电离层”(Chinese Reference Ionosphere，CRI)。修改内容主要包括：

(1) 采用“亚洲大洋洲地区电离层预报方法”中给出的 f_OF2 和 M(3000)F2 数据；

(2) 所有季节均需考虑 F1 层的存在；

(3) E 层的电子密度峰值高度 h_mE 取为 115 km。

中国国防科学技术工业委员会已把“中国参考电离层”作为中国国家军用标准于 1995 年 4 月颁布实施。

7. Bent 模型

Bent 模型是典型的分区段来描述电子密度剖面的电离层模型，其覆盖高度范围通常为 150～3000 km。其中在 F2 层峰值高度以下区域为二次抛物模型：

$$N_e = N_{em}\left[1-\left(\frac{h_m-h}{y_m}\right)^2\right]^2 \quad h_m - h \leqslant y_m \tag{1-23}$$

式中，F2 层电子密度峰值 N_{em} 可利用式(1-9)由 f_OF2 得出，F2 层峰值高度 h_m 由 M(3000)F2 确定：

$$h_m = 1346.92 - 526.4[M(3000)F2] + 59.825\,[M(3000)F2]^2 \quad (km)$$

在 F2 层峰值高度以上区域为分段指数模型：

$$N_e = N_{e0}\exp[-k_1(h-h_0)] \quad h_0 \leqslant h < h_1 \tag{1-24}$$

$$N_e = N_{e0}\exp[-k_2(h-h_1)] \quad h_1 \leqslant h < h_2 \tag{1-25}$$

$$N_e = N_{e0}\exp[-k_3(h-h_2)] \quad h_2 \leqslant h < h_3 \tag{1-26}$$

$$N_e = N_{e0}\exp[-k_4(h-h_3)] \quad h_3 \leqslant h < 2000\ km \tag{1-27}$$

$$N_e = N_{e0}\exp[-k_5(h-2000)] \quad 2000\ km \leqslant h \leqslant 3000\ km \tag{1-28}$$

式中，$h_0=h_m+d$，$h_1=(1012-h_0)/3$，$h_2=h_1+(1012-h_0)/3$，$h_3=h_2+(1012-h_0)/3$；衰减系数 k_1～k_5 由上电离层探测资料统计得出，它们随季节、纬度、高度、太阳(10.7 cm)射电流量和峰值频率 f_OF2 而变化。

上电离层与下电离层交接区域采用抛物线进行拟合：

$$N_e = N_{em}\left[1-\left(\frac{h-h_m}{Y_t}\right)^2\right] \quad h_m \leqslant h \leqslant h_0 \tag{1-29}$$

式中，上电离层抛物层半厚度 Y_t 由上电离层探测资料统计得出，由于上电离层数据较缺乏，因此可由下电离层分层模型外推。

Bent 模型设计的主要宗旨是使总电子含量计算尽可能精确。法拉第旋转测量数据表明，Bent 模型计算的电子含量可准确到 70%～90%，因此常用于电离层折射修正。

8. 工程实用电离层模型

工程实用电离层模型是用四个局部电离层模型分别描述电离层的不同层区的电子密度剖面。其中 E 层电子密度峰值高度 h_mE 以下为抛物 E 层；F1 层为线性层模型；F2 层电子密度峰值高度 h_mF2 以下为抛物 F2 层；F2 层峰值高度以上为指数层模型。工程实用电离层模型的数学表达式为

$$N_e=\begin{cases} N_{em}\mathrm{E}\left[1-\left(\dfrac{h_m\mathrm{E}-h}{y_m\mathrm{E}}\right)^2\right] & h_m\mathrm{E}-y_m\mathrm{E}\leqslant h\leqslant h_m\mathrm{E} \\ \dfrac{N_j-N_{em}\mathrm{E}}{h_j-h_m\mathrm{E}}h+\dfrac{(N_{em}\mathrm{E})h_j-N_j(h_m\mathrm{E})}{h_j-h_m\mathrm{E}} & h_m\mathrm{E}<h\leqslant h_j \\ N_{em}\mathrm{F2}\left[1-\left(\dfrac{h_m\mathrm{F2}-h}{y_m\mathrm{F2}}\right)^2\right] & h_j<h\leqslant h_m\mathrm{F2} \\ N_{em}\mathrm{F2}\exp\left[\dfrac{1}{2}\left(1-\dfrac{h-h_m\mathrm{F2}}{H}-\mathrm{e}^{-\frac{h-h_m\mathrm{F2}}{H}}\right)\right] & h_m\mathrm{F2}<h\leqslant 1000\ \mathrm{km} \end{cases} \tag{1-30}$$

式中，$h_m\mathrm{E}=115$ km，$y_m\mathrm{E}=20$ km，N_{em}E 和 N_{em}F2 利用式(1-9)分别由 f_OE 和 f_OF2 得出，其余参数可通过以下关系式取得：

$$h_m\mathrm{F2}=\frac{1490}{\mathrm{M(3000)F2}+\Delta M}-176 \qquad \Delta M=\frac{0.18}{X-1.4}+\frac{0.096(R_{12}-25)}{150}$$

$$X=\frac{f_O\mathrm{F2}}{f_O\mathrm{E}} \qquad N_j=1.24\times10^{10}f_j^2 \qquad h_j=h_m\mathrm{F2}-y_m\mathrm{F2}\sqrt{1-\left(\frac{f_j}{f_O\mathrm{F2}}\right)^2}$$

$$f_j=1.7f_O\mathrm{E} \qquad H=\frac{0.85\left(1+\dfrac{h}{r_\mathrm{E}}\right)^2T}{M}$$

式中，R_{12} 为太阳黑子数 12 个月的流动平均值，T 为温度，M 为摩尔质量，r_E 为地球半径。工程实用电离层模型中前三部分组成的下电离层模型又称为 Bredly 模型。

1.3.3　总电子含量

电离层总电子含量(Total Electron Content，TEC)是描述电离层结构及形态的重要物理量，其定义为星—地链路上单位横截面积的圆柱内的自由电子总数，即电子密度沿卫星与地面台站之间的电波传播路径的积分，又称为“柱电子含量”或“积分电子含量”：

$$\mathrm{TEC}=\int_S N_e\,\mathrm{d}s \tag{1-31}$$

式中，S 为电波传播路径，无线电波由卫星至地面台站的传播路径可近似为直线。总电子含量 TEC 的单位为 $\mathrm{el/m^2}$，但其常用单位为 TECU，且有

$$1\mathrm{TECU}=10^{16}\,\mathrm{el/m^2} \tag{1-32}$$

TEC 的时空变化能够反映电离层的主要特性，并且与穿透电离层传播的无线电波的时间延迟、多普勒频移、法拉第旋转等传播效应紧密相关，相关内容将在本章第 5.2 节中详细讨论。

1.3.4　电离层形态的规则变化

电离层形态的时间变化和空间变化主要是受太阳活动的控制。其中电离层形态的规则变化属于宁静电离层特性，是指那些连续地、规律性地重复着的时空变化，如电离层电子密度随太阳活动周期、季节、地方时及纬度变化的规律。

1. 太阳活动周期变化

太阳并非一个稳定和宁静的光球，而是以一定周期活动着。其中表征太阳活动性的太阳黑子相对数的变化周期平均约为 11 年，因此电离层电子密度剖面随年份的变化规律也呈现大约 11 年的周期性。图 1.10 所示为同一地点、同一时刻电离层电子密度剖面在不同年份(1992—2002 年)随太阳活动的周期性变化(数据源于国际参考电离层 IRI)。

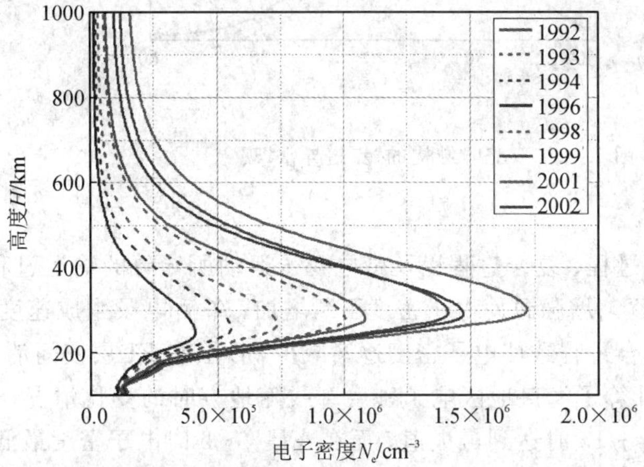

图 1.10　电子密度剖面随太阳活动的周期性变化

2. 纬度变化

纬度越高，入射到大气层的太阳辐射线越倾斜，因而射线强度随纬度增加而减弱，电子密度也随之减小。我国南方地区电离层普遍比北方地区电离层电子密度大。图 1.11 所示为利用国际参考电离层(IRI)计算的不同纬度地区(海口：20.4°N，武汉：30.5°N，西安：34.3°N)在同一时刻的电子密度剖面，可见海口地区电子密度明显高于同时刻的武汉地区和西安地区。

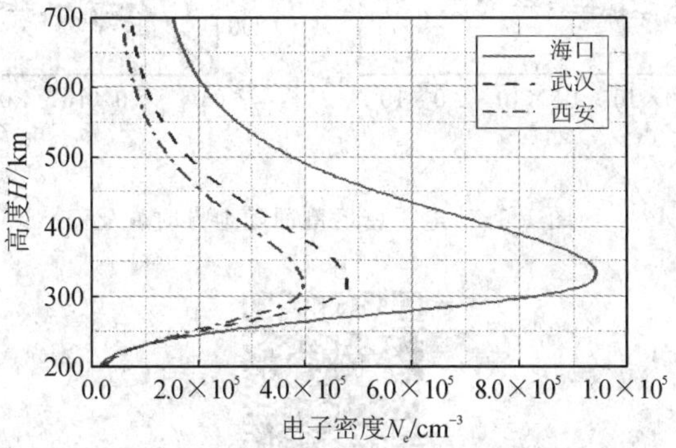

图 1.11　不同纬度电离层电子密度剖面图

特别地，在地磁赤道附近的F2层电子密度明显低于其两侧区域，且分别在地磁纬度±10°～30°区域范围呈现极大值，形成纬向“双驼峰”结构，称为“赤道异常”现象。这种现象属于低纬电离层的正常结构，一般发生在午后至夜间时段，清晨基本消失，如图1.12所示。“赤道异常”对跨赤道的无线电波传播十分重要。

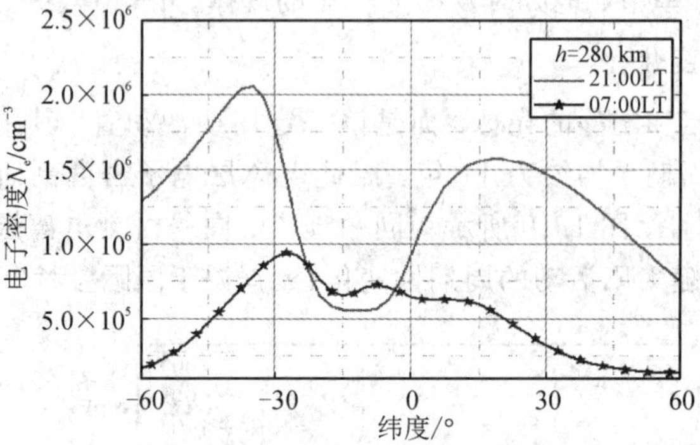

图1.12　双驼峰结构的“赤道异常”现象

3. 日变化

电离层电子密度是电离过程、复合过程以及带电粒子运动所导致的输运过程共同作用的结果。日出后，太阳辐射逐渐增强致使电子密度不断增加；午后电子生成速度逐渐下降；日落后电子与正离子间的复合过程致使电子密度逐渐减少，D层和F1层夜间消失。图1.13利用国际参考电离层(IRI)计算了海口地区电子密度廓线随地方时的变化情况。由图可见，电子密度通常在当地时间14～15时达到最大值，而在凌晨4～5时电子密度最低。

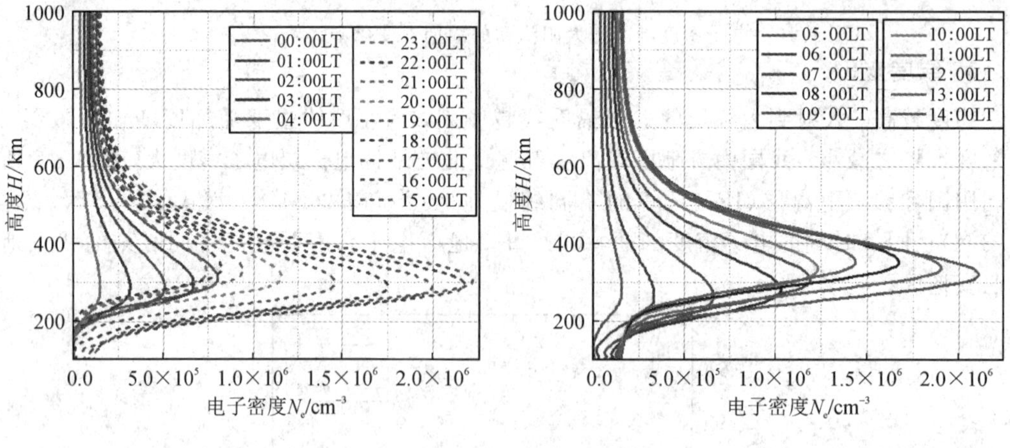

图1.13　电子密度剖面随地方时变化

4. 季节变化

对于北半球电离层而言，夏季入射到电离层的电离射线强度较冬季强，使得 E、F1 层电子密度值在夏季时段比冬季大。但 F2 层表现异常，冬季电子密度值通常比夏季大，这种现象称为“冬季异常”。图 1.14 给出同一地点电离层在不同季节、相同地方时刻的电子密度廓线，由图可见，F2 层电子密度值在冬季显著大于夏季。“冬季异常”现象属于 F2 层电离层的正常结构，且在高纬度地区比在低纬度地区明显。

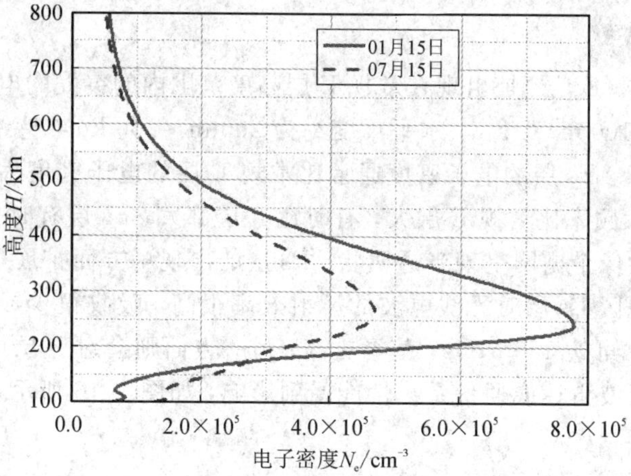

图 1.14 电离层 F 层“冬季异常”效应

在电离层垂直探测系统的电离图中，临界频率 f_OF2 的变化反映了电离层最大电子密度的变化。图 1.15 为西安地区 2012 年不同月份的 F2 层临界频率 f_OF2 月中值随地方时变化曲线。由图可见，在冬季月份，F2 层临界频率随日出急剧增高，中午达到极大值，然后逐渐下降直至日出前达到低谷，一天内起伏变化范围较大。而在夏季月份，F2 层临界频率在日出后不像冬季那样急剧上升，一天内变化范围也比冬季小得多。整体上夜间时段的 F2 层临界频率夏季高于冬季，而白天时段则是冬季高于夏季。

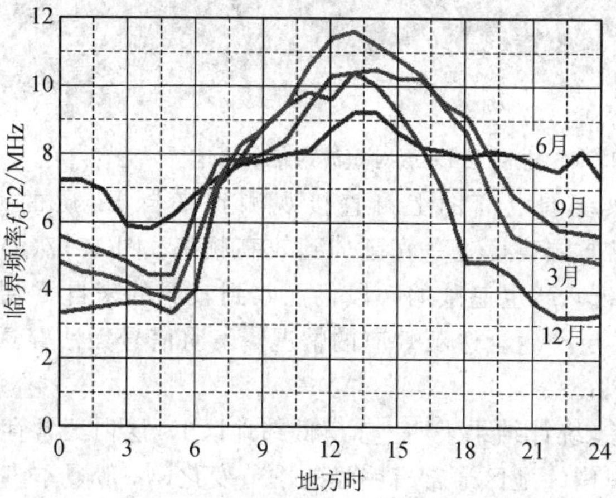

图 1.15 西安地区临界频率 f_OF2 的季节变化

1.3.5　电离层的不均匀性与不规则变化

电离层是一个复杂的非线性动力学系统，电离层中各种动力学过程和化学反应的变化使得电离层形态除了规则的时空变化以外，还存在各种电子密度不均匀结构(如偶发 E 层、扩展 F 层等)以及太阳活动爆发时所产生的各种电离层效应(如电离层突然骚扰、电离层暴等)，这些统称为电离层的不规则变化。电离层形态的不规则变化往往是随机的、非周期的、突发的急剧变化。

1. 偶发 E 层

电离层偶发 E 层(Es 层)是出现在常规 E 层高度范围内的突发的电子密度不均匀结构。Es 层一般厚度约为 100 m～2 km，水平尺度约为 200 m～100 km，持续时间通常为数分钟至几个小时甚至更久。Es 层的电子密度通常比常规 E 层的电子密度大 1～2 个数量级，因此该层能反射的最大频率比常规 E 层大，有时比 F 层都大。Es 层有时呈现不透明状而遮住比它更高的层，有时像个栅网呈现半透明状。Es 层的出现一方面扩展了短波通信的可用频率范围，比如中纬地区 Es 层对无线电波的反射效率很高，吸收很少，利用 Es 层进行天波通信的最大可用频率可达 150 MHz，甚至更高；另一方面则会对 F 层产生遮蔽或半遮蔽效应，进而使远距离天波雷达或通信系统性能受到影响，如图 1.16 所示。

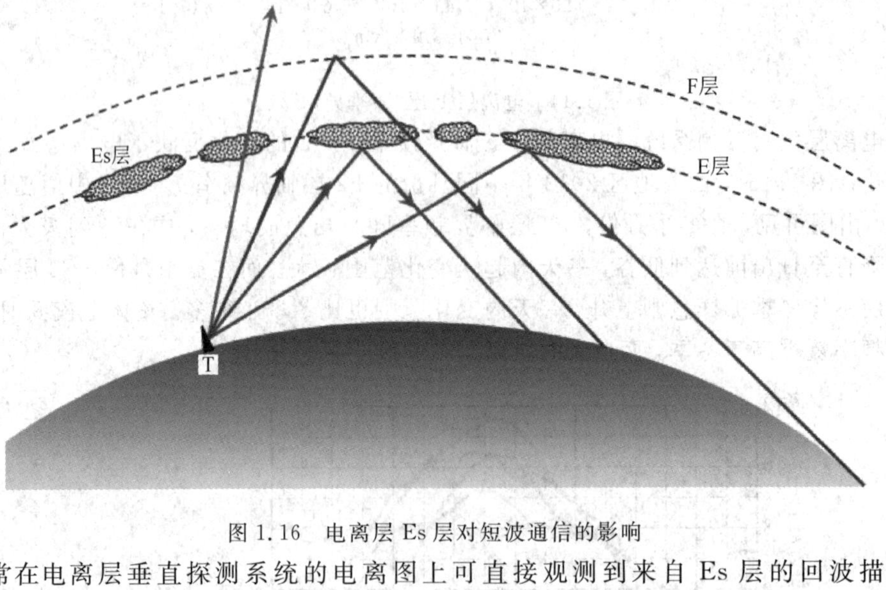

图 1.16　电离层 Es 层对短波通信的影响

通常在电离层垂直探测系统的电离图上可直接观测到来自 Es 层的回波描迹，如图 1.17所示，Es 层描迹在常规 E 层高度上一直延伸到较高频率。图 1.17(a)为 Es 层对较高的 F 层产生半遮蔽效应的情况，产生遮蔽的频段仍能收到较弱的来自 F 层的回波信号。图 1.17(b)为 Es 层对较高的 F 层产生全遮蔽效应的情况，表明信号无法穿透 Es 层，地面接收不到来自 F 层的回波信息。

Es 层出现时间通常不确定。统计结果表明，赤道低纬地区 Es 层白天常存在，且无明显季节变化；极区则夜间多出现；中纬地区通常有明显的季节变化，一般夏季多于冬季，白天多于夜间。我国是 Es 事件高发区，中低纬度地区 Es 层统计特性及其对通信系统的影响一直备受关注。

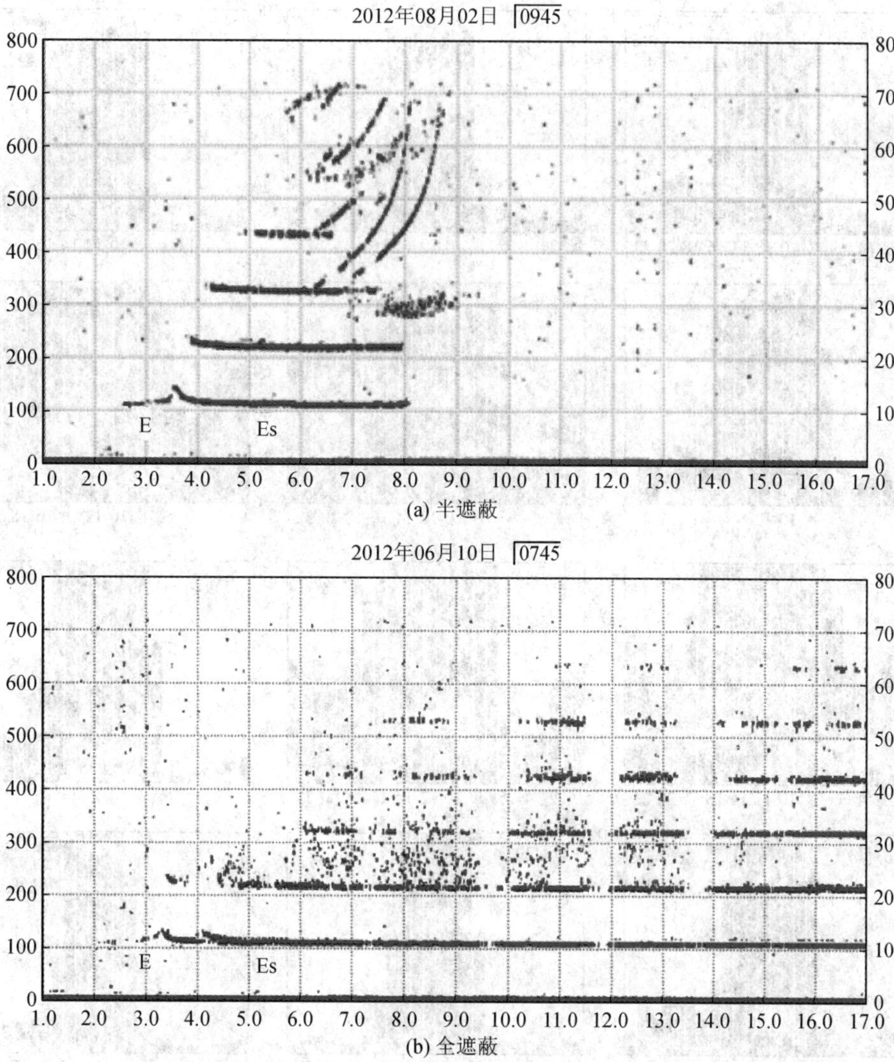

图 1.17　西安地区电离图中的 Es 层描迹

图 1.18 所示为西安地区 1～12 月份电离层 Es 层发生率随地方时的分布规律，图中横坐标为地方时，纵坐标为不同强度 Es 发生率。根据全球电离层探测委员会的约定，不同强度 Es 出现概率的统计是分别按其临界频率 f_OEs 大于 3 MHz、5 MHz 和 7 MHz 的百分比来表示的，即某时间段内 f_OEs 大于某一频率的发生时数与该时间段内观测总时数的百分比。图中不同颜色柱状分别表示该时段内 f_OEs 观测值大于 3 MHz、5 MHz 和 7 MHz 的百分比。由图可见，不同强度 Es 都是在夏季白天时段发生概率最大，在 5～8 月份的夏季全天都保持较高的 Es 发生率，f_OEs＞5 MHz 的中等强度以上以及 f_OEs＞7 MHz 的高强度 Es 发生率也相对较高。此外 5～6 月份 Es 发生率还呈现出非常显著的双峰结构，而在 3～4 月份、9～10 月份的春秋季以及 11～12 月份、1～2 月份的冬季，Es 主要集中在上午 8:00 至下午 16:00 之间，其余时段 Es 发生率都相对较低。

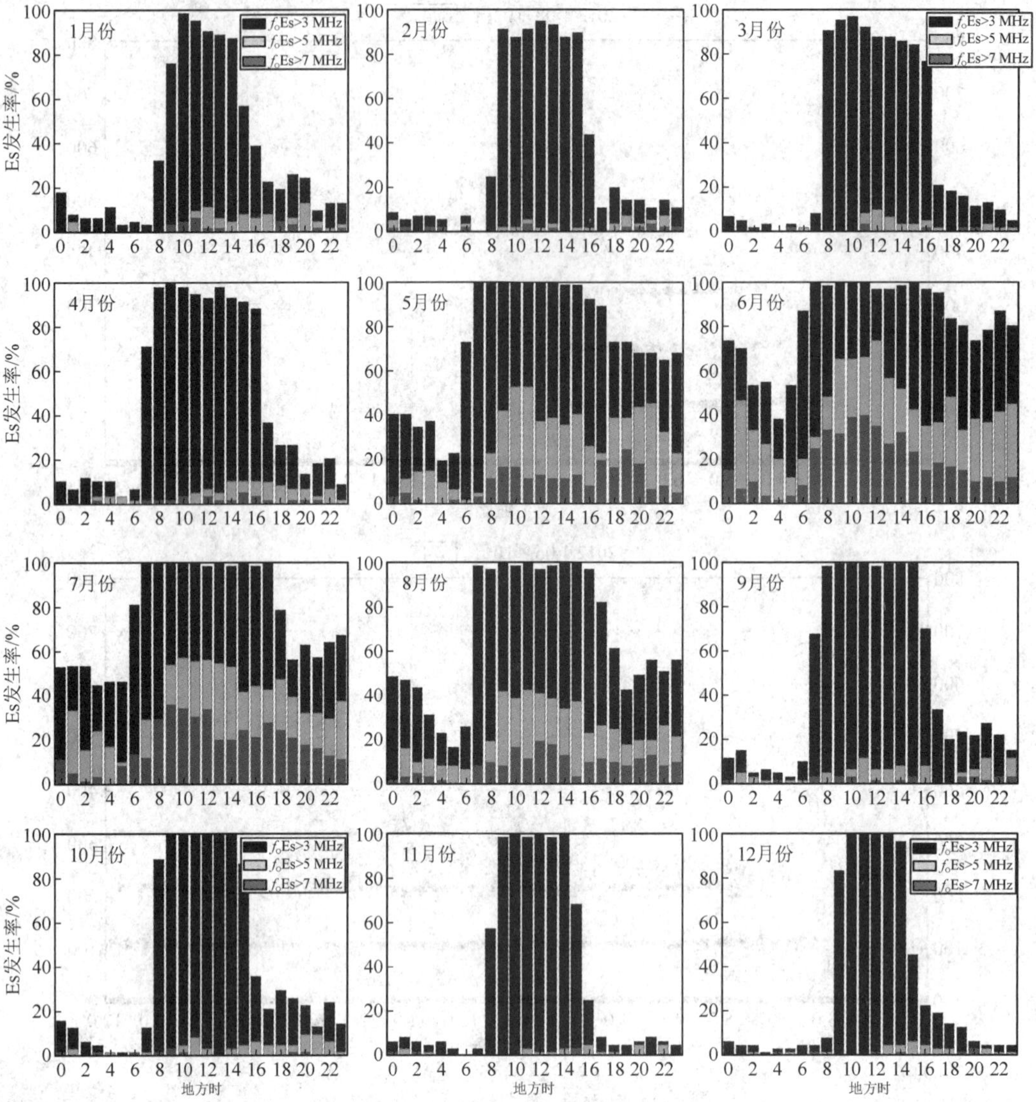

图 1.18　西安地区 Es 层发生率的时间分布

2. 扩展 F 层(SF)

电离层扩展 F(Spread F, SF)层是出现在电离层 *F* 区高度上的突发不均匀结构，其水平尺度约为 100～400 km。扩展 F 层在电离层垂直探测系统的电离图上显示为 F 层回波描迹漫散，如图 1.19 所示。扩展 F 层的出现往往会使得 f_oF2 和 h'F2 的度量值受到影响，严重时使其无法度量。根据 SF 回波描迹的特点，可将其分为四种类型，分别是：频率型扩展 F、区域型扩展 F、混合型扩展 F 以及岐迹型扩展 F。其中频率型扩展 F 是 F 层临界频率附近的描迹在频率方向上变宽的现象；而远离临界频率的描迹在高度方向上变宽或附属描迹出现的现象称为区域型扩展 F；混合型扩展 F 是指描迹在高度和频率方向上都变宽并且没有显示出清楚的频率型或区域型的现象；不能归类于频率型、区域型和混合型扩展 F 的描迹称为岐迹型扩展 F，它表明存在来自斜向反射区的描迹，该区通常可反射比接近顶空的 F 层高得多的频率。

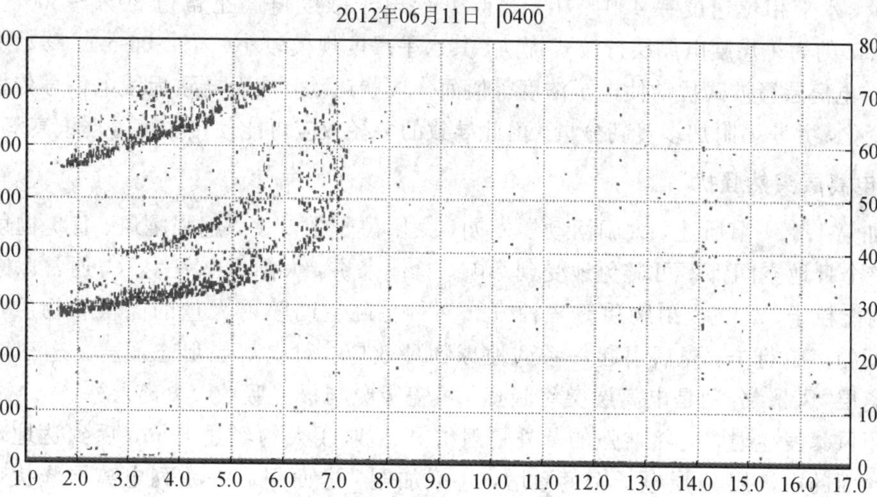

图 1.19　西安地区电离图中的扩展 F 层现象

当无线电波穿过电离层扩展 F 的不均匀结构时，其相位和振幅往往会发生快速的起伏，即电离层闪烁现象，而电离层闪烁将会显著降低卫星导航的精确性。扩展 F 层还可导致经 F 层反射的无线电信号回波脉冲展宽近 10 倍，致使信号发生严重衰落。

统计结果表明，扩展 F 现象经常出现在夜间，在地磁纬度大于 60°的高纬地区和地磁纬度小于 20°的磁赤道附近出现频繁，中纬度地区则相对出现较少。扩展 F 现象大多出现在太阳活动低年冬季以及磁扰动的夜晚。西安地区电离层扩展 F 现象观测统计数据表明，在 5～8 月份的夏季以及夜间 23:00 至次日凌晨 4:00 之间扩展 F 现象发生概率显著大于其他时段，如图 1.20 所示。

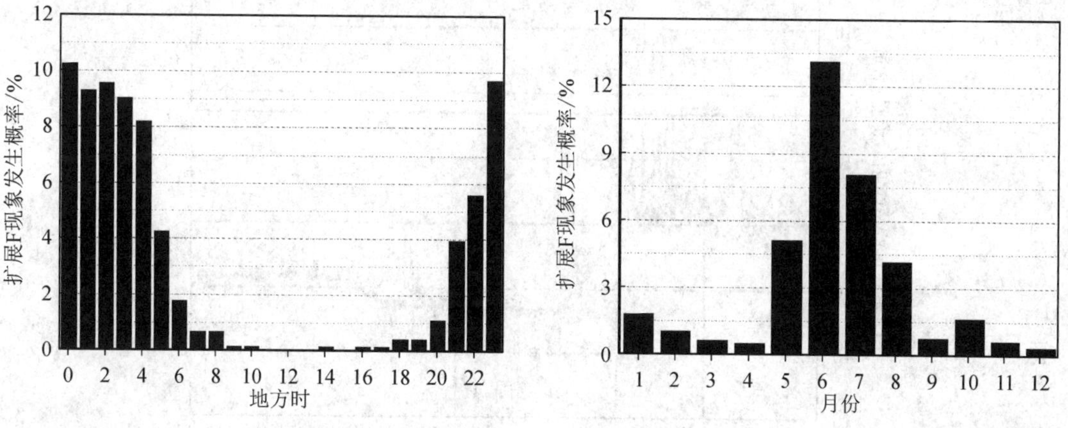

图 1.20　西安地区扩展 F 现象发生概率的时间分布

3. 电离层行波式扰动

电离层行波式扰动(Travelling Ionospheric Disturbance，TID)是与大气声重力波运动相关的F区大尺度不均匀结构。周期在300 min以上的为大尺度电离层行波式扰动，其水平波长为上千千米，水平相位速度在400～700 m/s，F层电子浓度偏离正常值20%～30%。周期在10～30 min的为小尺度电离层行波式扰动，其水平尺度规模较小(50～300 m)，移动速度约为200 m/s。电离层行波式扰动使电子浓度等值面作波状运动，从而导致无线电信号传播轨迹发生相应变化，并获得附加多普勒分量，由此导致的多径效应可能使接收信号严重衰落。

4. 电离层突然骚扰

正如第1.1.1节所述，太阳活动爆发期，太阳黑子数变多，超强耀斑、日冕抛射等事件频发，整个日地空间都不可避免地受到影响。总体来讲，太阳风暴发生后，通常以超强电磁辐射、高能粒子、日冕抛射物质等三种方式向行星际空间喷射大量的能量和物质，形成对地球空间的三轮打击，先后引起一系列地球物理效应。对电离层形态而言，这三轮打击导致的电离层"风暴"分别是电离层突然骚扰、极盖吸收与极光吸收、电离层暴。

太阳风暴发生时，突然增强的紫外辐射线和X射线大约经过8 min后到达地球，致使地球日照面的电离层D层电子密度激增，碰撞加剧，进而引起一系列电离层骚扰现象，比如突然发生的短波中断、相位异常、频率偏移、TEC激增等，统称为电离层突然骚扰(Suddenly Ionospheric Disturbance，SID)。

电离层突然骚扰是地球大气对太阳爆发最迅速、最直接的一种响应。电离层突然骚扰事件发生时，无线电短波信号吸收增强，信噪比下降，严重时短波信号完全中断。电离层突然骚扰事件的发生非常突然，目前还不能对其进行有效的预测。由于电离层突然骚扰只是日照面电离层D层受到扰动，而背日面电离层无影响，因此夜半球短波通信系统完全不受影响。当发生电离层突然骚扰时，短波信号的低频端吸收更为严重，致使短波通信系统的最低可用频率上升，可用频段变窄。

2017年9月上旬太阳强耀斑事件频发，在全球多地引发电离层突然骚扰。图1.21所示

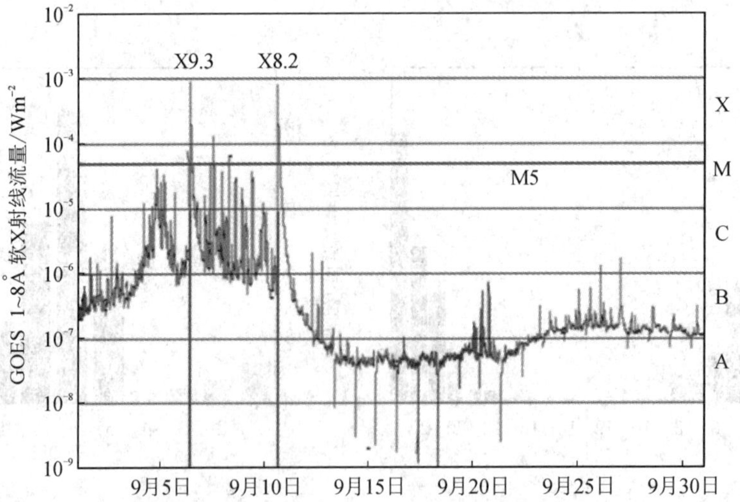

图1.21 2017年9月份每日太阳软X射线流量

为中国气象局国家空间天气监测预警中心发布的 2017 年 9 月份 1～8 Å 太阳软 X 射线流量。通常 M5 级(如图中水平线所标识)以上的耀斑即被认为是强耀斑事件，会引发电离层骚扰，并伴随太阳质子爆发事件，影响卫星正常运行，干扰通信和导航。特别是 9 月 6 日 12:02UT(Universal Time，世界时)爆发的 X9.3 级以及 9 月 10 日 16:04UT 爆发的 X8.2 级强耀斑事件，在美国造成了用于航空、海事、业余无线电和其他应急波段的高频无线电长达几小时的中断。由于这段时间所爆发的强耀斑事件对于我国国内大都正值夜间时段，因此并未对中国上空电离层及国内通信系统造成过于严重的恶劣影响。图 1.22 所示为 9 月 5 日 M3.2 级耀斑爆发期间西安地区电离层垂直探测系统所观测到的 f_{min} 显著增大的现象，由图可见短波低频端信号(4.8 MHz 以下)因吸收增强而无回波描迹。图 1.23 所示为 9 月 5 日全天 f_{min} 观测值与当月月中值的对比，图中可见白天时段 f_{min} 因耀斑爆发引起的电离层骚扰而呈现异常增大的现象，且最大增幅将近 130%。

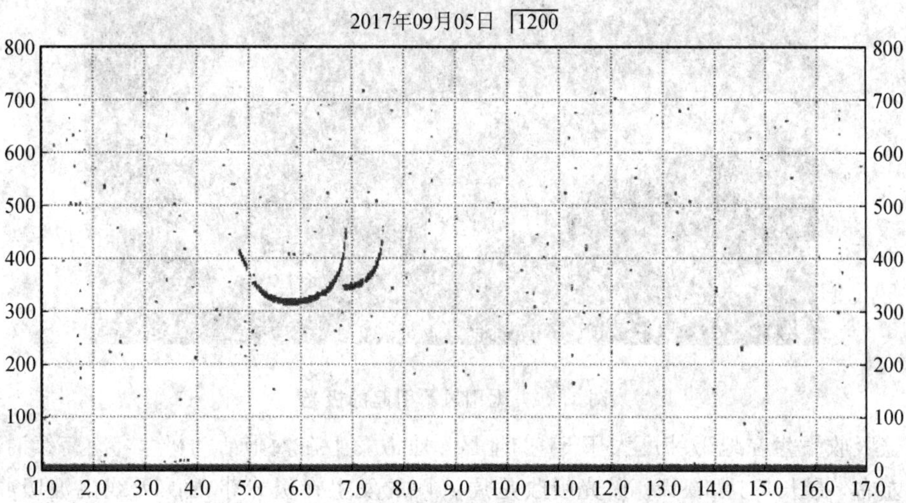

图 1.22　电离层突然骚扰引起的吸收增强

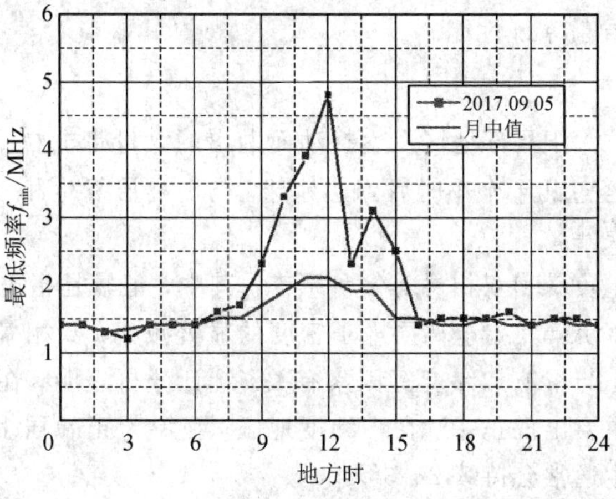

图 1.23　电离层突然骚扰期间最低频率 f_{min} 异常增大

5. 极盖吸收和极光吸收

地球磁场不是密不透风的，而是在高纬有个喇叭状缺口，称为极隙区。太阳耀斑爆发时，由太阳喷射出来的高能质子流经过大约几十分钟至几个小时后沿磁力线沉降在地球极隙区高空大气中，使该地区电离层D层电离加剧，电子密度激增，导致通过该区域的无线电波被强烈吸收，称为极盖吸收。与此同时，一些高能粒子在下降过程中能量被大气分子和原子吸收，激发出肉眼可见的黄绿光和红光，形成极光现象，如图1.24所示。

图1.24　太阳风暴引起的极光

极盖吸收发生在地磁纬度大于64°的地区，通常发生在太阳活动极大年，持续时间一般为3天左右，最长可达10天。极光吸收是局域性的发生在极光带内的无线电波吸收事件，通常在太阳活动极大年之后的2～3年出现。

太阳风暴造成的极盖吸收和极光吸收事件将影响跨极区的无线电波传播，严重干扰跨极区航线上的通信和导航系统性能。

6. 电离层暴

太阳活动爆发期，太阳局部地区发生扰动而抛出的大量带电粒子流或等离子体云，携带着大量物质和磁场经过几十个小时后到达地球，与电离层发生相互作用，引起全球电离层异常变化，即电离层暴。

电离层暴有正暴、负暴和双相暴等多种形态。其中，正暴是指电离层电子密度相对于正常状态的显著增加，负暴是指电离层电子密度的显著减小，双相暴是指增加和减小交替出现。电离层暴的形态与季节和纬度等因素有关。统计分析表明，在高纬度地区主要出现负暴，在低纬度地区主要出现正暴。在中纬度地区，在冬天正暴居多，负暴则多出现在夏天。电离层暴一旦发生通常会持续2～3天。

电离层负暴出现时，通常可引起地球电离层电子密度下降30%以上，导致短波通信的最高可用频率下降，可用频段变窄，甚至使短波雷达信道完全中断。2000年7月14日18:24

(北京时间)太阳发生强烈耀斑爆发，由此引发的电离层暴致使7月15、16、17日多个站点电离层最大反射频率连续2～3天出现大幅度下降。图1.25所示为重庆站所记录的电离层暴期间 f_OF2 观测值与当月月中值的对比。

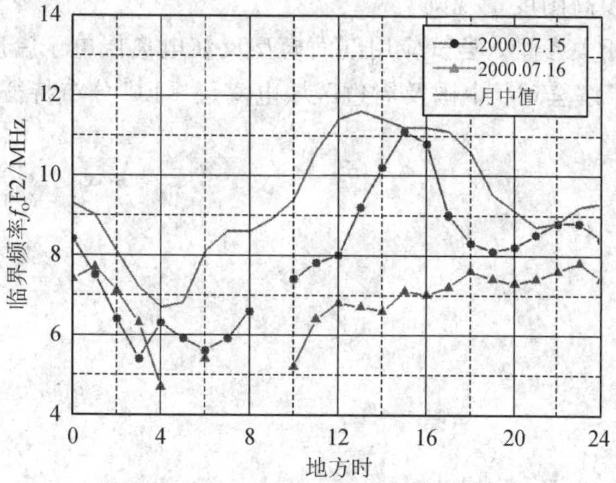

图1.25 电离层暴引起的临界频率 f_OF2 下降

习　题

1. 请描述电离层的分层结构以及各分层的基本特征。

2. 请描述高层大气的主要电离源。

3. 强太阳风暴对电离层形态有何影响?

4. 什么是等离子体? 电离层等离子体通常由哪几部分组成?

5. 试推导电离层等离子体振荡频率。

6. 请解释等离子体德拜长度的物理意义。

7. 卡普曼层模型是基于电离层形成理论的电离层电子密度模型，该模型中电子密度峰值高度以上电子密度随高度增加而指数衰减，峰值高度以下电子密度迅速衰减截止，而峰值高度处，最大电子密度与太阳天顶角余弦的平方根成正比关系。请应用卡普曼层模型证明以上结论。

8. 如何在电离层频高图中读取有关Es层和SF层的相关信息?

9. 电离层垂直探测电离图中 f_{min}、f_bEs、f_OF2 参数的物理意义是什么? 如何度量?

10. 若某时刻电离层的最大电子密度 $N_{em}=1.5\times10^{11}/m^3$，则当电波垂直向上投射时，能反射回来的最高频率(即临界频率)是多少?

11. 请描述电离层赤道异常的典型特点。

12. 电离层形态有哪些规则和不规则变化?

13. 请描述突然电离层骚扰对无线电通信系统的影响。

14. 为什么实际生活中收听到的中波广播电台白天少、晚上多?

课外学习任务

(1) 学习电离层频高图度量规则。

(2) 给定频高图相关参量，尝试应用剖面模型反演电离层电子密度廓线。

(3) 查阅资料，了解全球、中国及周边区域电离层 TEC 分布特征。

第 2 章　磁离子理论

电离层是地球高层大气中被部分电离了的一部分，是由大量自由电子、离子和中性分子构成的准中性等离子体区域。电离层等离子体处在地球磁场中，因此是被地球磁场所磁化了的磁等离子体，其中带电粒子的运动受电场与磁场力的支配，并与中性粒子发生碰撞。对于等离子体电磁特性的理论描述大体可分为三种，即宏观模型、微观模型和统计模型。

1. 宏观模型(流体模型)

用类似流体力学的方法，将等离子体视为导电流体介质来描述，其运动受磁场影响，因此称为磁流体力学。等离子体中流体元虽然呈电中性，但在磁场作用下能够形成宏观电流，适于研究描述随时空缓慢变化的一些等离子体行为。

磁流体力学是一种宏观理论，主要是通过求解电动力学和流体力学联立方程组，研究复杂磁场位形中等离子体的稳态结构，给定电磁场中等离子体的平衡位形、不稳定性等，以及在磁化等离子体中因扰动而出现的各种低频等离子体波。

2. 微观模型(单粒子模型)

完全忽略各粒子间存在的相互作用，将等离子体视为独立粒子系统，即等离子体中每个粒子在外场作用下的运动方程都相同，通过确定单个粒子在外电磁场及其他力场作用下的运动轨道便可描述等离子体的总体性质。在一些无碰撞等离子体中，由于粒子碰撞的平均自由程大于等离子体本身的空间尺度，因此粒子间碰撞对等离子体的行为几乎无影响，故单粒子轨道理论虽是一种近似描述，但能对一些观测结果给出定性、合理的解释。

3. 统计模型

用统计的方法确定等离子体中各粒子的分布函数随时间而演化的方程，即动理论方程，可更为精确地研究等离子体波及各种微观不稳定性等。该描述方法虽严格，但需联立求解伏拉索夫方程和麦克斯韦方程组，数学求解过程比较复杂，缺乏物理直观性。

一般情况下，磁等离子体表现为各向异性、非均匀、色散、有耗的非线性介质。磁离子理论是研究均匀各向异性色散介质中电波传播特性的理论。本章将在电磁波传播理论基础上，采用单粒子轨道模型描述电离层等离子体的磁离子理论。

2.1　电磁波传播理论基础

2.1.1　麦克斯韦方程组

麦克斯韦方程组是反映宏观电磁特性的一组物理定律，是电磁场的基本方程，可以用来解释所有的微观电磁现象，适用于物理性质连续的区域。对于电子密度为 N_e 的电离层介质，若电场强度和磁场强度各分量在 $N_e^{-1/3} < l < \lambda$ 尺度上为常数，则可将电离层视为连续介质。

麦克斯韦方程组的微分形式：

$$\nabla \times \boldsymbol{E} = -\frac{\partial \boldsymbol{B}}{\partial t} \tag{2-1}$$

$$\nabla \times \boldsymbol{H} = \frac{\partial \boldsymbol{D}}{\partial t} + \boldsymbol{J} \tag{2-2}$$

$$\nabla \cdot \boldsymbol{D} = \rho \tag{2-3}$$

$$\nabla \cdot \boldsymbol{B} = 0 \tag{2-4}$$

式中，$\boldsymbol{E}$、$\boldsymbol{H}$、$\boldsymbol{D}$ 和 $\boldsymbol{B}$ 分别表示电场强度、磁场强度、电位移矢量和磁感应强度，$\boldsymbol{J}$ 和 ρ 分别是传导电流密度和自由电荷密度。方程(2-1)是法拉第电磁感应定律，表明时变磁场产生感生电场。方程(2-2)是全电流安培环路定理，表明时变磁场不但有电子或离子移动引起的传导电流的贡献，也有来自电场变化导致的位移电流的贡献。时变磁场产生时变电场，时变电场又反过来产生时变磁场，因此电场传输能量至磁场，磁场又将能量传回电场，像波一样传播。方程(2-3)和方程(2-4)分别是电场和磁场的高斯定理。

带电粒子的运动形成电流，当界面不运动时，连续性方程可表示为

$$\frac{\partial \rho}{\partial t} + \nabla \cdot \boldsymbol{J} = 0 \tag{2-5}$$

式(2-5)表明，单位体积内电荷随时间的增长率必定等于流向该体积内的电流，这是电荷守恒的体现。

方程(2-1)、方程(2-2)与方程(2-5)联立可以得到方程(2-3)和方程(2-4)，因此以上 5 个方程中只有 3 个方程是独立的。

运动电荷在时变电磁场中所受的电场力和磁场力由洛伦兹力方程给出：

$$\boldsymbol{F} = q(\boldsymbol{E} + \boldsymbol{v} \times \boldsymbol{B}) \tag{2-6}$$

麦克斯韦方程组与连续性方程以及洛伦兹力方程完整地描述了电荷、电流、电场和磁场之间的相互作用。应用这些方程可以获得任何媒质中电磁场的特性。

2.1.2　结构方程

描述各场量之间关系的结构方程由介质特性决定。介质结构方程的一般形式为

$$\begin{aligned} \boldsymbol{B} &= \boldsymbol{B}(\boldsymbol{E}, \boldsymbol{H}) \\ \boldsymbol{D} &= \boldsymbol{D}(\boldsymbol{E}, \boldsymbol{H}) \\ \boldsymbol{J} &= \boldsymbol{J}(\boldsymbol{E}) \end{aligned} \tag{2-7}$$

电离层等离子体介质是各向异性的磁化等离子体，其结构方程可表示为

$$\boldsymbol{D} = \varepsilon_0 \boldsymbol{\varepsilon}_r \cdot \boldsymbol{E} \tag{2-8}$$

$$\boldsymbol{B} = \mu_0 \boldsymbol{\mu}_r \cdot \boldsymbol{H} \tag{2-9}$$

$$\boldsymbol{J} = \boldsymbol{\sigma} \cdot \boldsymbol{E} \tag{2-10}$$

其中式(2-10)为欧姆定律，说明在电场作用下电荷在导体内移动形成电流。式中，ε_0 和 μ_0 分别为真空中的介电常数和真空中的磁导率，张量 $\boldsymbol{\varepsilon}_r$、$\boldsymbol{\mu}_r$ 和 $\boldsymbol{\sigma}$ 分别称为介质的相对介电张量、介质的相对导磁率张量和介质的电导率张量。

介质的介电常数、导磁率和电导率的性质决定了介质的性质。它们一般是张量，也可

以是标量，通常是空间、时间和场量的函数。比如标量代表各向同性介质，张量代表各向异性介质，与空间坐标无关代表均匀介质，与时间无关代表平稳介质，与频率或波矢有关代表时间或空间色散介质，与电磁场本身大小有关代表非线性介质。

对于线性、各向同性、均匀的介质，其结构方程可表示为

$$\begin{aligned} \boldsymbol{D} &= \varepsilon_0 \varepsilon_r \boldsymbol{E} \\ \boldsymbol{B} &= \mu_0 \mu_r \boldsymbol{H} \\ \boldsymbol{J} &= \sigma \boldsymbol{E} \end{aligned} \tag{2-11}$$

此时 ε_r、μ_r 和 σ 均为常数标量。特别地，自由空间的结构关系为

$$\begin{aligned} \boldsymbol{D} &= \varepsilon_0 \boldsymbol{E} \\ \boldsymbol{B} &= \mu_0 \boldsymbol{H} \\ \boldsymbol{J} &= \boldsymbol{0} \end{aligned} \tag{2-12}$$

2.1.3　边界条件

在传播介质的分界面上，介质的电磁性质存在突变，此时需要附加边界条件或连接条件来描述电磁场的行为。可以证明，应用于时变电磁场的边界条件和应用于静态电磁场的边界条件完全相同。边界条件的矢量形式可表示为

$$\boldsymbol{n} \times (\boldsymbol{E}_1 - \boldsymbol{E}_2) = \boldsymbol{0} \tag{2-13}$$

$$\boldsymbol{n} \times (\boldsymbol{H}_1 - \boldsymbol{H}_2) = \boldsymbol{J} \tag{2-14}$$

$$\boldsymbol{n} \cdot (\boldsymbol{B}_1 - \boldsymbol{B}_2) = 0 \tag{2-15}$$

$$\boldsymbol{n} \cdot (\boldsymbol{D}_1 - \boldsymbol{D}_2) = \rho \tag{2-16}$$

$$\boldsymbol{n} \cdot (\boldsymbol{J}_1 - \boldsymbol{J}_2) = 0 \tag{2-17}$$

$$\boldsymbol{n} \times \left(\frac{\boldsymbol{J}_1}{\sigma_1} - \frac{\boldsymbol{J}_2}{\sigma_2} \right) = \boldsymbol{0} \tag{2-18}$$

式中，$\boldsymbol{n}$ 表示介质界面处的单位法向矢量，其方向为由介质 2 指向介质 1 的方向。

在任何媒质中，电磁场的存在必须满足麦克斯韦方程。而当在两种或多种媒质中求解麦克斯韦方程时，就必须确定电磁场在边界处是匹配的。

2.1.4　平面电磁波

对于线性、均匀、各向同性、无源的介质，其介电常数和磁导率是标量常数，介质中不包含产生场的电荷和传导电流，即自由电荷密度 $\rho=0$ 且传导电流密度 $\boldsymbol{J}=\boldsymbol{0}$。

对式(2－1)取旋度可得

$$\nabla \times \nabla \times \boldsymbol{E} = -\mu_0 \mu_r \frac{\partial}{\partial t}(\nabla \times \boldsymbol{H}) = -\mu_0 \varepsilon_0 \mu_r \varepsilon_r \frac{\partial^2 \boldsymbol{E}}{\partial^2 t}$$

由矢量恒等式：

$$\nabla \times \nabla \times \boldsymbol{E} = \nabla (\nabla \cdot \boldsymbol{E}) - \nabla^2 \boldsymbol{E} = -\nabla^2 \boldsymbol{E}$$

进而可得

$$\nabla^2 \boldsymbol{E} - \frac{1}{u^2} \frac{\partial^2 \boldsymbol{E}}{\partial^2 t} = \boldsymbol{0} \tag{2-19}$$

式中，u 表示电磁波在介质中的传播速度，且有

$$u = \sqrt{\frac{1}{\mu_0 \varepsilon_0 \mu_r \varepsilon_r}} = \frac{c}{n} \tag{2-20}$$

式中，c 表示自由空间中的光速，是基本物理常量之一，n 为介质的折射指数。

对方程(2-2)做类似处理可得

$$\nabla^2 \boldsymbol{H} - \frac{1}{u^2}\frac{\partial^2 \boldsymbol{H}}{\partial^2 t} = \boldsymbol{0} \tag{2-21}$$

方程(2-19)和方程(2-21)称为波动方程，说明脱离电荷、电流而独立存在的自由电磁场总是以波动形式运动着，其解包含各种形式的电磁波。

在很多实际情况下，电磁波的激发源往往以大致确定的频率做正弦振荡，因而辐射出的电磁波也以相同频率做正弦振荡。这种以单一频率随时间做正弦振荡的波称为时谐电磁波(单色电磁波)。一般情况下，即使电磁波不是单色波，也可以用 Fourier 频谱分析方法将其分解为不同频率的正弦波的叠加。

对于时谐波(单色波)，其电磁场的复数形式可表示为

$$\boldsymbol{E}(\boldsymbol{r},\ t) = \boldsymbol{E}(\boldsymbol{r})\mathrm{e}^{-\mathrm{j}\omega t} \tag{2-22}$$

$$\boldsymbol{H}(\boldsymbol{r},\ t) = \boldsymbol{H}(\boldsymbol{r})\mathrm{e}^{-\mathrm{j}\omega t} \tag{2-23}$$

式中，$\boldsymbol{E}(\boldsymbol{r})$和$\boldsymbol{H}(\boldsymbol{r})$表示不含时间因子的电场强度和磁场强度，只随空间位置变化。将其分别代入式(2-19)和式(2-21)所示的波动方程，从时域转换到频域，即可得到亥姆霍兹方程：

$$\nabla^2 \boldsymbol{E} + k^2 \boldsymbol{E} = \boldsymbol{0} \tag{2-24}$$

$$\nabla^2 \boldsymbol{H} + k^2 \boldsymbol{H} = \boldsymbol{0} \tag{2-25}$$

式中，$k=\omega/u=n\omega/c$，称为波数。亥姆霍兹方程是一定频率下的电磁波基本方程，其解代表电磁波场强在空间中的分布。按照激发源和传播条件的不同，电磁波场强可以有各种不同的形式。例如，从广播天线发射出的球面波、由激光器激发的狭窄的波束等，其场强都是亥姆霍兹方程的解。

特别地，在无界空间、均匀、平稳和各向同性介质中，波动方程具有最简单、最基本的波模，即平面电磁波：

$$\boldsymbol{E} = \boldsymbol{E}_0 \mathrm{e}^{\mathrm{j}(\boldsymbol{k}\cdot\boldsymbol{r}-\omega t)} = \boldsymbol{E}(\boldsymbol{k},\ \omega) \tag{2-26}$$

$$\boldsymbol{H} = \boldsymbol{H}_0 \mathrm{e}^{\mathrm{j}(\boldsymbol{k}\cdot\boldsymbol{r}-\omega t)} = \boldsymbol{H}(\boldsymbol{k},\ \omega) \tag{2-27}$$

式中，$\boldsymbol{E}_0$、$\boldsymbol{H}_0$ 分别表示平面电磁波电场和磁场的振幅，$\varphi=\boldsymbol{k}\cdot\boldsymbol{r}-\omega t$ 表示平面电磁波某时刻传播至某处的相位。该形式的平面电磁波解表示电磁波列可存在于所有时间，可延伸到整个空间，是高度理想化的情形。实际中可应用局部性的平面波，如有限大的辐射远场或 $t\to\infty$时的波场。

将式(2-26)电磁波的解代入麦克斯韦方程组可进一步获得平面电磁波的一般特性：

(1) 平面电磁波为横波，$\boldsymbol{E}$、$\boldsymbol{H}$ 都与传播方向 $\boldsymbol{k}$ 垂直；

(2) $\boldsymbol{E}$ 和 $\boldsymbol{H}$ 互相垂直，且 $\boldsymbol{E}$、$\boldsymbol{H}$ 和 $\boldsymbol{k}$ 满足右手螺旋定则；

(3) $\boldsymbol{E}$ 和 $\boldsymbol{H}$ 同相，其振幅之比为$\dfrac{E_0}{H_0}=\dfrac{k}{\omega\varepsilon}=\sqrt{\dfrac{\mu}{\varepsilon}}$；

(4) 波幅恒定，其波面为无限大平面。

对于电各向异性介质，其介电常数为张量，由 $\boldsymbol{D}=\varepsilon_0\boldsymbol{\varepsilon}_r\cdot\boldsymbol{E}$ 可得，电位移矢量 $\boldsymbol{D}$ 与电场

强度 $\boldsymbol{E}$ 的方向通常不同。此时无源区麦克斯韦方程变成

$$\begin{cases} \boldsymbol{k}\times\boldsymbol{E}(\boldsymbol{k},\ \omega)=\omega\mu_0\mu_r\boldsymbol{H}(\boldsymbol{k},\ \omega) \\ \boldsymbol{k}\times\boldsymbol{H}(\boldsymbol{k},\ \omega)=-\omega\varepsilon_0\boldsymbol{\varepsilon}_r\cdot\boldsymbol{E}(\boldsymbol{k},\ \omega) \\ \boldsymbol{k}\cdot\boldsymbol{D}(\boldsymbol{k},\ \omega)=0 \\ \boldsymbol{k}\cdot\boldsymbol{B}(\boldsymbol{k},\ \omega)=0 \end{cases} \tag{2-28}$$

式(2-28)表明电位移矢量 $\boldsymbol{D}$、磁场 $\boldsymbol{H}$、$\boldsymbol{B}$ 均与传播方向 $\boldsymbol{k}$ 垂直，但电场强度 $\boldsymbol{E}$ 不与传播方向 $\boldsymbol{k}$ 垂直，存在沿传播方向的纵向分量。方程组(2-28)联立消去磁场矢量，可得

$$\boldsymbol{k}\times\boldsymbol{k}\times\boldsymbol{E}=-\frac{\omega^2}{c^2}\mu_r\boldsymbol{\varepsilon}_r\cdot\boldsymbol{E}$$

$$\left[k^2\boldsymbol{I}-(\boldsymbol{kk})-\frac{\omega^2}{c^2}\mu_r\boldsymbol{\varepsilon}_r\right]\cdot\boldsymbol{E}=\boldsymbol{0} \tag{2-29}$$

这是一个齐次线性方程组，若存在非零解，则要求其系数行列式为零，即

$$\left|k^2\delta_{ij}-k_ik_j-\frac{\omega^2}{c^2}\mu_r\varepsilon_{rij}\right|=0 \tag{2-30}$$

式中，$\boldsymbol{I}$ 表示单位张量，δ_{ij} 为克罗内克尔符号，定义为：$i=j$ 时，$\delta_{ij}=1$；否则，$\delta_{ij}=0$。

由折射指数定义

$$n=\frac{kc}{\omega}=\sqrt{\varepsilon_r\mu_r} \tag{2-31}$$

代入式(2-30)，各向异性介质中平面电磁波的色散关系可描述为

$$\left|n^2(\delta_{ij}-n_in_j)-\mu_r\varepsilon_{rij}\right|=0 \tag{2-32}$$

求解上式即可得各向异性介质中平面电磁波的色散方程。这是关于 n^2 的二次方程，其解通常与波传播方向有关。一般在给定方向上有两个独立的 n^2 解，分别对应于介质中的两个特征模。特别地，对于各向同性介质，$\varepsilon_{rij}=\varepsilon_r\delta_{ij}$，说明介电常数是对角张量。而对于自由空间，$\varepsilon_r=1$，$\varepsilon_{rij}=\delta_{ij}$。

对于有耗介质，波数为复数形式：

$$\boldsymbol{k}=\boldsymbol{k}'+\mathrm{j}\boldsymbol{k}'' \tag{2-33}$$

式中，实部 $\boldsymbol{k}'$ 表示相位传播因子，虚部 $\boldsymbol{k}''$ 表示衰减因子。此时式(2-26)所示的平面波电磁场可以写成

$$\boldsymbol{E}(\boldsymbol{k},\ \omega)=\boldsymbol{E}_0\mathrm{e}^{-\boldsymbol{k}''\cdot\boldsymbol{r}}\mathrm{e}^{\mathrm{j}(\boldsymbol{k}'\cdot\boldsymbol{r}-\omega t)} \tag{2-34}$$

$$\boldsymbol{H}(\boldsymbol{k},\ \omega)=\boldsymbol{H}_0\mathrm{e}^{-\boldsymbol{k}''\cdot\boldsymbol{r}}\mathrm{e}^{\mathrm{j}(\boldsymbol{k}'\cdot\boldsymbol{r}-\omega t)} \tag{2-35}$$

上式表明，平面波的等相位面是垂直于 $\boldsymbol{k}'$ 的平面，等幅值面是垂直于 $\boldsymbol{k}''$ 的平面，平面波幅值沿 $\boldsymbol{k}''$ 的方向呈指数衰减。当 $\boldsymbol{k}'$ 与 $\boldsymbol{k}''$ 的方向不一致时，波为不均匀平面波；$\boldsymbol{k}'$ 与 $\boldsymbol{k}''$ 平行时，波为均匀平面波。

2.1.5　相速度和群速度

相速度和群速度是电磁波传播理论中非常重要的概念。相速度是电磁波的等相位面在介质中的传播速度，描述了介质中某点相位变化的快慢；而群速度是电磁波包络(或波群)在介质中的传播速度，描述了信息或能量的传播速度。

对于平面电磁波，其波场可描述为

$$\boldsymbol{E}=\boldsymbol{E}_0\mathrm{e}^{\mathrm{j}(\boldsymbol{k}\cdot\boldsymbol{r}-\omega t)}$$

式中，$\boldsymbol{r}$ 为波场中某点 P 的位置矢量，$\boldsymbol{k}$ 为相位传播的方向，与等相位面垂直。电磁波在该处的相位为 $\varphi=\boldsymbol{k}\cdot\boldsymbol{r}-\omega t$，令其相位为某一常数(如 φ_1)，可给出该点所在的等相位面方程：

$$\boldsymbol{k}\cdot\boldsymbol{r}-\omega t=\varphi_1 \tag{2-36}$$

设等相位面到原点的距离为 z，则有

$$z=\frac{\boldsymbol{k}\cdot\boldsymbol{r}}{k}=\frac{\varphi_1+\omega t}{k} \tag{2-37}$$

平面波的相速度就是其等相面沿 $\hat{\boldsymbol{k}}$ 方向上移动的速度，即

$$v_{\mathrm{p}}=\frac{\mathrm{d}z}{\mathrm{d}t}=\frac{\omega}{k} \tag{2-38}$$

因此，相速度矢量可表示为

$$\boldsymbol{v}_{\mathrm{p}}=v_{\mathrm{p}}\hat{\boldsymbol{k}}=\frac{\omega}{k}\hat{\boldsymbol{k}} \tag{2-39}$$

利用式(2-31)可得

$$\boldsymbol{v}_{\mathrm{p}}=\frac{c}{n}\hat{\boldsymbol{k}} \tag{2-40}$$

需指出，相速度只代表相位变化的速度，不代表能量传播速度，其值可以大于光速 c。

由于单色平面电磁波时间上无限持续，空间上延伸至整个空间，因此严格意义上的单色平面电磁波并不存在，它只是高度理想化的模型。而且平面电磁波的波幅恒定，不能传递信息。就像一列空荡荡的列车在城市间穿梭，既不载人也不运货，不能发挥其实用价值。实际应用中，雷达及通信系统辐射与传播的并不是单色平面电磁波，而是电磁脉冲或由波群组成的电磁波包。

根据线性理论，对于时空有限的波动，波包或波群的有限波束可以通过傅里叶分析理论展开为不同传播方向、不同频率的平面波的叠加。

对于载频为 ω_0、载波矢为 $\boldsymbol{k}_0$ 的波包，根据傅里叶理论，可以将其表示为

$$\boldsymbol{E}(\boldsymbol{r},t)=\frac{1}{2\pi^3}\iiint\boldsymbol{E}(\boldsymbol{k},\omega)\mathrm{e}^{\mathrm{j}(\boldsymbol{k}\cdot\boldsymbol{r}-\omega t)}\,\mathrm{d}^3\boldsymbol{k} \tag{2-41}$$

上式表明，这是一个由不同方向传播的不同频率、不同振幅的平面简谐波所组成的波包。当 $\Delta\omega\ll\omega_0$ 且 $\Delta\boldsymbol{k}\ll\boldsymbol{k}_0$ 时，其振幅 $\boldsymbol{E}(\boldsymbol{k},\omega)$ 在 ω_0 和 $\boldsymbol{k}_0$ 附近有极大值。将被积函数中的指数因子在 $\boldsymbol{k}_0$ 附近幂级数展开，并取其零阶项和一阶项，可得

$$\begin{aligned}\boldsymbol{k}\cdot\boldsymbol{r}-\omega(\boldsymbol{k})t&=(\boldsymbol{k}_0+\Delta\boldsymbol{k})\cdot\boldsymbol{r}-[\omega(\boldsymbol{k}_0)+\nabla_k\omega|_{\boldsymbol{k}_0}\cdot\Delta\boldsymbol{k}]t\\&=[\boldsymbol{k}_0\cdot\boldsymbol{r}-\omega(\boldsymbol{k}_0)t]+\Delta\boldsymbol{k}\cdot(\boldsymbol{r}-\nabla_k\omega|_{\boldsymbol{k}_0}t)\end{aligned}$$

代入式(2-41)所示的傅里叶积分，可得

$$\begin{aligned}\boldsymbol{E}(\boldsymbol{r},t)&=\mathrm{e}^{\mathrm{j}[\boldsymbol{k}_0\cdot\boldsymbol{r}-\omega(\boldsymbol{k}_0)t]}\frac{1}{2\pi^3}\iiint\boldsymbol{E}(\boldsymbol{k},\omega)\mathrm{e}^{\mathrm{j}\Delta\boldsymbol{k}\cdot(\boldsymbol{r}-\nabla_k\omega|_{\boldsymbol{k}_0}t)}\,\mathrm{d}^3\boldsymbol{k}\\&=A(\boldsymbol{r}-\nabla_k\omega|_{\boldsymbol{k}_0}t)\mathrm{e}^{\mathrm{j}(\boldsymbol{k}_0\cdot\boldsymbol{r}-\omega_0t)}\end{aligned} \tag{2-42}$$

式中，$A(\boldsymbol{r}-\nabla_k\omega|_{\boldsymbol{k}_0}t)$ 表示波包的振幅。为使波包不发生形变，波包内任一部分的传播速度必相同。波包在空间移动时保持幅度不变的平面为等幅面，等幅面移动的速度就是整个波包传播的速度，即为群速度。因此群速度可表示为

$$\boldsymbol{v}_{\mathrm{g}} = \frac{\mathrm{d}\boldsymbol{r}}{\mathrm{d}t} = \nabla_{k}\omega \big|_{\boldsymbol{k}_0} = \left(\frac{\partial \omega}{\partial \boldsymbol{k}}\right)_{\boldsymbol{k}_0} \tag{2-43}$$

由麦克斯韦方程可以证明，在具有频率色散的无耗透明介质中，能量沿群速度方向传播，此方向即为射线方向。一般在各向异性介质中，射线方向不同于波矢 $\boldsymbol{k}$ 的方向，即群速度的方向不同于相速度的方向。特别地，在各向同性介质中，群速度与相速度的方向相同，此时有

$$\boldsymbol{v}_{\mathrm{g}} = \frac{\partial \omega}{\partial k}\hat{\boldsymbol{k}} \tag{2-44}$$

并且群速度和相速度之间的大小关系可以表示为

$$v_{\mathrm{g}} = v_{\mathrm{p}} - \lambda \frac{\partial v_{\mathrm{p}}}{\partial \lambda} \tag{2-45}$$

若介质中群速度的大小小于相速度的大小($v_{\mathrm{g}} < v_{\mathrm{p}}$)，则为正常色散介质，反之为反常色散介质。

2.1.6　坡印亭定理

坡印亭定理是关于波在介质中传播时的电磁场能量守恒的定理。

考虑一个带电粒子 q 以速度 $\boldsymbol{v}$ 在时变电磁场中运动。在某一时刻，带电粒子所受的力为

$$\boldsymbol{F} = q(\boldsymbol{E} + \boldsymbol{v} \times \boldsymbol{B})$$

式中，$\boldsymbol{E}$ 和 $\boldsymbol{B}$ 分别为时变电场强度和磁感应强度。当电荷在此力的作用下，$\mathrm{d}t$ 时间内移动了 $\mathrm{d}\boldsymbol{l} = \boldsymbol{v}\mathrm{d}t$ 距离时，该力对带电粒子做的功为

$$\mathrm{d}W = q(\boldsymbol{E} + \boldsymbol{v} \times \boldsymbol{B}) \cdot \mathrm{d}\boldsymbol{l} = q(\boldsymbol{E} + \boldsymbol{v} \times \boldsymbol{B}) \cdot \boldsymbol{v}\mathrm{d}t$$

时变电磁场供给带电粒子的功率 P 可表示为

$$P = \frac{\mathrm{d}W}{\mathrm{d}t} = q(\boldsymbol{E} + \boldsymbol{v} \times \boldsymbol{B}) \cdot \boldsymbol{v} = q\boldsymbol{E} \cdot \boldsymbol{v} \tag{2-46}$$

可见，时变磁场对带电粒子不供给任何能量，只有电场才对场中运动电荷供给功率。

现在考虑带电密度为 ρ 的带电体以平均速度 $\boldsymbol{v}$ 运动，对于体积元 $\mathrm{d}V$ 内非常小的电荷 $\rho\mathrm{d}V$，应用式(2-46)可得时变电场所供给的功率为

$$\mathrm{d}P = \boldsymbol{E} \cdot \rho\boldsymbol{v}\mathrm{d}V = \boldsymbol{E} \cdot \boldsymbol{J}\mathrm{d}V$$

进而可得单位体积的功率，即功率密度 p：

$$p = \frac{\mathrm{d}P}{\mathrm{d}V} = \boldsymbol{J} \cdot \boldsymbol{E} \tag{2-47}$$

在静态场中，基于能量守恒可得到相似表达式，可见该结果对时变场也同样适用。由麦克斯韦方程(2-2)式可得

$$\boldsymbol{J} = \nabla \times \boldsymbol{H} - \frac{\partial \boldsymbol{D}}{\partial t}$$

代入式(2-47)可得

$$\begin{aligned}\boldsymbol{J} \cdot \boldsymbol{E} &= \boldsymbol{E} \cdot (\nabla \times \boldsymbol{H}) - \boldsymbol{E} \cdot \frac{\partial \boldsymbol{D}}{\partial t} = \boldsymbol{H} \cdot (\nabla \times \boldsymbol{E}) - \nabla \cdot (\boldsymbol{E} \times \boldsymbol{H}) - \boldsymbol{E} \cdot \frac{\partial \boldsymbol{D}}{\partial t} \\ &= -\boldsymbol{H} \cdot \frac{\partial \boldsymbol{B}}{\partial t} - \nabla \cdot (\boldsymbol{E} \times \boldsymbol{H}) - \boldsymbol{E} \cdot \frac{\partial \boldsymbol{D}}{\partial t}\end{aligned}$$

因此有

$$\nabla \cdot (\boldsymbol{E} \times \boldsymbol{H}) + \boldsymbol{J} \cdot \boldsymbol{E} + \boldsymbol{E} \cdot \frac{\partial \boldsymbol{D}}{\partial t} + \boldsymbol{H} \cdot \frac{\partial \boldsymbol{B}}{\partial t} = 0 \tag{2-48}$$

式(2-48)称为坡印亭定理的微分形式。此式实际上是能量守恒定律在时变电磁场中的描述。其中矢量积 $\boldsymbol{E}\times\boldsymbol{H}$ 具有功率密度单位，表示单位面积的瞬时功率流，称为坡印亭矢量，即

$$\boldsymbol{S}=\boldsymbol{E}\times\boldsymbol{H} \tag{2-49}$$

功率流的方向垂直于 $\boldsymbol{E}$ 和 $\boldsymbol{H}$ 构成的平面。

对于线性、均匀、各向同性介质中的时变场，式(2-48)可表示为

$$\nabla\cdot\boldsymbol{S}+\boldsymbol{J}\cdot\boldsymbol{E}+\frac{\partial}{\partial t}\left(\frac{1}{2}\varepsilon E^2+\frac{1}{2}\mu H^2\right)=0 \tag{2-50}$$

式(2-50)中第三项表示时变电磁场中能量密度的变化率。对上式在某体积空间内积分，可得

$$\int_V\nabla\cdot\boldsymbol{S}\mathrm{d}V+\int_V\boldsymbol{J}\cdot\boldsymbol{E}\mathrm{d}V+\frac{\partial}{\partial t}\int_V(w_\mathrm{e}+w_\mathrm{m})\mathrm{d}V=0 \tag{2-51}$$

式(2-51)称为坡印亭定理的积分形式。式中，第一项表示从体积 V 内流出的功率，第二项表示场提供给带电粒子的功率，第三项表示时变场中所存储的电能和磁能的变化率。

2.1.7 波的极化

波的极化通常是指场中某点的电场矢量端点随时间变化而形成的轨迹特性。波的极化特性通常可分成线性极化、椭圆极化、圆极化以及随机极化等。当有两个或多个同频率的波沿同一方向传播时，则用所有波叠加之后的合成波来定义极化。

考虑有均匀平面电磁波沿 $\boldsymbol{k}/\!/\boldsymbol{z}$($\boldsymbol{z}$ 为直角坐标系中沿 z 轴的单位方向矢量)方向传播，电场强度 $\boldsymbol{E}$ 位于与波矢 $\boldsymbol{k}$ 方向垂直的 $x-y$ 平面上，设电场强度分量可表示为

$$E_x(z,\ t)=E_{0x}\exp[\mathrm{j}(kz-\omega t+\varphi_x)] \tag{2-52}$$

$$E_y(z,\ t)=E_{0y}\exp[\mathrm{j}(kz-\omega t+\varphi_y)] \tag{2-53}$$

或表示为实部形式：

$$E_x(z,\ t)=E_{0x}\cos(kz-\omega t+\varphi_x) \tag{2-54}$$

$$E_y(z,\ t)=E_{0y}\cos(kz-\omega t+\varphi_y) \tag{2-55}$$

式中，E_{0x} 和 E_{0y} 分别为电场分量 E_x 和 E_y 的振幅。联立式(2-54)与式(2-55)，可得电场分量在垂直于传播方向的 $x-y$ 平面内满足椭圆方程：

$$\frac{E_x^2}{E_{0x}^2}+\frac{E_y^2}{E_{0y}^2}-\frac{2E_xE_y}{E_{0x}E_{0y}}\cos(\varphi_x-\varphi_y)=\sin^2(\varphi_x-\varphi_y)$$

上式表明，电场矢量的端点在垂直于波传播方向的 $x-y$ 平面内的轨迹一般为椭圆，但也有特例。

定义复数偏振因子 ρ：

$$\rho=\frac{E_y}{E_x} \tag{2-56}$$

将式(2-52)和式(2-53)代入可得

$$\rho=\frac{E_{0y}}{E_{0x}}\exp[\mathrm{j}(\varphi_y-\varphi_x)] \tag{2-57}$$

式(2-57)表明，偏振因子 ρ 仅与电场强度分量的幅度比和相位差有关，与它们的绝对取值无关。

当 $\varphi_y-\varphi_x=m\pi$(其中 m 为整数)，即电场强度两分量的相位差为 π 的整数倍时，偏振因子 ρ 取值为实数。此时电场强度矢量端点在 $x-y$ 平面内的轨迹为过原点的直线，称为线性极化。特别地，当 $\rho>0$ 时，轨迹直线段分布在一、三象限，当 $\rho<0$ 时，轨迹直线段分布在二、四象限。

当 $\varphi_y-\varphi_x=\pm\pi/2$，即电场强度两分量的相位差为 $\pm\pi/2$ 时，偏振因子 ρ 取值为纯虚数(如 $\rho=\pm c\mathrm{j}$，c 为正的常数值，j 为虚部因子)。此时电场强度矢量端点在 $x-y$ 平面内的轨迹为正椭圆，称为椭圆极化。其中正负号表示不同的旋转方向。例如，上式取"+"时，沿着波传播方向观察，电场矢量端点在椭圆上呈逆时针方向旋转，椭圆轨迹旋转方向正好与波传播方向满足左手螺旋法则，称为左旋椭圆极化；取"−"时，沿着波传播方向观察，电场矢量端点呈顺时针方向旋转，椭圆轨迹旋转方向与波传播方向满足右手螺旋法则，称为右旋椭圆极化。

当 $\varphi_y-\varphi_x=\pm\pi/2$，且 $E_{0x}=E_{0y}$ 时，电场强度矢量端点在 $x-y$ 平面内的轨迹为圆，称为圆极化。此时偏振因子 $\rho=\pm\mathrm{j}$。其中"+"表示左旋圆极化，"−"表示右旋圆极化。

当 $\varphi_y-\varphi_x$ 为其他取值时，偏振因子 ρ 为一般复数，电场强度矢量端点在 $x-y$ 平面内的轨迹为一般斜椭圆，即椭圆轨迹的长短轴不在 x 轴或 y 轴上，称为一般椭圆极化。任一椭圆极化(包括圆极化)波的波场可以通过正交分解描述为互相垂直的两同频线性极化波场的叠加。

特别指出，偏振因子 ρ 的定义也可取为 $\rho=E_x/E_y$，此时，ρ 的取值中正负号与极化波旋转方向的关系与上面描述的正好相反，即"+"表示右旋极化，"−"表示左旋极化。

2.2 A-H 公式

正如前面提到的，等离子体的电磁性质可以用多种方式来描述，如宏观的磁流体力学模型、微观的单粒子轨道模型以及统计物理学模型。本节采用单粒子轨道模型讨论电离层等离子体介质中的电波传播理论。

单粒子轨道模型的基本思想就是把等离子体看作由大量独立的带电粒子组成的集体，完全忽略热运动引起的粒子间的相互作用，即每个粒子在外场作用下的运动都是具有代表性的，只要知道了单个粒子运动的规律，就可以对等离子体的整体行为做出一些结论。单粒子轨道理论不仅适用于描述稀薄等离子体，对于研究一般等离子体的性质也有重要作用。单粒子轨道理论所建立的单粒子模型简单明确，呈现出较为直观的物理概念，是研究和理解等离子体集体效应的基础。

根据单粒子轨道模型，等离子体中的带电粒子在外场力驱动下形成传导电流或电极化矢量，进而产生附加波场，附加波场通过麦克斯韦方程组与电磁波场相互作用。等离子体主要是由带电粒子组成的电中性的气体，电磁力对等离子体的行为有重要作用。在某些情况下非电磁力也很重要，如重力、碰撞阻尼力等。因此，在描述等离子体行为的重要方程中应包括这些力。

2.2.1 仅电场作用时

首先讨论带电粒子在电场扰动下的运动特性，即忽略带电粒子受到的磁场作用力，仅考虑电场作用，此时介质为非磁化冷等离子体。

设在电场 $\boldsymbol{E}\mathrm{e}^{\mathrm{j}(\boldsymbol{k}\cdot\boldsymbol{r}-\omega t)}$ 的扰动下，电荷获得形如 $\boldsymbol{v}\mathrm{e}^{\mathrm{j}(\boldsymbol{k}\cdot\boldsymbol{r}-\omega t)}$ 的速度，根据牛顿运动定律，有

$$-\mathrm{j}\omega m\boldsymbol{v}=q\boldsymbol{E} \tag{2-58}$$

式中，m 是带电粒子的质量，q 为粒子所带电量（$q=e$ 和 $q=-e$ 时分别对应于正离子和负电子的情况）。由于离子质量远大于电子质量，电场所驱动的离子运动远弱于电子运动，因此离子运动通常可忽略不计。而电子运动引起的电流密度（单位时间通过单位截面积的电量）可写成

$$\boldsymbol{J}=N_{\mathrm{e}}q\boldsymbol{v}=\frac{\mathrm{j}e^2N_{\mathrm{e}}}{m_{\mathrm{e}}\omega}\boldsymbol{E} \tag{2-59}$$

式中，N_{e} 为电子密度，m_{e} 为电子质量。对于形如 $\mathrm{e}^{\mathrm{j}(\boldsymbol{k}\cdot\boldsymbol{r}-\omega t)}$ 的波，考虑传导电流 $\boldsymbol{J}$ 的麦克斯韦方程：

$$\begin{cases}\nabla\times\boldsymbol{E}=-\mu_0\dfrac{\partial\boldsymbol{H}}{\partial t}\\[2mm]\nabla\times\boldsymbol{H}=\varepsilon_0\dfrac{\partial\boldsymbol{E}}{\partial t}+\boldsymbol{J}\end{cases} \tag{2-60}$$

可化简为

$$\begin{cases}\boldsymbol{k}\times\boldsymbol{E}=\omega\mu_0\boldsymbol{H}\\ \boldsymbol{k}\times\boldsymbol{H}=-\omega\varepsilon_0\boldsymbol{E}-\mathrm{j}\boldsymbol{J}\end{cases} \tag{2-61}$$

式(2-61)的两个方程联立可得

$$\boldsymbol{k}\times(\boldsymbol{k}\times\boldsymbol{E})=\omega\mu_0(-\omega\varepsilon_0\boldsymbol{E}-\mathrm{j}\boldsymbol{J}) \tag{2-62}$$

代入电流密度表达式(2-59)，可得

$$\boldsymbol{k}\times(\boldsymbol{k}\times\boldsymbol{E})=-\omega^2\mu_0\varepsilon_0\boldsymbol{E}+\mu_0\frac{N_{\mathrm{e}}e^2}{m_{\mathrm{e}}}\boldsymbol{E}=\mu_0\varepsilon_0\boldsymbol{E}\left(\frac{N_{\mathrm{e}}e^2}{m_{\mathrm{e}}\varepsilon_0}-\omega^2\right) \tag{2-63}$$

此方程是色散方程的简单变形。

对于纵向电场分量 $\boldsymbol{E}_{/\!/}$（$\boldsymbol{E}_{/\!/}/\!/\boldsymbol{k}$），上式方程左边为零，于是有

$$\omega^2=\frac{N_{\mathrm{e}}e^2}{m_{\mathrm{e}}\varepsilon_0}=\omega_{\mathrm{p}}^2 \tag{2-64}$$

式(2-64)表明，等离子体在纵向以等离子体频率 ω_{p} 进行振荡。由于振荡频率 ω_{p} 与 $\boldsymbol{k}$ 无关，群速度 $\boldsymbol{v}_{\mathrm{g}}=\mathrm{d}\omega/\mathrm{d}\boldsymbol{k}$ 为零，因此等离子体中的纵振荡并不涉及能量的传播。

对于横向电场分量 $\boldsymbol{E}_{\perp}$（$\boldsymbol{E}_{\perp}\perp\boldsymbol{k}$），色散方程(2-63)可化简为

$$-k^2=\mu_0\varepsilon_0(\omega_{\mathrm{p}}^2-\omega^2) \tag{2-65}$$

由折射指数定义 $n=kc/\omega$ 可得

$$n^2=1-\frac{\omega_{\mathrm{p}}^2}{\omega^2} \tag{2-66}$$

定义艾普利通(Appleton)参量 X*：

$$X=\frac{\omega_{\mathrm{p}}^2}{\omega^2}=\frac{N_{\mathrm{e}}e^2}{m_{\mathrm{e}}\varepsilon_0\omega^2} \tag{2-67}$$

---

* 本书大部分内容均不考虑重离子的作用，因此全书中所引用的参量符号 X 和 Y 均特指电子的艾普利通参量。如需描述离子的艾普利通参量则加以下标 i 分别表示为 X_i 和 Y_i。

于是式(2-66)可写成

$$n^2 = 1 - X \tag{2-68}$$

此即为仅在电场作用下的等离子体折射指数。可见，对于横电磁波，等离子体的折射指数 n^2 随着 X 的增大而线性减小。当无线电波频率高于等离子体频率时，$0<X<1$，折射指数为正实数，无线电波正常传播。特别在电波频率远高于等离子体频率时，$X\ll 1$，折射指数趋近于1，此时等离子体介质对无线电波的影响很小。当无线电波频率等于等离子体频率时，$X=1$，$n^2=0$，此时无线电波传播截止。当电波频率低于等离子体频率时，$X>1$，$n^2<0$，折射指数为纯虚数，此时无线电波是消散的，电波幅值按指数衰减，不能传播。

由式(2-68)可得各向同性介质中相速度和群速度的表达式为

$$v_{\mathrm{p}} = \frac{\omega}{k} = \frac{c}{n} = c\left(1 - \frac{\omega_{\mathrm{p}}^2}{\omega^2}\right)^{-1/2} \tag{2-69}$$

$$v_{\mathrm{g}} = \frac{\mathrm{d}\omega}{\mathrm{d}k} = cn = c\left(1 - \frac{\omega_{\mathrm{p}}^2}{\omega^2}\right)^{1/2} \tag{2-70}$$

若定义群折射指数

$$n' = \frac{c}{v_{\mathrm{g}}} \tag{2-71}$$

则可得

$$n' = \frac{1}{n} \tag{2-72}$$

2.2.2 考虑碰撞作用时

对于弱电离气体，碰撞主要发生在电子和中性粒子之间。碰撞效应导致带电粒子的动量损失，相当于使其受到一碰撞阻尼力的作用。假设等离子体中带电粒子的平均碰撞频率为 ν，即每个带电粒子每单位时间内平均与其他粒子碰撞的次数为 ν，此时碰撞作用等效的阻尼力可表示为

$$\boldsymbol{F} = m\boldsymbol{v}\nu \tag{2-73}$$

将此阻尼力加入到运动方程中，式(2-58)变为

$$-\mathrm{j}\omega m\boldsymbol{v} = q\boldsymbol{E} - m\boldsymbol{v}\nu \tag{2-74}$$

定义艾普利通(Appleton)参量 Z：

$$Z = \frac{\nu}{\omega} \tag{2-75}$$

则式(2-74)变成

$$-\mathrm{j}\omega m\boldsymbol{v}(1 + \mathrm{j}Z) = q\boldsymbol{E} \tag{2-76}$$

定义 $U=1+\mathrm{j}Z$，式(2-76)可改写为

$$-\mathrm{j}\omega mU\boldsymbol{v} = q\boldsymbol{E} \tag{2-77}$$

考虑碰撞效应时，$Z\neq 0$，U 为复数；忽略碰撞效应时，$Z=0$，$U=1$，式(2-77)退化为式(2-58)。

因此，式(2-59)改写为

$$\boldsymbol{J} = \frac{\mathrm{j}e^2 N_{\mathrm{e}}}{m_{\mathrm{e}}U\omega}\boldsymbol{E} \tag{2-78}$$

将式(2-78)与麦克斯韦方程(2-61))联立可得

$$\boldsymbol{k}\times(\boldsymbol{k}\times\boldsymbol{E})=\mu_0\varepsilon_0\boldsymbol{E}\left(\frac{N_e e^2}{m_e U\varepsilon_0}-\omega^2\right) \tag{2-79}$$

对于纵向波场，由式(2-79)可得

$$1-\frac{X}{U}=1-\frac{X}{1+\mathrm{j}Z}=0 \tag{2-80}$$

表明等离子体沿纵向的振荡为阻尼振荡，进而产生朗缪尔波。

对于横向波场，由式(2-79)可得

$$n^2=1-\frac{X}{1+\mathrm{j}Z} \tag{2-81}$$

此为考虑碰撞时非磁化等离子体的折射指数。式(2-81)表明，考虑碰撞效应时，介质折射指数通常为复数量，此时电波能量因碰撞而损耗。

定义复折射指数：

$$n=\mu+\mathrm{j}\chi \tag{2-82}$$

式中，μ 和 χ 均为正实数，分别表示复折射指数的实部和虚部。其中，实部反映电波在介质中的传播特性，虚部反映电波在介质中的衰减特性。特别地，若 $\chi=0$，表示电波能量无耗散；若 $\mu=0$，折射指数为纯虚数，表示电波是消散的。

将式(2-82)代入式(2-81)可得

$$\mu^2=\frac{[(1-X+Z^2)^2+X^2Z^2]^{1/2}+(1-X+Z^2)}{2(1+Z^2)} \tag{2-83}$$

$$\chi^2=\frac{[(1-X+Z^2)^2+X^2Z^2]^{1/2}-(1-X+Z^2)}{2(1+Z^2)} \tag{2-84}$$

图 2.1 所示为艾普利通参量 Z 取不同值时，复折射指数的实部 μ 和虚部 χ 随艾普利通参量 X 变化的曲线。其中 $Z=0$ 表示无碰撞。由图 2.1(a)可见，仅当 $Z=0$ 时，$X>1$，电波消散，而对于 $Z\neq0$ 的情况下，无论 X 取何值，都不会使电波消散。由图 2.1(b)可见，当 $Z\neq0$时，$\chi\neq0$，表明碰撞导致电波能量耗散，并且 X 越大，电波能量耗散得越多越快。

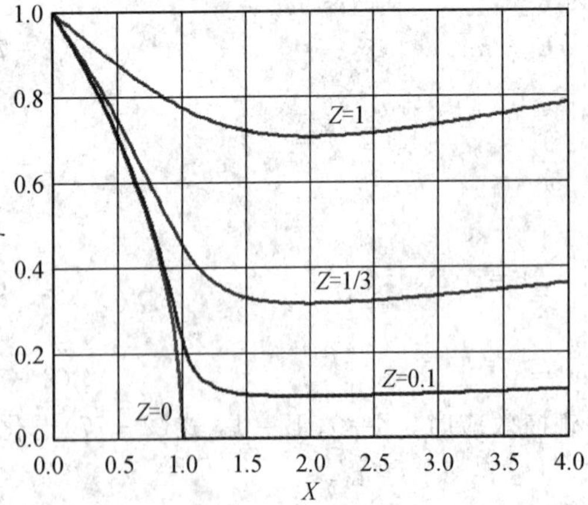

(a) 实部μ

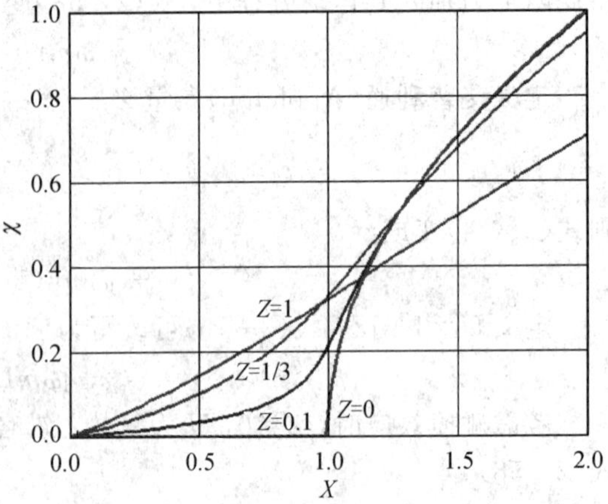

(b) 虚部χ

图 2.1　Z 取不同值时复折射指数实部 μ 和虚部 χ 随 X 变化的曲线

2.2.3 考虑磁场作用时

前面两节均忽略了地磁场的作用，这种情况下的等离子体表现为各向同性介质。本节假设平面波在考虑磁场作用的均匀介质中传播，此时等离子体表现为各向异性介质。此时的折射指数与波矢方向有关，并且仅某些特定极化特性的行波得以传播。而对于特定的波矢方向，通常有两个折射指数分别对应于两种不同的极化特性。

若不考虑电场作用，仅在外磁场作用下，粒子将在垂直磁场的平面内回旋运动，即绕磁力线旋转，其回旋频率称为磁旋频率，$\omega_H = qB/m$ 或 $f_H = \omega_H/2\pi = qB/2\pi m$。沿外磁场方向看，电子顺时针旋转，正离子逆时针旋转，由于电子质量远小于正离子质量，因此电子的磁旋频率远大于正离子的磁旋频率，这将导致等离子体中电子和正离子的运动性质及受力作用机制不同。

对于电离层应用来说，要讨论的磁场是地磁场。在许多场合下，地磁场可以用偶极子近似表示，地球表面的地磁场受纬度影响，磁极场强最大，等于磁赤道场强的2倍。应用地球表面磁场数值计算电子磁旋频率在赤道最小约为0.85 MHz，在极点最大约为1.7 MHz，而质子磁旋频率为460～920 Hz。因此除了甚低频传播外，通常可以忽略离子的影响。

等离子体密度扰动可引起压力扰动，而如果粒子热运动的速度远小于波的相速度($v \ll v_p$)，略去压力项则是合理的，在这种情况下通常称等离子体为“冷等离子体”。

同时考虑电场、地磁场和碰撞作用，粒子运动方程为

$$-j\omega m\boldsymbol{v} = q(\boldsymbol{E} + \boldsymbol{v} \times \boldsymbol{B}) - m\boldsymbol{v}\nu \tag{2-85}$$

式中，$\boldsymbol{E}$ 是波的电场，满足平面时谐条件；$\boldsymbol{B}$ 是外加恒定磁场(地磁场)；$\boldsymbol{v}$ 是带电粒子的运动速度；ν 是带电粒子与其他粒子的有效碰撞频率，$m\boldsymbol{v}\nu$ 是碰撞阻尼力。

对于平面时谐波场，粒子速度满足 $\boldsymbol{v} = d\boldsymbol{r}/dt = -j\omega\boldsymbol{r}$，其中 $\boldsymbol{r}$ 表示带电粒子离开平衡位置的位移，再利用艾普利通参量 Z 的定义式(2-75)和 $U = 1 + jZ$ 可得

$$-\omega^2 mU\boldsymbol{r} = q(\boldsymbol{E} - j\omega\boldsymbol{r} \times \boldsymbol{B}) \tag{2-86}$$

定义艾普利通(Appleton)参量 $\boldsymbol{Y}$：

$$\boldsymbol{Y} = \frac{q}{\omega m}\boldsymbol{B} = \pm \frac{\omega_H}{\omega}\hat{\boldsymbol{B}} \tag{2-87}$$

需指出，对于正离子，矢量 $\boldsymbol{Y}$ 的方向与外磁场的方向相同，而对于电子，矢量 $\boldsymbol{Y}$ 的方向与外磁场的方向相反。

等离子体介质中的带电粒子移动产生电极化，电极化矢量定义为 $\boldsymbol{P} = N_e q\boldsymbol{r}$，把电极化矢量表达式以及式(2-67)、式(2-87)代入式(2-86)得

$$-\varepsilon_0 X\boldsymbol{E} = U\boldsymbol{P} - j\boldsymbol{P} \times \boldsymbol{Y} \tag{2-88}$$

磁场的存在使电子运动各向异性(忽略离子的运动)，设波矢 $\boldsymbol{k}$ 的方向和外磁场 $\boldsymbol{B}$ 的方向之间的夹角为 θ，且 $Y = |\boldsymbol{Y}| = \left|\frac{e\boldsymbol{B}}{m\omega}\right| = \frac{\omega_H}{\omega}$，则矢量 $\boldsymbol{Y}$ 在平行于波传播方向的纵向分量和垂直于波传播方向的横向分量分别为

$$Y_L = Y\cos\theta,\ Y_T = Y\sin\theta \tag{2-89}$$

建立如图 2.2 所示直角坐标系，选波矢 $\boldsymbol{k}$ 的方向为 z 轴，绕 z 轴旋转坐标系选择 y 轴使地磁场方向位于 $y-z$ 平面内，该平面称为磁子午面。于是可得电子的 $\boldsymbol{Y}$ 参量在直角坐标系中的各分量：$Y_x=0$，$Y_y=-Y_{\mathrm{T}}$，$Y_z=-Y_{\mathrm{L}}$。

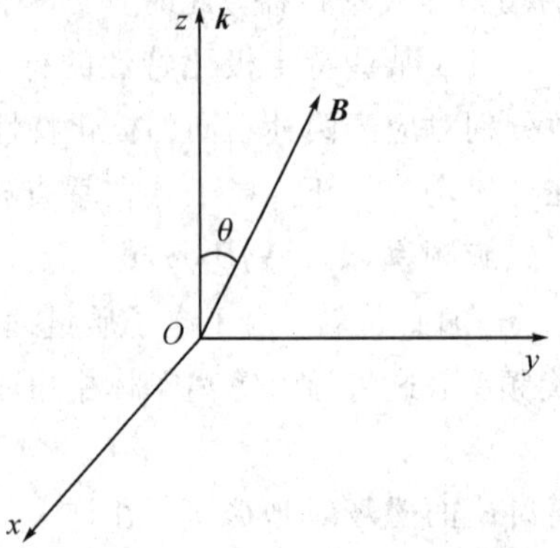

图 2.2 坐标系示意图

将式(2-88)在此坐标系中展开写成分量式：

$$\begin{cases}-\varepsilon_0 XE_x = UP_x + \mathrm{j}Y_{\mathrm{L}}P_y - \mathrm{j}Y_{\mathrm{T}}P_z \\ -\varepsilon_0 XE_y = -\mathrm{j}Y_{\mathrm{L}}P_x + UP_y \\ -\varepsilon_0 XE_z = \mathrm{j}Y_{\mathrm{T}}P_x + UP_z\end{cases} \tag{2-90}$$

式(2-90)可以写成矩阵形式：

$$-\varepsilon_0 X\boldsymbol{E} = \begin{bmatrix} U & \mathrm{j}Y_{\mathrm{L}} & -\mathrm{j}Y_{\mathrm{T}} \\ -\mathrm{j}Y_{\mathrm{L}} & U & 0 \\ jY_{\mathrm{T}} & 0 & U\end{bmatrix}\cdot\boldsymbol{P} \tag{2-91}$$

对于形如 $\mathrm{e}^{\mathrm{j}(\boldsymbol{k}\cdot\boldsymbol{r}-\omega t)}$ 的波场，有麦克斯韦方程：

$$\nabla\times\boldsymbol{E} = -\frac{\partial\boldsymbol{B}}{\partial t} \qquad \nabla\times\boldsymbol{H} = \frac{\partial\boldsymbol{D}}{\partial t} \tag{2-92}$$

式中，$\boldsymbol{D}=\varepsilon_0\boldsymbol{E}+\boldsymbol{P}$，即等离子体介质对无线电波的影响通过电极化矢量的方式来描述。式(2-92)可化为

$$\boldsymbol{k}\times\boldsymbol{E} = \omega\mu_0\boldsymbol{H} \tag{2-93}$$

$$\boldsymbol{k}\times\boldsymbol{H} = -\omega\boldsymbol{D} = -\omega(\varepsilon_0\boldsymbol{E}+\boldsymbol{P}) \tag{2-94}$$

当电波沿 z 轴正方向传播时，将式(2-93)与式(2-94)写成分量式，可得

$$\begin{cases}kE_x = \omega\mu_0 H_y \\ kE_y = -\omega\mu_0 H_x \\ 0 = H_z\end{cases} \tag{2-95}$$

$$\begin{cases}kH_x = -\omega D_y = -\omega(\varepsilon_0 E_y + P_y) \\ kH_y = \omega D_x = \omega(\varepsilon_0 E_x + P_x) \\ 0 = D_z = \varepsilon_0 E_z + P_z\end{cases} \tag{2-96}$$

式(2-95)与式(2-96)表明，磁场方向始终垂直于波矢方向(纯横向)，磁场矢量完全位于其波阵面内，这与自由空间中平面波特性相同。但电场通常存在平行于波矢方向的纵向分

量，波振面内的横向电场始终与磁场垂直。需注意，对于沿 z 轴负方向传播的行波($\boldsymbol{k}/\!/-\boldsymbol{z}$)，式(2-95)和式(2-96)其中一边的符号需反向。

由式(2-96)第三个方程可得 $P_z=-\varepsilon_0 E_z$，将其代入式(2-90)，于是有

$$\begin{cases}-\varepsilon_0 XE_x=\left(U-\dfrac{Y_{\mathrm{T}}^2}{U-X}\right)P_x+\mathrm{j}Y_{\mathrm{L}}P_y\\ -\varepsilon_0 XE_y=-\mathrm{j}Y_{\mathrm{L}}P_x+UP_y\end{cases}\tag{2-97}$$

定义偏振因子 $\rho=E_y/E_x$，因此可得

$$\rho=\frac{E_y}{E_x}=-\frac{H_x}{H_y}=\frac{D_y}{D_x}=\frac{P_y}{P_x}\tag{2-98}$$

将式(2-97)中两式相除并利用偏振因子定义可得

$$\rho^2+\frac{\mathrm{j}Y_{\mathrm{T}}^2}{Y_{\mathrm{L}}(U-X)}\rho+1=0\tag{2-99}$$

式(2-99)称为磁离子理论的偏振方程。求解该方程可得

$$\begin{aligned}\rho&=\frac{-\mathrm{j}Y_{\mathrm{T}}^2}{2Y_{\mathrm{L}}(U-X)}\pm\mathrm{j}\sqrt{\frac{Y_{\mathrm{T}}^4}{4Y_{\mathrm{L}}^2\,(U-X)^2}+1}\\&=\frac{-\mathrm{j}Y_{\mathrm{T}}^2}{2Y_{\mathrm{L}}(1-X+\mathrm{j}Z)}\pm\mathrm{j}\sqrt{\frac{Y_{\mathrm{T}}^4}{4Y_{\mathrm{L}}^2\,(1-X+\mathrm{j}Z)^2}+1}\end{aligned}\tag{2-100}$$

式(2-100)中"±"分别对应于各向异性冷等离子体中两个独立的特征波，它们有各自不同的偏振态。设 ρ 的两个取值分别为 ρ_{O} 和 ρ_{X}，其中下标 O 和 X 分别代表寻常波和非寻常波，由式(2-99)不难看出：

$$\rho_{\mathrm{O}}\rho_{\mathrm{X}}=1\tag{2-101}$$

当忽略电子碰撞效应时，$Z=0$，此时偏振因子 ρ 为纯虚数，极化椭圆为主轴平行于 x 轴或 y 轴的正椭圆。特别地，当满足

$$Y_{\mathrm{T}}^4+4Y_{\mathrm{L}}^2\,(1-X+\mathrm{j}Z)^2=0\tag{2-102}$$

时，二次方程有两个相同的解。对于非零的实数 X 和实数 Z，上式成立的条件为：$X=1$，且

$$Z=Z_{\mathrm{c}}=\left|\frac{Y_{\mathrm{T}}^2}{2Y_{\mathrm{L}}}\right|\quad\text{或}\quad\nu=\nu_{\mathrm{c}}=\left|\frac{\omega_{\mathrm{H}}\sin^2\theta}{2\cos\theta}\right|\tag{2-103}$$

将方程组(2-95)和(2-96)前两式联立，并应用折射指数定义，可得

$$n^2-1=\frac{P_x}{\varepsilon_0 E_x}=\frac{P_y}{\varepsilon_0 E_y}\tag{2-104}$$

再利用式(2-97)可得

$$n^2=1-\frac{X}{U-\mathrm{j}Y_{\mathrm{L}}\rho}\tag{2-105}$$

将式(2-100)代入式(2-105)，于是有

$$n^2=1-\frac{X}{1+\mathrm{j}Z-\dfrac{Y_{\mathrm{T}}^2}{2(1-X+\mathrm{j}Z)}\pm\sqrt{\dfrac{Y_{\mathrm{T}}^4}{4\,(1-X+\mathrm{j}Z)^2}+Y_{\mathrm{L}}^2}}\tag{2-106}$$

式(2-106)即为磁离子理论中的 Appleton-Hartree 公式，简称 A-H 公式，也就是电磁波

在各向异性磁等离子体中传播的色散关系式。上式分母中根号前出现了±号，表明当存在外磁场时等离子体被磁化，磁化等离子体是一种各向异性介质，对同一频率同一波矢方向同时存在两种传播模式，即两个特征波，这类似于晶体中的光学双折射现象。A－H公式在许多电波传播理论中占据重要地位，熟悉A－H公式的特性对于等离子体中电波传播特性的理解至关重要。

特别地，如果忽略碰撞的影响，$Z=0$，A－H公式和偏振因子可简化为

$$n^2 = 1 - \frac{X}{1 - \frac{Y_T^2}{2(1-X)} \pm \sqrt{Y_L^2 + \frac{Y_T^4}{4\,(1-X)^2}}} \tag{2-107}$$

$$\rho = \frac{-\mathrm{j}Y_T^2}{2Y_L(1-X)} \pm \mathrm{j}\sqrt{\frac{Y_T^4}{4Y_L^2\,(1-X)^2} + 1} \tag{2-108}$$

此时折射指数 n^2 始终为实数，等离子体表现为各向异性无耗介质。若忽略地磁场的影响，$Y=0$，则A－H公式退化为式(2－81)的形式，等离子体表现为各向同性有耗介质。若同时忽略碰撞和地磁场的影响，则A－H公式退化为式(2－68)的形式，等离子体表现为各向同性无耗介质。

需注意，在以上A－H公式的推导过程中，假设电波频率远大于离子的磁旋频率及离子的等离子体频率，因此波场所引起的离子的运动可忽略不计，仅考虑了电子的作用，认为只有电子对等离子体介质的电磁特性有贡献，而离子的作用被认为仅构成稳定的中性背景。但是在低频时，情况就会发生很大的变化，此时离子的运动也会感应出电流，它对等离子体介质的极化也有贡献，甚至是起决定性作用的。

2.3 色散曲线

本节将讨论忽略碰撞影响时电磁波在均匀、无限大、各向异性、无耗、色散的等离子体介质中的传播特性。

若不考虑碰撞，磁等离子体的折射指数为式(2－107)所示，可见折射指数 n^2 与艾普利通参量 X、Y 以及外磁场和波矢之间的夹角 θ 均有关。当 Y 为常数时，以 θ 为参数，可以画出一族 n^2 随 X 的变化曲线，称为色散曲线，如图2.3～图2.6所示。由于 X 是非负的实数，$n^2<0$ 的区域内电波是消散的，因此色散曲线中只有第一象限的曲线特征才能真实地描述电波实际传播特性，其他区域曲线将有助于更完整地描述并理解色散曲线的几何特征。

通常按照 θ 取值的不同，将电波传播模式分为纵传播、横传播和斜传播。

2.3.1 纵传播

当 $\theta=0$ 时，波矢 $\boldsymbol{k}$ 与地磁场 $\boldsymbol{B}$ 的方向平行，此时的波传播模式称为纵传播。由图2.2所示直角坐标系可得 $Y_L=Y$，$Y_T=0$，此时A－H公式和偏振因子简化为

$$n^2 = 1 - \frac{X}{1 \pm Y},\ \rho = \pm \mathrm{j} \tag{2-109}$$

式(2－109)表明当电波沿磁场方向纵向传播时，存在两个具有不同的传播速度和不同的偏振状态的特征波，其中“＋”表示左旋圆偏振(记为“L”)，“－”表示右旋圆偏振(记为“R”)。在式

(2-90)第三个方程中令 $Y_T=0$ 可得 $P_z=-\varepsilon_0 XE_z/U$，结合式(2-96)第三个方程的结果 $P_z=-\varepsilon_0 E_z$，因此可得纵传播时电场强度的纵向分量为零，即 $E_z=0$，表明两特征波均为横波。

令 $n^2=0$，由式(2-109)可得

$$X=1\pm Y \quad 或 \quad \omega=\left(\omega_p^2+\frac{1}{4}\omega_H^2\right)^{\frac{1}{2}}\pm\frac{\omega_H}{2} \tag{2-110}$$

此为纵传播时的反射条件。

令 $n^2\to\infty$，可得 $\omega=\omega_H$，此为纵传播时的共振条件。

纵传播时两个特征波的色散曲线如图 2.3 所示，其中通过 $X=1+Y$ 并标识"L"的直线是左旋圆极化波，通过 $X=1-Y$ 并标识"R"的直线为右旋圆极化波。

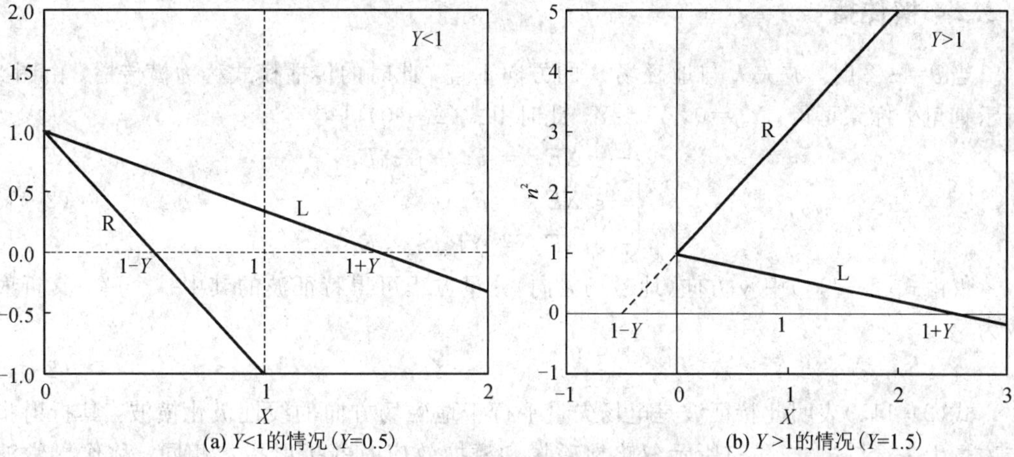

图 2.3　纵传播时折射指数的平方 n^2 随艾普利通参量 X 的变化曲线

当 $Y<1(\omega>\omega_H)$时，两特征波的折射指数都小于 1。随着 X 逐渐增大，折射指数 n^2 线性减小，直至 $X=1\pm Y$ 处，行波截止。对于同一 X 取值，左旋波折射指数比右旋波稍大，因此左旋波相位传播速度比右旋波更慢。当 X 逐渐增大时，右旋波先行在 $X=1-Y$ 处截止，左旋波则继续传播至 $X=1+Y$ 处截止。在 $X>1+Y$ 的区域，两特征波都不得传播。

当 $Y>1(\omega<\omega_H)$时，左旋波与 $Y<1$ 时情况相同，其折射指数 n^2 随 X 增大而线性减小，且始终小于 1。而右旋波折射指数随 X 增大而线性增加，且总是大于 1，这种折射指数大于 1 的波模通常称作啃声波。该波模折射指数在 X 正半轴上永不为零。

当电波频率远小于磁旋频率和等离子体频率时，$\omega\ll\omega_H$，$\omega\ll\omega_p$，此时满足

$$\left|\frac{\frac{1}{2}Y_T^2}{Y_L}\right|\ll|1-X| \tag{2-111}$$

代入式(2-107)和式(2-108)可得

$$n^2=1-\frac{X}{1\pm Y_L},\quad \rho=\pm \mathrm{j} \tag{2-112}$$

式(2-112)与式(2-109)所示的纯纵传播情况相似，只是将其中的 Y 换成了 Y_L。这种传播模式称为准纵传播，式(2-111)所描述的条件称为准纵近似。准纵近似对于甚低频很容易成立。通常在除磁赤道附近以外的区域垂直向上传播的甚低频电波都满足准纵近似条件。

行波要求折射指数大于零，因此当 $\omega \ll \omega_H$，$\omega \ll \omega_p$，且 $Y \ll X$ 时，式(2-112)只能取负号才能保证折射指数大于零，即

$$n^2 = 1 - \frac{\omega_p^2}{\omega(\omega - \omega_H \cos\theta)} \approx \frac{\omega_p^2}{\omega\omega_H \cos\theta} \tag{2-113}$$

此为哨声波的色散关系，式中 θ 为波矢 $\boldsymbol{k}$ 与地磁场 $\boldsymbol{B}$ 方向之间的夹角。哨声波是一种折射指数远大于 1 的甚低频电磁波，当收音机接收到该信号时其喇叭发出的声音像哨声一样，因此称为哨声波。哨声波传播的另一基本特征是磁力线引导传播，即传播路径近似沿着磁力线。导管引导机制使得哨声波沿着磁力线始终在同一条磁通量管内传播，如果磁力线存在电离增强的不均匀结构，即所谓导管，它可以像波导一样捕获哨声模波，使其沿着磁力线传播。

2.3.2 横传播

当 $\theta = \pi/2$ 时，波矢 $\boldsymbol{k}$ 与地磁场 $\boldsymbol{B}$ 的方向垂直，此时的传播模式称为横传播。由图 2.2 所示直角坐标系可得，$Y_L = 0$，$Y_T = Y$，此时由式(2-90)可得

$$\begin{cases} -\varepsilon_0 X E_x = P_x + jY\varepsilon_0 E_z \\ -\varepsilon_0 X E_y = P_y \\ -\varepsilon_0 X E_z = jYP_x - \varepsilon_0 E_z \end{cases} \tag{2-114}$$

仅由式(2-114)中 y 方向(地磁场方向)分量方程可得特征波的其中一个解，其折射指数为

$$n^2 = 1 - X \tag{2-115}$$

式(2-115)表明此特征波是电场矢量平行于地磁场方向的线性极化横波，其折射指数与磁场无关，与式(2-68)所示忽略地磁场和碰撞效应时的折射指数相同，称作寻常波或 O 波。

由式(2-114)中的 x 和 z 分量方程联立可得特征波的另一个解，其折射指数为

$$n^2 = 1 - \frac{X}{1 - \dfrac{Y^2}{1 - X}} \tag{2-116}$$

并且

$$\frac{E_z}{E_x} = -j\frac{XY}{1 - X - Y^2} \tag{2-117}$$

式(2-116)和式(2-117)表明此特征波折射指数与地磁场有关，称作非寻常波或 X 波，其偏振状态既不是纯横的，也不是纯纵的，它的电场矢量在垂直于磁场的 x-z 平面内描绘出正椭圆轨迹，当 $1 - X - Y^2 > 0$ 时，椭圆旋转方向与磁场方向呈左旋关系。

令 $n^2 = 0$，可得两特征波的反射条件分别为

$$\text{寻常波：} X = 1 \text{，非寻常波：} X = 1 \pm Y \tag{2-118}$$

令 $n^2 \to \infty$，可得非寻常波的共振条件为

$$X = 1 - Y^2 \tag{2-119}$$

横传播时两个特征波的色散曲线如图 2.4 所示，其中通过 $X=1$ 并标识“O”的直线是寻常波，通过 $X=1\pm Y$ 并标识“X”的曲线为非常波。

由图 2.4 可见，无论 Y 取何值，寻常波折射指数 n^2 与 X 的变化规律均相同，随着 X 增大而线性减小，并在 $X=1$ 处传播截止。非寻常波折射指数与 X 的变化规律随 Y 值不同

而有显著差异。当 $Y<1$ 时，非寻常波随着 X 值的增大先后在 $X=1-Y$ 和 $X=1+Y$ 处传播截止，并在 $X=1-Y^2$ 处出现共振。特别地，在 $1-Y<X<1-Y^2$ 区域上，非寻常波不得传播。当 $Y>1$ 时，非寻常波无共振区，在 $X=1+Y$ 处传播截止。在 $X>1+Y$ 的区域，两特征波都不得传播。

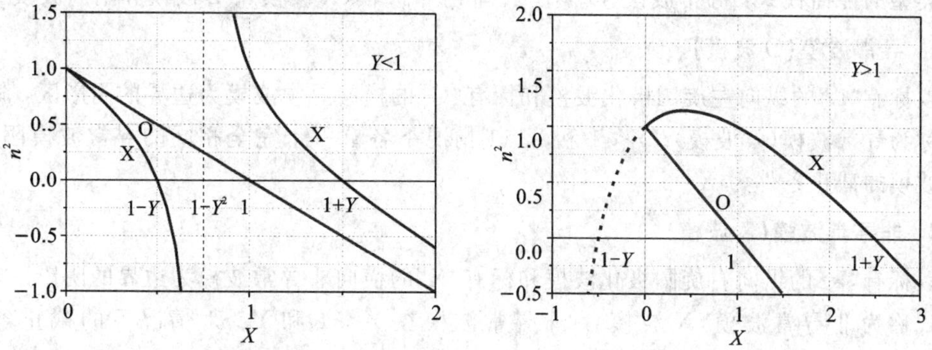

(a) $Y<1$的情况($Y=0.5$)　　(b) $Y>1$的情况($Y=1.5$)

图 2.4　横传播时折射指数的平方 n^2 随艾普利通参量 X 的变化曲线

2.3.3　斜传播

当 $0<\theta<\pi/2$ 时，折射指数 n^2 随 X 变化的典型曲线总是位于以纵传播曲线、横传播曲线以及 $X=1$ 直线所界定的阴影区域内，如图 2.5 所示，此传播模式称为斜传播。当 θ 在 $0\sim\pi/2$ 内连续变化时，色散曲线由纵传播模式的曲线形状逐渐过渡到横传播模式的曲线形状。

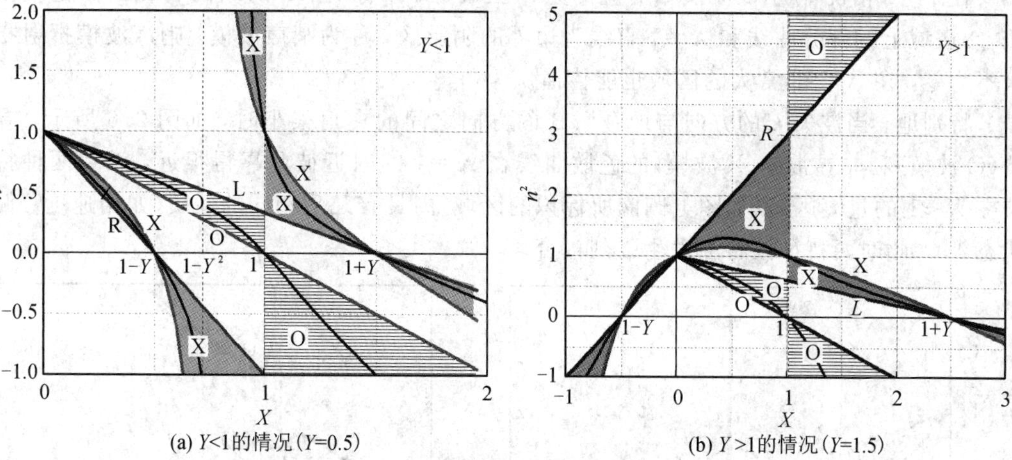

(a) $Y<1$的情况 ($Y=0.5$)　　(b) $Y>1$的情况 ($Y=1.5$)

图 2.5　斜传播时折射指数的平方 n^2 随艾普利通参量 X 的变化曲线($\theta=45°$)

由式(2-107)可得当 $n^2=0$ 时截止条件为

$$X=1,\ X=1\pm Y \tag{2-120}$$

此条件与 θ 的取值无关，表明对任何 θ 值，曲线都在相同的三个点通过零点。

当 $n^2\to\infty$ 时，共振条件为

$$X=\frac{1-Y^2}{1-Y_L^2}=\frac{1-Y^2}{1-Y^2\cos^2\theta} \tag{2-121}$$

此条件与 θ 的取值有关，X 的取值为 $1\sim1-Y^2$，此区域称为共振区。

如图 2.5 所示，$Y<1$ 和 $Y>1$ 的条件下各包含三个阴影区，通常可将斜传播分成下面四种类型的传播模式：寻常波模(O 波模)、非寻常波模(X 波模)、Z 波模和哨声波模。

1. 寻常波模(O 波模)

以标有“L”的纵向左旋圆极化波模和标有“O”的横向寻常波模为边界的阴影区，相应的模式称为寻常波模(O 波模)。$Y<1$ 和 $Y>1$ 情况下各有一个完全相同的寻常波模阴影区。寻常波模的截止条件为 $X=1$。

2. 非寻常波模(X 波模)

以标有“R”的纵向右旋圆极化波模和标有“X”的横向非寻常波模为边界的阴影区，相应的模式称为非寻常波模(X 波模)。非寻常波模在 $Y<1$ 和 $Y>1$ 情况下的截止条件为 $X=1\pm Y$。

3. Z 波模

在 $Y<1$ 情况下与 X 波模相对应的另一区域，即以标有“X”的横向非寻常波模的另一分支与 $X=1$ 直线和标以“L”的纵向左旋圆极化波模在 $X>1$ 区域上部分曲线为边界的阴影区，称为 Z 波模。Z 波模的截止条件为 $X=1+Y$，其共振条件为 $X=\frac{1-Y^2}{1-Y_L^2}$。

4. 哨声波模

在 $Y>1$ 情况下与 O 波模相对应的另一区域，即以标有“R”的纵向右旋圆极化波模在 $X>1$ 区域上的部分曲线和 $X=1$ 直线为边界的阴影区，称为哨声波模。哨声波模折射指数永不为零，在 X 值非常大的区域也能传播。

特别地，当波矢 $\boldsymbol{k}$ 的方向与地磁场 $\boldsymbol{B}$ 的方向之间的夹角很小时，如图 2.6 所示，寻常波(O 波模)和非寻常波(X 波模)的色散曲线在 $X=1$ 的附近彼此靠得很近，以致两种特征波在 $X\approx1$ 的过渡区域(如图上圆圈所标识的区域)内具有几乎相同的性质(如相速度、偏振状态等)，此时两特征波将会发生强烈耦合。

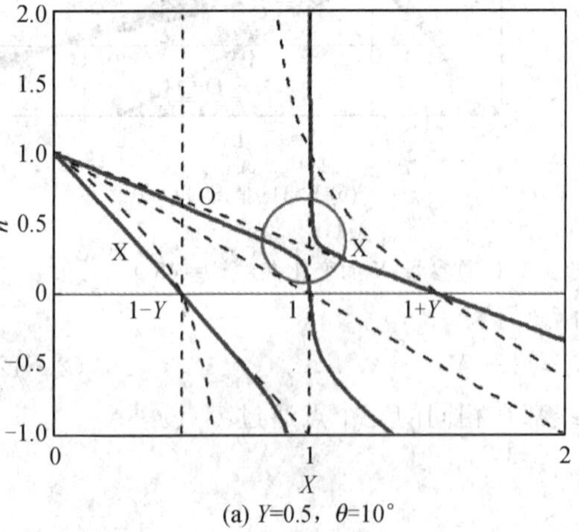

(a) Y=0.5，θ=10°

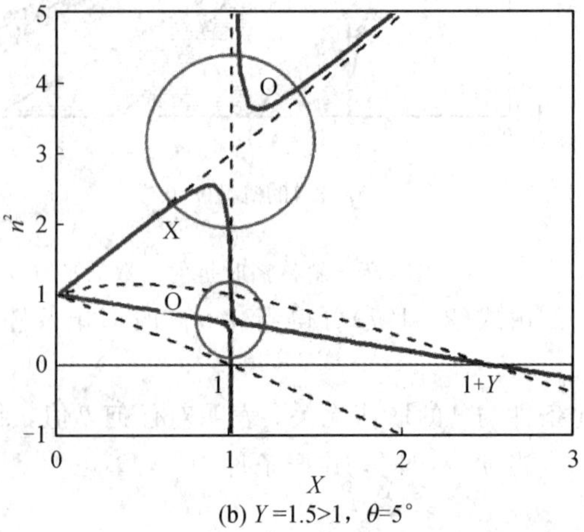

(b) Y=1.5>1，θ=5°

在非均匀等离子体介质中，比如仅沿高度变化的非均匀电离层中，电波向上传播时，电子密度逐渐增大，X 随之增大。当 $Y<1$ 时，图 2.6(a)中沿 X 轴从左向右观察两特征波色散曲线随 X 增大时的变化特征，理论上，非寻常波在 $X=1-Y$ 处反射，寻常波在 $X=1$ 处反射。然而，当 θ 角很小时，在 $X\approx1$ 区域内几何光学对两种特征波都不适用了。此时，寻常波在 $X\approx1$ 区域上只发生部分反射，另一部分则转化为非常波(Z 波模)继续传播，直至到达 $X=1+Y$ 处反射。当电波反射后向下传播时，在 $X\approx1$ 区域内一部分转化为寻常波继续传播，直至返回地面，另一部分则在共振区内被吸收。这种情况下，利用无线电波探测电离层时，地面可观测到三个反射回波信号，这就是“磁三分裂”现象。

2.4　冷等离子体中波的 CMA 图

在冷等离子体的波传播问题中，克莱莫(Clemmow)、马拉利(Mullaly)、艾利斯(Allis)等人最早对折射率作出了系统的分类。因此，斯蒂克斯(T. H. Strix)将参数空间内的相速度曲面图形以其共同发明者来命名为克莱莫-马拉利-艾利斯图(Clemmow-Mullaly-Allis，简称 CMA 图)。CMA 图有助于认识参数空间中可能的波传播模式、波面形状以及波模随参数空间的转化关系。

1. 相速度曲面

对于冷等离子体，当只考虑电子的运动效应时，其色散方程还可以写成另一种形式：

$$\tan^2\theta=-\frac{P(n^2-R)(n^2-L)}{(Sn^2-RL)(n^2-P)} \tag{2-122}$$

式中：

$$P=1-X \tag{2-123}$$

$$R=1-\frac{X}{1-Y} \tag{2-124}$$

$$L=1-\frac{X}{1+Y} \tag{2-125}$$

显然，上式中 R 表示纵传播时的右旋圆极化波，L 表示纵传播时的左旋圆极化波，P 表示横传播时的寻常波，$\frac{RL}{S}=\frac{2RL}{R+L}$ 表示横传播时的非寻常波。

特别地，若考虑正离子的作用，等离子体色散方程将变得更为复杂。可以证明，纵传播和横传播时各特征波模可表示为

$$R=1-\frac{X}{1-Y}-\frac{X_i}{1+Y_i} \tag{2-126}$$

$$L=1-\frac{X}{1+Y}-\frac{X_i}{1-Y_i} \tag{2-127}$$

$$P=1-X-X_i \tag{2-128}$$

式中，$X_i=\frac{\omega_{pi}^2}{\omega^2}$，$Y_i=\frac{\omega_{Hi}}{\omega}$表示正离子的艾普利通参量，$\omega_{pi}$ 和 ω_{Hi} 分别为正离子的等离子体振荡频率和磁旋频率。

利用相速度大小的定义 $v_p = c/n$，分别定义寻常波(O)、右旋波(R)和左旋波(L)的相速度 v_O、v_R、v_L：

$$v_O^2 = \frac{c^2}{P} \quad v_R^2 = \frac{c^2}{R} \quad v_L^2 = \frac{c^2}{L} \tag{2-129}$$

则式(2-122)可变形为关于相速度 v_p 的方程：

$$\frac{\sin^2\theta}{(v_R^2 - v_p^2)(v_L^2 - v_p^2)} + \frac{2\cos^2\theta}{(v_O^2 - v_p^2)(v_R^2 + v_L^2 - 2v_p^2)} = 0 \tag{2-130}$$

或

$$\frac{\cos^2\theta}{v_O^2 - v_p^2} + \frac{\sin^2\theta}{2(v_R^2 - v_p^2)} + \frac{\sin^2\theta}{2(v_L^2 - v_p^2)} = 0 \tag{2-131}$$

式(2-131)描述了相速度 v_p 随角度 θ 的变化关系，其形式类似于晶体光学中的相速度曲面方程。在各向异性等离子体中，上式关于磁场方向呈轴对称性，因此通常在磁子午面上描绘相速度的曲线。曲线形状一般为椭圆。各特征波的波速相差很大，且波速是任意的。但在一定参数区域内，等离子体参数的变化并不会使波面的基本形状发生很大变化，除非它们越过截止线或共振线等特征曲线。

2. 截止线和共振线

当等离子体参数取某些值，或对于一定参数的等离子体，电波频率 ω 变化时，会出现 $n^2=0(v_p=\infty)$ 或 $n^2\to\infty(v_p=0)$ 的特殊情形，分别称为截止和共振。当波接近截止区域时，射线变弯曲并反射；而当波接近共振区域时，射线变垂直并被等离子体吸收。两种情况下波的群速度均为零。在冷等离子体中，截止与共振是界限分明的。

由式(2-122)可知，$\theta=0$ 和 $\theta=\pi/2$ 时的截止条件分别为 $P=0$、$L=0$ 和 $R=0$，共振条件分别为 $S=0$、$L=\infty$ 和 $R=\infty$。特别地，若仅考虑电子的运动效应，上述截止条件分别对应于 $X=1$、$X=1+Y$ 和 $X=1-Y$，而共振条件对应于 $X=1-Y^2$(非寻常波，上混杂共振)和 $Y=1$(右旋波，电子回旋共振)。对于较大的 X 和 Y 值，必须将离子效应包括进去，它们将带来附加的共振区，比如 $Y_i=1$(左旋波，离子回旋共振)和 $Y_iY=1$(非寻常波，下混杂共振)。

这些截止条件和共振条件所描述的曲面分别称为截止曲面和共振曲面，它们将参数空间分割成若干区域，无线电波传播模式仅在越过边界时才发生改变。

3. CMA 图

CMA 图是一张以 $X=\frac{\omega_{pe}^2}{\omega^2}$ 和 $Y=\frac{\omega_{He}}{\omega}$ 为参数的图，如图 2.7 所示，其中 X 为横坐标，Y 为纵坐标。对于给定的电子等离子体振荡频率 ω_{pe} 和电子磁旋频率 ω_{He}，不同频率对应图中不同的点，频率无穷大对应于原点，随频率减小，对应点从原点逐渐向外发散；对于固定频率，当等离子体电子的密度增加时，对应点沿横轴方向向右移动，当磁场强度增加时，对应点则沿纵轴方向向上移动。

将磁子午面内的截止曲线和共振曲线描绘于以 X 和 Y 为参数的 CMA 图中，如图 2.7 所示，非寻常波的上混杂共振曲线 $X=1-Y^2$ 在图中呈现为抛物线形状，寻常波截止线 $X=1$在图中是与 Y 轴平行的直线，电子回旋共振线 $Y=1$ 和离子回旋共振线 $Y_i=1$ 在图中

是与 X 轴平行的直线。须指出，图中纵坐标值 M/m 表示离子与电子质量之比，显然，为了完整地描述 CMA 图中各个区域的波传播特性，这里采用了不切实际的比值。

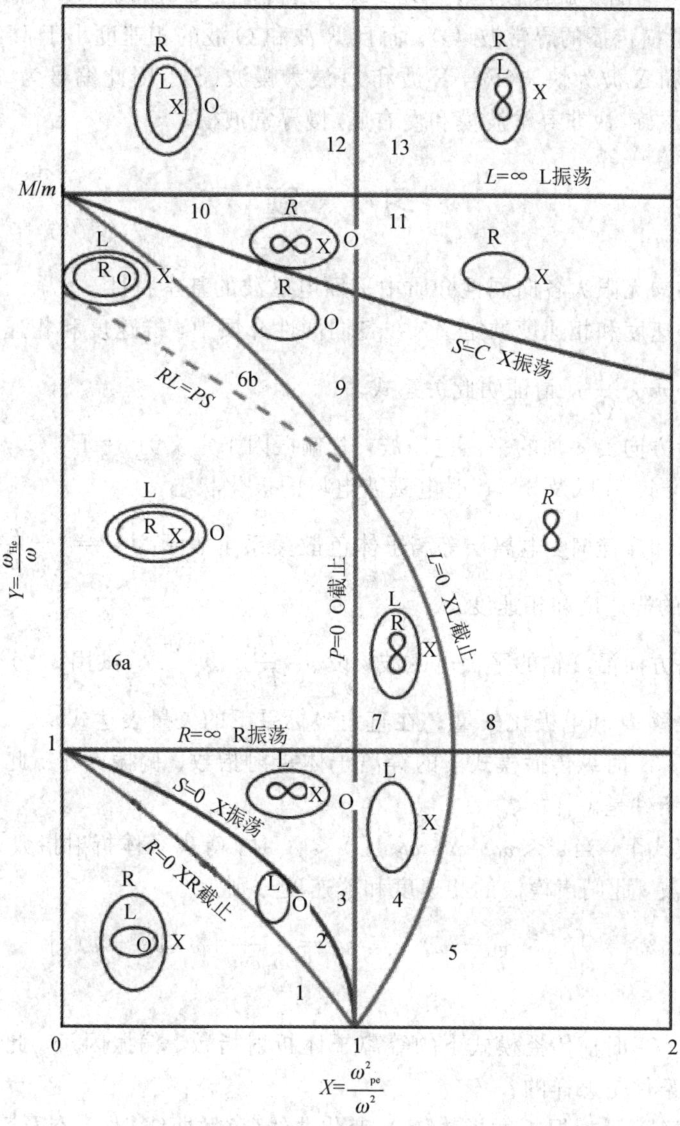

图 2.7　冷等离子体中各类波的 CMA 图

由图 2.7 可见，这些截止线和共振线将整个参数空间分割成了 13 个区域，每个区域中可能存在的波模各不相同。这种用截止线和共振线将各向异性等离子体中的波动进行分类的图就称为克莱莫-马拉利-艾利斯(CMA)图。不妨将 CMA 图看作一个“等离子体池”，它描绘出了落在每个区域的小石子将发出怎样的涟波。

CMA 图中每个区域内的小图表示相速度曲面，它不仅指明了该区域存在着哪些波模，还定性描述了相速度随角度 θ 的变化情况。由图可见，每个区域通常有两种特征波模，每种波模对应一个相速度面，在磁子午面内相速度曲面一般呈椭圆或“8”字形状，且两曲面彼此不相交。设想外磁场沿图中的纵轴方向，从中心沿任意 θ 方向到椭圆或“8”字形曲面上任意一点的距离，正比于与外磁场呈 θ 角度传播的波的相速度大小。例如区域 6b 中，当 θ 从 0 变到 $\pi/2$ 时，纵传播的左旋圆极化波(L)变成了横传播的非寻常波(X)，而纵传播的右旋圆极化波(R)变成了横传播的寻常波(O)。而且 R 波和 O 波的相速度小于 L 波和 X 波的相速度，所以称 L 波和 X 波为快波(F)，R 波和 O 波为慢波(S)。因此编号为 6b 的区域中可能存在的波模为快左旋/快非寻常波模和慢右旋/慢寻常波模。

习　题

1. 请描述均匀无限大各向同性介质中平面电磁波的基本特性。

2. 请描述群速度和相速度的定义。在各向同性介质中，群速度和相速度大小之间满足以下关系：$v_g = v_p - \lambda \dfrac{\partial v_p}{\partial \lambda}$，请证明此关系式。

3. 对于传播方向沿 z 轴的平面电磁波，若偏振因子定义为 $\rho = E_y/E_x$，请分别描述 ρ 的取值为 3、0、j、−j、3j 以及 3+4j 时电磁波电场的极化状态。

4. 忽略磁场和碰撞时，电离层等离子体色散关系可表示为 $n^2 = 1 - \dfrac{\omega_p^2}{\omega^2}$，请根据此色散关系推导出相应的群速度和相速度。

5. 对于传播方向沿 z 轴的平面电磁波，设 $\rho = \dfrac{E_y}{E_x}$，$Q = \dfrac{E_z}{E_x}$，试用 E_x 分量分别表示电场 $\boldsymbol{E}$、磁场 $\boldsymbol{H}$、电位移 $\boldsymbol{D}$ 和电极化矢量 $\boldsymbol{P}$ 在直角坐标系下的矢量表达式。

6. 请描述 $Y<1$ 时纵传播模式下的等离子体折射指数、偏振因子。此时两特征波的性质如何？反射点条件是怎样的？

7. 纵传播模式下，当 $\omega \ll \omega_H$，$\omega \ll \omega_p$ 且 $Y \ll X$ 时，等离子体折射指数 $n^2 \gg 1$，此时的特征波称为哨声模波，此哨声模波的相速度和群速度分别为

$$v_p = \frac{c}{\omega_p}\left[\omega(\omega_H - \omega)\right]^{1/2},\quad v_g = \frac{2c}{\omega_p \omega_H}\left[\omega\,(\omega_H - \omega)^3\right]^{1/2}$$

试证明上述结论。

8. 请描述 $Y<1$ 时横传播模式下的等离子体折射指数、偏振因子。此时两特征波的性质如何？反射点条件是怎样的？

9. 斜传播情况下，根据折射指数随 X 变化曲线(色散曲线)的形态及区域的不同，可将无线电波传播模式分成哪几种类型？各波模有何特点？

课外学习任务

(1) 查阅相关著作、文献，了解电离层等离子体中的“磁三分裂”现象。

(2) 学习应用色散曲线和 CMA 图分析等离子体中电波传播模式。

第 3 章　射 线 理 论

第 2 章磁离子理论讨论的是无线电波在均匀的、各向异性、色散等离子体介质中的传播特性，介质折射指数与电波频率和波的传播方向有关，但不随空间位置变化。然而电离层等离子体是典型的非均匀介质，因为其折射指数依赖于电子密度，而电子密度随高度变化显著。本章将讨论无线电波在非均匀的色散介质中的传播理论。

一般情况下通过麦克斯韦方程组来处理非均匀介质中的波传播问题是比较复杂的，通常得不到有意义的解析或数值解。往往需要对实际物理问题进行某种极限条件下的近似处理，以建立不同条件下的无线电波传播理论模型。比如基于几何光学近似的射线理论就是处理非均匀介质中电波传播问题最成功的理论模型之一。当介质特性仅在某个特定的方向上有显著不均匀性时，WKB(Wentzel-Kramers-Brillouin，详见 3.2.3 节)可用以近似处理分层介质中电波传播问题。

本章基于射线理论所讨论的大部分电波传播问题，除了电离层等离子体介质，也同样适用于其他非均匀介质。

3.1　几何光学基础

几何光学是以光的直线传播和费马定理为理论依据的光学的一个分支。当电磁波的波长远小于介质空间变化的特征尺度时，其波长可近似取为零，相当于略去了电波传播中的衍射效应，称为几何光学近似。无线电波传播中，电波射线的传播与几何光学中光线的传播是完全类似的，因此，几何光学中的基本原理和定律(如费马定理、强度定律)同样适用于电磁波射线的传播。本节将从麦克斯韦方程组出发，利用几何光学近似条件推导出几何光学的基本方程——程函方程和射线方程。

3.1.1　程函方程

假设有一非均匀的、各向同性、色散、无源且无耗的介质，对于形如 $e^{-j\omega t}$ 的单色时谐波，麦克斯韦方程组可写为

$$\nabla\times\boldsymbol{E}=j\omega\mu_0\mu_r\boldsymbol{H}\tag{3-1}$$

$$\nabla\times\boldsymbol{H}=-j\omega\varepsilon_0\varepsilon_r\boldsymbol{E}\tag{3-2}$$

$$\nabla\cdot(\varepsilon_0\varepsilon_r\boldsymbol{E})=0\tag{3-3}$$

$$\nabla\cdot(\mu_0\mu_r\boldsymbol{H})=0\tag{3-4}$$

其中 ε_r 和 μ_r 的取值与空间位置和频率有关，表明介质非均匀，而且是频率色散的。

特别地，若介质均匀，ε_r 和 μ_r 与位置坐标无关，此时式(3-1)～式(3-4)的解为平面波解，其波场可表示为

$$\boldsymbol{E}=\boldsymbol{E}_0\mathrm{e}^{\mathrm{j}\boldsymbol{k}\cdot\boldsymbol{r}-\mathrm{j}\omega t} \tag{3-5}$$

$$\boldsymbol{H}=\boldsymbol{H}_0\mathrm{e}^{\mathrm{j}\boldsymbol{k}\cdot\boldsymbol{r}-\mathrm{j}\omega t} \tag{3-6}$$

式中，$\boldsymbol{E}_0$ 和 $\boldsymbol{H}_0$ 为常矢量，表示平面波的幅值，波数 $k=n\omega/c=nk_0$，相折射指数 $n=(\varepsilon_r\mu_r)^{1/2}$。

而对于非均匀介质，当波长很小时，波场的一般性质和平面波的性质基本相同，麦克斯韦方程的解可写成类似平面波的形式：

$$\begin{cases}\boldsymbol{E}=\boldsymbol{E}_0(\boldsymbol{r})\mathrm{e}^{\mathrm{j}k_0\psi(\boldsymbol{r})-\mathrm{j}\omega t}\\ \boldsymbol{H}=\boldsymbol{H}_0(\boldsymbol{r})\mathrm{e}^{\mathrm{j}k_0\psi(\boldsymbol{r})-\mathrm{j}\omega t}\end{cases} \tag{3-7}$$

式中，$\boldsymbol{E}_0(\boldsymbol{r})$和 $\boldsymbol{H}_0(\boldsymbol{r})$是空间位置的缓变函数，$\psi(\boldsymbol{r})$称为相函数或程函数，与光学中光程的概念相当，是与空间位置有关的实数标量。

将式(3-7)代入麦克斯韦方程组，于是有

$$-\nabla\psi\times\boldsymbol{E}_0+c\mu_0\mu_r\boldsymbol{H}_0=\frac{\nabla\times\boldsymbol{E}_0}{\mathrm{j}k_0}$$

$$-\nabla\psi\times\boldsymbol{H}_0-c\varepsilon_0\varepsilon_r\boldsymbol{E}_0=\frac{\nabla\times\boldsymbol{H}_0}{\mathrm{j}k_0}$$

$$-\nabla\psi\cdot\boldsymbol{E}_0=\frac{\boldsymbol{E}_0\cdot\nabla\ln\varepsilon_r+\nabla\cdot\boldsymbol{E}_0}{\mathrm{j}k_0}$$

$$-\nabla\psi\cdot\boldsymbol{H}_0=\frac{\boldsymbol{H}_0\cdot\nabla\ln\mu_r+\nabla\cdot\boldsymbol{H}_0}{\mathrm{j}k_0}$$

当波长远远小于介质空间变化的特征尺度时，应用几何光学近似，波长近似趋于零。此时 k_0 趋于无穷大，上式右端包含$(1/k_0)$的项均可忽略不计，因此可得

$$\nabla\psi\times\boldsymbol{E}_0-c\mu_0\mu_r\boldsymbol{H}_0=\boldsymbol{0} \tag{3-8}$$

$$\nabla\psi\times\boldsymbol{H}_0+c\varepsilon_0\varepsilon_r\boldsymbol{E}_0=\boldsymbol{0} \tag{3-9}$$

$$\nabla\psi\cdot\boldsymbol{E}_0=0 \tag{3-10}$$

$$\nabla\psi\cdot\boldsymbol{H}_0=0 \tag{3-11}$$

式(3-8)和式(3-9)联立可得

$$[\nabla\psi\times(\nabla\psi\times\boldsymbol{E}_0)]+\varepsilon_r\mu_r\boldsymbol{E}_0=\boldsymbol{0}$$

因此有

$$(\boldsymbol{E}_0\cdot\nabla\psi)\nabla\psi-\boldsymbol{E}_0\cdot(\nabla\psi)^2+\varepsilon_r\mu_r\boldsymbol{E}_0=\boldsymbol{0} \tag{3-12}$$

应用式(3-10)，式(3-12)左边第一项为零，于是可得

$$(\nabla\psi)^2=n^2 \tag{3-13}$$

式(3-13)称为程函方程，是讨论几何光学的基本方程。

为了确定几何光学近似的适用条件，当介质缓变时，将式(3-7)代入均匀介质的亥姆霍兹方程$\nabla^2\boldsymbol{E}+k^2\boldsymbol{E}=0$中，对任一场分量 u，有

$$\nabla^2u+k_0^2u[n^2-(\nabla\psi)^2]+\mathrm{j}k_0(u\nabla^2\psi+2\nabla u\cdot\nabla\psi)=0$$

当 k_0 很大时，若满足不等式

$$\nabla^2u\ll k_0^2$$

$$u\nabla^2\psi+2\nabla u\cdot\nabla\psi\ll k_0$$

同样可以获得程函方程。其中前者表示程函方程(3-13)成立必须排除任何包含点源的区

域，因为在点源区域$\nabla^2 u$是很大的量($\nabla^2 u=\delta(\boldsymbol{r})$)。后者表示在锐边界上存在场幅度的突然变化，$\nabla u$很大，另外在焦点、散焦面、绕射区域，$\nabla^2\psi$是很大的，这都将使后者不等式的条件不成立。在无源区(锐边界除外)，上述不等式可改写为下述形式：

$$\frac{\nabla^2\psi}{k_0}\ll n^2 \quad 或 \quad \left|\frac{\nabla n}{n^2}\right|\ll\frac{2\pi}{\lambda} \tag{3-14}$$

此式即为几何光学近似成立的条件。可见，当折射率很小或折射率梯度很大时(如接近电波的反射区)，几何光学近似不成立。在电离层无线电波传播中，这种折射率接近零的几何光学近似不成立的反射区大约只有几十米到数百米量级，而在其他区域内，几何光学近似都是适用的。

3.1.2　射线的定义

由能流或坡印亭矢量的定义，时间平均坡印亭矢量可写成

$$\langle\boldsymbol{S}^{(0)}\rangle=\frac{1}{4}(\boldsymbol{E}\times\boldsymbol{H}^*+\boldsymbol{E}^*\times\boldsymbol{H})=\frac{1}{4}(\boldsymbol{E}_0\times\boldsymbol{H}_0^*+\boldsymbol{E}_0^*\times\boldsymbol{H}_0) \tag{3-15}$$

在几何光学近似下，将式(3-8)和式(3-9)代入式(3-15)可得

$$\langle\boldsymbol{S}^{(0)}\rangle=\frac{c}{4n^2}(\varepsilon_0\varepsilon_r E_0^2+\mu_0\mu_r H_0^2)\nabla\psi \tag{3-16}$$

式(3-16)表明，平均功率沿着$\psi(\boldsymbol{r})$为常数的波阵面的法线方向流动，即沿着波矢方向流动。能流的方向即为射线的方向，因此射线的单位切线矢量$\boldsymbol{\tau}$定义为

$$\boldsymbol{\tau}=\frac{\mathrm{d}\boldsymbol{r}(s)}{\mathrm{d}s}=\frac{\nabla\psi}{|\nabla\psi|}=\frac{\nabla\psi}{n}=\hat{\boldsymbol{k}} \tag{3-17}$$

式中，$\boldsymbol{r}(s)$是射线上任一点的位置矢量，可表示为射线路径的弧长s的函数。可见，各向同性介质中，射线方向$\boldsymbol{\tau}$与波矢$\boldsymbol{k}$的方向相同。而在各向异性介质中，射线方向和波矢方向一般不相同。

3.1.3　射线方程

对于各向同性的不均匀介质，可以根据介质折射指数的空间分布来确定电波射线在此介质中的传播轨迹，射线传播轨迹的数学描述即为射线方程。

将式(3-17)对s求导数，并利用程函方程(3-13)可得

$$\begin{aligned}\frac{\mathrm{d}}{\mathrm{d}s}\left(n\frac{\mathrm{d}\boldsymbol{r}}{\mathrm{d}s}\right)&=\frac{\mathrm{d}}{\mathrm{d}s}(\nabla\psi)=\frac{\mathrm{d}\boldsymbol{r}}{\mathrm{d}s}\cdot\nabla(\nabla\psi)=\frac{1}{n}\nabla\psi\cdot\nabla(\nabla\psi)\\&=\frac{1}{2n}\nabla[(\nabla\psi)^2]=\frac{1}{2n}\nabla n^2=\nabla n\end{aligned}$$

所以

$$\frac{\mathrm{d}}{\mathrm{d}s}\left(n\frac{\mathrm{d}\boldsymbol{r}}{\mathrm{d}s}\right)=\nabla n \tag{3-18}$$

这便是射线的矢量方程。根据射线方程可以对各向同性不均匀介质中无线电波传播轨迹进行射线追踪。

特别地，对于均匀的各向同性介质，射线方程可简化为

$$\frac{d^2 \boldsymbol{r}}{ds^2} = \boldsymbol{0} \tag{3-19}$$

求解可得

$$\boldsymbol{r}(s) = \boldsymbol{a}s + \boldsymbol{b} \tag{3-20}$$

式中，$\boldsymbol{a}$ 和 $\boldsymbol{b}$ 均为常矢量。很显然，电波在均匀各向同性介质中的射线轨迹是一条直线。

对于电波在电离层介质中的射线轨迹，通常考虑介质折射指数只沿高度方向变化的二维情况，此时射线方程可简化为折射定律：

$$n\sin\theta = c \tag{3-21}$$

其中，θ 表示射线轨迹上某点切线方向与高度方向之间的夹角，c 为常数。若考虑地球表面曲率，标量形式的射线方程可写成如下形式：

$$\begin{cases} \dfrac{dr}{ds} = \cos\theta \\ \dfrac{d\beta}{ds} = \dfrac{1}{r}\sin\theta \\ \dfrac{d\theta}{ds} = -\dfrac{1}{n}\sin\theta\dfrac{\partial n}{\partial r} + \dfrac{1}{n}\cos\theta\dfrac{1}{r}\dfrac{\partial n}{\partial \beta} \end{cases} \tag{3-22}$$

其中，θ 为射线的入射角，β 为射线路径上某点所对应的地心角，利用解微分方程组的数值方法可实现射线追踪。

图 3.1 所示为射线追踪模拟电波以不同角度进入电离层单层模型的射线轨迹。图中横坐标为地面传播距离(忽略地球曲率)，纵坐标为距地面的高度。图中采用了临界频率 $f_{\mathrm{o}}\mathrm{F2}=6$ MHz的单层电离层模型，入射电波的工作频率为 $f=7$ MHz。由图可见，入射角较大时，射线反射点较低，地面传输距离较远。随着入射角逐渐变小，反射点逐渐升高，地面传输距离先减小后又增大，因此存在最小地面传输距离。入射角继续减小时，射线则穿透电离层而无法返回地面。本书将在第 4 章 4.2 节详细讨论无线电波在电离层中斜向传播的基本特性和规律。

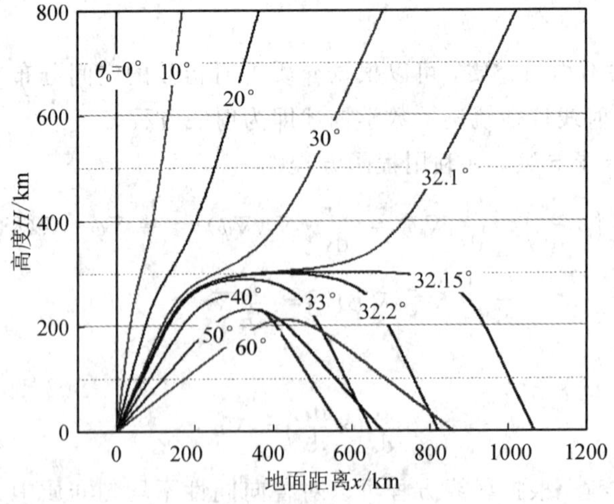

图 3.1　射线追踪模拟不同入射角时的电波传播轨迹

基于几何近似的射线理论只有当介质在一个波长范围内非均匀性变化和 $\boldsymbol{E}_0$ 与 $\boldsymbol{H}_0$ 的变化都很小的情况下才适用，即在所谓慢变化介质中才适用。用较高级的近似推导波动方程可得到更精确的结果。

3.2 分层介质中的波传播

当介质的特性仅在某个特定方向上有显著变化，或在除此方向之外其他方向上的变化可以忽略不计时，即可将其视为分层介质。分层介质是一种特定形式的不均匀介质。比如电离层电子密度沿水平方向上的变化程度一般远小于其在高度方向上的变化程度(赤道双驼峰附近沿纬度的变化和晨昏线附近沿经度的变化除外)，因此电离层通常被视为水平分层介质。第1章1.3.2小节中讨论的电离层剖面模型中电子密度随高度的分布就属于水平分层的近似描述。

对于分层介质，通常是将其沿特性变化方向分成一系列平行的薄层，每个薄层内有近似相同的折射指数。当各层厚度足够薄时，这种离散的分层介质就可以完全代替连续介质。而这种层内均匀、层间不同的分层介质中的波传播问题就可以归结为层内均匀介质波传播问题和层间界面处的波传播问题。

3.2.1 锐边界上波的反射和透射

无界空间中，电磁波最基本的存在形式为平面电磁波，这种波的电场和磁场都做横向振荡，这种类型的波称为横电磁波，而在有界空间中电磁波的形式完全不同。电磁波在两个不同界面上的反射和折射现象属于边值问题，它是由波动的基本物理量在边界上的行为确定的，对电磁波来说，是由 $\boldsymbol{E}$ 和 $\boldsymbol{H}$ 的边值关系确定的。因此研究电磁波反射和折射问题的基础是电磁波场在两个不同介质界面上的关系。

为简便起见，通常假设电离层为具有锐边界的均匀介质。设介质 n_1 和 n_2 均为各向同性、均匀的介质，之间有一水平的锐平面边界，界面位于 $z=0$ 处且与 z 轴垂直，即界面法向与 z 轴方向平行。假设有一线性极化波 $\boldsymbol{E}^{\mathrm{i}}$ 以入射角 θ_{i} 从介质 n_1 入射至界面处，如图3.2所示。

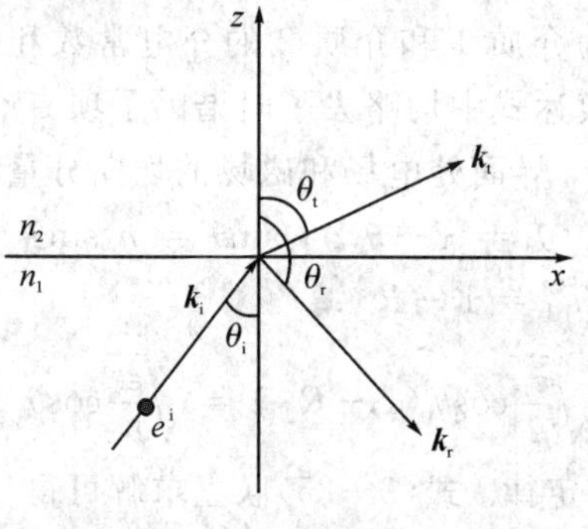

图3.2 锐边界上的反射和透射(各向同性介质)

由于 n_1 和 n_2 均为各向同性、均匀的介质，因此由波动方程可得入射波、反射波、透射波的波场矢量形式：

入射波：

$$\boldsymbol{E}^{\mathrm{i}} = \boldsymbol{E}_0^{\mathrm{i}} \exp[\mathrm{j}k_0 n_1 (x\sin\theta_{\mathrm{i}} + z\cos\theta_{\mathrm{i}}) - \mathrm{j}\omega t]$$

$$\boldsymbol{H}^{\mathrm{i}} = \boldsymbol{H}_0^{\mathrm{i}} \exp[\mathrm{j}k_0 n_1 (x\sin\theta_{\mathrm{i}} + z\cos\theta_{\mathrm{i}}) - \mathrm{j}\omega t]$$

反射波：

$$\boldsymbol{E}^{\mathrm{r}} = \boldsymbol{E}_0^{\mathrm{r}} \exp[\mathrm{j}k_0 n_1 (x\sin\theta_{\mathrm{r}} + z\cos\theta_{\mathrm{r}}) - \mathrm{j}\omega t]$$

$$\boldsymbol{H}^{\mathrm{r}} = \boldsymbol{H}_0^{\mathrm{r}} \exp[\mathrm{j}k_0 n_1 (x\sin\theta_{\mathrm{r}} + z\cos\theta_{\mathrm{r}}) - \mathrm{j}\omega t]$$

透射波：

$$\boldsymbol{E}^{\mathrm{t}} = \boldsymbol{E}_0^{\mathrm{t}} \exp[\mathrm{j}k_0 n_2 (x\sin\theta_{\mathrm{t}} + z\cos\theta_{\mathrm{t}}) - \mathrm{j}\omega t]$$

$$\boldsymbol{H}^{\mathrm{t}} = \boldsymbol{H}_0^{\mathrm{t}} \exp[\mathrm{j}k_0 n_2 (x\sin\theta_{\mathrm{t}} + z\cos\theta_{\mathrm{t}}) - \mathrm{j}\omega t]$$

式中，上标 i、r、t 分别表示入射波、反射波和透射波；$\boldsymbol{E}^{\mathrm{i}}$、$\boldsymbol{E}^{\mathrm{r}}$ 和 $\boldsymbol{E}^{\mathrm{t}}$ 分别表示入射波、反射波和透射波的电场矢量；$\boldsymbol{H}^{\mathrm{i}}$、$\boldsymbol{H}^{\mathrm{r}}$、$\boldsymbol{H}^{\mathrm{t}}$ 分别表示入射波、反射波和透射波的磁场矢量；θ_{i}、θ_{r} 和 θ_{t} 分别为入射波、反射波、透射波波矢方向与界面法向 z 轴方向的夹角，即入射角、反射角和透射角。

对于水平极化的入射波，设其电场幅值为 $\boldsymbol{E}_0^{\mathrm{i}} = E_0 \boldsymbol{y}$，并且定义界面处的反射系数和透射系数：

$$R_{\perp} = \frac{E_y^{\mathrm{r}}}{E_y^{\mathrm{i}}}, \quad T_{\perp} = \frac{E_y^{\mathrm{t}}}{E_y^{\mathrm{i}}} \tag{3-23}$$

式中，下标“⊥”表示波的电场矢量分向垂直于入射面。因此可得界面两侧在 $z=0$ 处电磁波场的切向分量：

$z=0^-$（介质 n_1 中 $z=0$ 处）：

$$E_y = E_y^{\mathrm{i}} + E_y^{\mathrm{r}} = E_0 \exp[\mathrm{j}k_0 n_1 (x\sin\theta_{\mathrm{i}})] + R_{\perp} E_0 \exp[\mathrm{j}k_0 n_1 (x\sin\theta_{\mathrm{r}})]$$

$$H_x = H_x^{\mathrm{i}} + H_x^{\mathrm{r}} = \sqrt{\frac{\varepsilon_1}{\mu_1}} (\cos\theta_{\mathrm{i}} E_y^{\mathrm{i}} + \cos\theta_{\mathrm{r}} E_y^{\mathrm{r}})$$

$z=0^+$（介质 n_2 中 $z=0$ 处）：

$$E_y = E_y^{\mathrm{t}} = T_{\perp} \exp[\mathrm{j}k_0 n_2 x\sin\theta_{\mathrm{t}}]$$

$$H_x = H_x^{\mathrm{t}} = \sqrt{\frac{\varepsilon_2}{\mu_2}} \cos\theta_{\mathrm{t}} E_y^{\mathrm{t}}$$

式中，ε_1、μ_1 和 ε_2、μ_2 分别为介质 1 和介质 2 的介电常数和磁导率，且有 $n_1 = c(\varepsilon_1 \mu_1)^{1/2}$，$n_2 = c(\varepsilon_2 \mu_2)^{1/2}$，以上各波场表达式中均略去了时谐因子项 $\mathrm{e}^{-\mathrm{j}\omega t}$。

应用 $z=0$ 处的边界条件，界面处电场和磁场的切向分量对任意 x 值都连续，因此可得

$$\theta_{\mathrm{r}} = \pi - \theta_{\mathrm{i}}, \ n_1 \sin\theta_{\mathrm{i}} = n_2 \sin\theta_{\mathrm{t}} \tag{3-24}$$

$$\begin{cases} T_{\perp} = 1 + R_{\perp} \\ \sqrt{\dfrac{\varepsilon_1}{\mu_1}} \cos\theta_{\mathrm{i}} (1 - R_{\perp}) = \sqrt{\dfrac{\varepsilon_2}{\mu_2}} \cos\theta_{\mathrm{t}} T_{\perp} \end{cases} \tag{3-25}$$

式(3-24)即为斯涅耳(Snell)定律。式(3-25)联立求解可得

$$R_{\perp} = \frac{\sqrt{\dfrac{\varepsilon_1}{\mu_1}} \cos\theta_{\mathrm{i}} - \sqrt{\dfrac{\varepsilon_2}{\mu_2}} \cos\theta_{\mathrm{t}}}{\sqrt{\dfrac{\varepsilon_1}{\mu_1}} \cos\theta_{\mathrm{i}} + \sqrt{\dfrac{\varepsilon_2}{\mu_2}} \cos\theta_{\mathrm{t}}} \tag{3-26}$$

$$T_{\perp}=\frac{2\sqrt{\frac{\varepsilon_1}{\mu_1}}\cos\theta_i}{\sqrt{\frac{\varepsilon_1}{\mu_1}}\cos\theta_i+\sqrt{\frac{\varepsilon_2}{\mu_2}}\cos\theta_t} \tag{3-27}$$

通常令 $\mu_1=\mu_2=\mu_0$，于是式(3-26)和式(3-27)可写为

$$R_{\perp}=\frac{n_1\cos\theta_i-n_2\cos\theta_t}{n_1\cos\theta_i+n_2\cos\theta_t} \tag{3-28}$$

$$T_{\perp}=\frac{2n_1\cos\theta_i}{n_1\cos\theta_i+n_2\cos\theta_t} \tag{3-29}$$

由式(3-28)和式(3-29)给出的反射系数 $R_{\perp}$ 和透射系数 $T_{\perp}$ 称为菲涅尔公式。类似地，当入射波为垂直极化波时，利用界面处的边界条件可得

$$R_{/\!/}=\frac{H_y^r}{H_y^i}=\frac{n_2\cos\theta_i-n_1\cos\theta_t}{n_2\cos\theta_i+n_1\cos\theta_t} \tag{3-30}$$

$$T_{/\!/}=\frac{n_1H_y^t}{n_2H_y^i}=\frac{2n_1\cos\theta_i}{n_2\cos\theta_i+n_1\cos\theta_t} \tag{3-31}$$

式中，下标"//"表示波的电场矢量方向平行于入射面。

当考虑地磁场的影响时，电离层表现为各向异性介质。此时电离层介质中同时呈现两种特征波模，这两种波模一般是呈椭圆偏振的，也可能是圆偏振或线性偏振。为简便起见，设介质Ⅰ为自由空间，介质Ⅱ为电离层磁等离子体介质，锐界面是位于 $z=0$ 处并与 z 轴垂直的平面，波由自由空间垂直入射至界面并进入介质Ⅱ区域，如图 3.3 所示。由第 2 章 2.3 节的讨论可知，磁等离子体介质中，电波传播特性与外磁场和波矢之间的夹角 θ 紧密相关，这里不妨设地磁场 $\boldsymbol{B}$ 的方向与 z 轴方向平行，因此透射波在介质Ⅱ中的传播为纵传播模式。

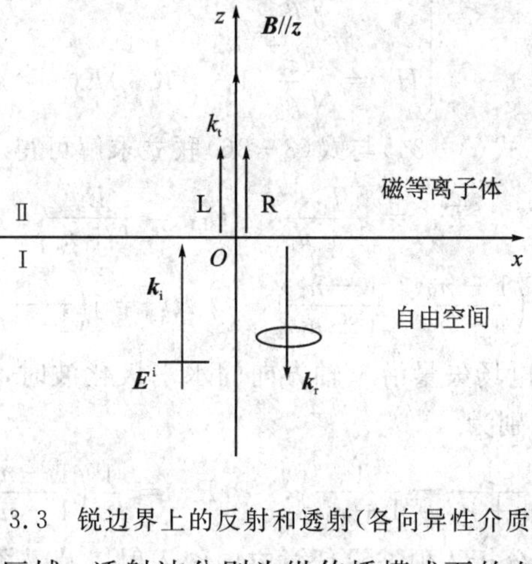

图 3.3 锐边界上的反射和透射(各向异性介质)

在 $z>0$ 的磁等离子体区域，透射波分别为纵传播模式下的左旋和右旋圆极化波，由第 2 章磁离子理论可得两特征波的折射指数和偏振因子分别为

$$n_R^2=1-\frac{X}{1-Y},\quad \rho_R=\frac{E_{Ry}}{E_{Rx}}=-\mathrm{j} \tag{3-32}$$

$$n_L^2=1-\frac{X}{1+Y},\quad \rho_L=\frac{E_{Ly}}{E_{Lx}}=\mathrm{j} \tag{3-33}$$

因此可得透射波在边界 $z=0$ 处总的波场切向分量：

$$\begin{cases} E_x = E_{Rx} + E_{Lx} \\ E_y = E_{Ry} + E_{Ly} = -\mathrm{j}E_{Rx} + \mathrm{j}E_{Lx} \\ H_x = H_{Rx} + H_{Lx} = \mathrm{j}\sqrt{\dfrac{\varepsilon_0}{\mu_0}}(n_R E_{Rx} - n_L E_{Lx}) \\ H_y = H_{Ry} + H_{Ly} = \sqrt{\dfrac{\varepsilon_0}{\mu_0}}(n_R E_{Rx} + n_L E_{Lx}) \end{cases} \tag{3-34}$$

$z<0$ 的自由空间区域是入射波与反射波的叠加。假设入射波是电场矢量沿 x 轴方向的线性极化波，即 $\boldsymbol{E}^{\mathrm{i}}=E_0\boldsymbol{x}$，如图 3.3 所示。反射波一般是椭圆极化波，将椭圆极化波的电场矢量正交分解为平行及垂直于入射面(分别沿 x 轴和沿 y 轴)的线性极化分量，并且定义反射系数为反射波某电场分量与入射波某电场分量的复数比值：

$$_{/\!/}R_{/\!/} = \frac{E_x^{\mathrm{r}}}{E_x^{\mathrm{i}}}, \quad _{/\!/}R_{\perp} = \frac{E_y^{\mathrm{r}}}{E_x^{\mathrm{i}}} \tag{3-35}$$

式中，左侧下标表示入射波的电场分量与入射面平行(//)或垂直(⊥)，右侧下标表示反射波的电场分量与入射面平行(//)或垂直(⊥)。对于电波垂直入射的情况，符号“//”和“⊥”分别表示电场沿 x 轴和 y 轴的分量。当入射波为电场矢量沿 y 轴方向的水平极化波时，利用同样的方法可定义反射系数 $_{\perp}R_{/\!/}$ 和 $_{\perp}R_{\perp}$。于是可得入射波和反射波的总波场在界面 $z=0$ 处的切向分量：

$$\begin{cases} E_x = (1 + {}_{/\!/}R_{/\!/})E_0 \\ E_y = {}_{/\!/}R_{\perp} E_0 \\ H_x = \sqrt{\dfrac{\varepsilon_0}{\mu_0}}\, {}_{/\!/}R_{\perp} E_0 \\ H_y = \sqrt{\dfrac{\varepsilon_0}{\mu_0}}(1 - {}_{/\!/}R_{/\!/})E_0 \end{cases} \tag{3-36}$$

应用 $z=0$ 处的边界条件，式(3-34)与式(3-36)联立求解可得

$$E_{Rx} = \frac{E_0}{1+n_R}, \quad E_{Lx} = \frac{E_0}{1+n_L} \tag{3-37}$$

$$_{/\!/}R_{/\!/} = \frac{1}{2}\left(\frac{1-n_R}{1+n_R} + \frac{1-n_L}{1+n_L}\right), \quad _{/\!/}R_{\perp} = \mathrm{j}\left(\frac{1}{1+n_L} - \frac{1}{1+n_R}\right) \tag{3-38}$$

类似地，当入射波为电场矢量沿 y 轴方向的水平极化波时，利用界面处的边界条件可得反射系数 $_{\perp}R_{/\!/}$ 和 $_{\perp}R_{\perp}$ 分别为

$$_{\perp}R_{/\!/} = \mathrm{j}\left(\frac{1}{1+n_R} - \frac{1}{1+n_L}\right), \quad _{\perp}R_{\perp} = \frac{1}{2}\left(\frac{1-n_R}{1+n_R} + \frac{1-n_L}{1+n_L}\right) \tag{3-39}$$

利用同样的方法可以分析入射波沿任意方向斜入射以及磁场与波矢方向夹角为任意值的斜传播情况等更具普遍意义的问题。

3.2.2 波在各向同性分层介质中的传播

下面讨论波在分层介质中的传播问题。对于水平分层电离层等离子体介质，其电子密度 N_e、碰撞频率 ν 都只沿高度 z 轴方向变化，因此其折射指数也只是 z 的函数：

$$n = n(z) \tag{3-40}$$

设平面简谐波沿 x-z 平面从下向上进入电离层，忽略地磁场的作用，由于介质沿 x 轴方向均匀，沿 z 轴方向不均匀，所以波沿 x 轴方向以平面波的形式传播，但 z 轴方向上不满足平面波解的形式，因此波场矢量可表示为

$$\begin{cases} \boldsymbol{E} = \boldsymbol{E}(z)\mathrm{e}^{\mathrm{j}(k_x x - \omega t)} \\ \boldsymbol{H} = \boldsymbol{H}(z)\mathrm{e}^{\mathrm{j}(k_x x - \omega t)} \end{cases} \tag{3-41}$$

将其代入麦克斯韦方程组，并写成标量式，可得

$$\frac{\mathrm{d}E_y}{\mathrm{d}z} = -\mathrm{j}\omega\mu H_x \tag{3-42}$$

$$\frac{\mathrm{d}E_x}{\mathrm{d}z} - \mathrm{j}k_x E_z = \mathrm{j}\omega\mu H_y \tag{3-43}$$

$$\mathrm{j}k_x E_y = \mathrm{j}\omega\mu H_z \tag{3-44}$$

$$\frac{\mathrm{d}H_y}{\mathrm{d}z} = \mathrm{j}\omega\varepsilon E_x \tag{3-45}$$

$$-\frac{\mathrm{d}H_x}{\mathrm{d}z} + \mathrm{j}k_x H_z = \mathrm{j}\omega\varepsilon E_y \tag{3-46}$$

$$\mathrm{j}k_x H_y = -\mathrm{j}\omega\varepsilon E_z \tag{3-47}$$

这六个方程可以分成两个独立的方程组。其中一组方程式(3-42)、式(3-44)和式(3-46)含 E_y、H_x 和 H_z，表示水平极化波，另一组方程式(3-43)、式(3-45)和式(3-47)含 E_x、E_z 和 H_y，表示垂直极化波。

对于水平极化波，式(3-42)、式(3-44)和式(3-46)联立可得

$$\frac{\mathrm{d}^2 E_y}{\mathrm{d}z^2} + (k_0^2 n^2 - k_x^2)E_y = 0 \tag{3-48}$$

$$\frac{\mathrm{d}^2 H_x}{\mathrm{d}z^2} - \frac{\mathrm{d}[\ln(k_0^2 n^2 - k_x^2)]}{\mathrm{d}z} + (k_0^2 n^2 - k_x^2)H_x = 0 \tag{3-49}$$

同样地，对于垂直极化波，式(3-43)、式(3-45)和式(3-47)联立可得其微分方程

$$\frac{\mathrm{d}^2 H_y}{\mathrm{d}z^2} - \frac{\mathrm{d}(\ln n^2)}{\mathrm{d}z}\frac{\mathrm{d}H_y}{\mathrm{d}z} + (k_0^2 n^2 - k_x^2)H_y = 0 \tag{3-50}$$

$$\frac{\mathrm{d}^2 E_x}{\mathrm{d}z^2} - \frac{\mathrm{d}\left[\ln\left(\dfrac{k_0^2 n^2 - k_x^2}{n^2}\right)\right]}{\mathrm{d}z}\frac{\mathrm{d}E_x}{\mathrm{d}z} + (k_0^2 n^2 - k_x^2)E_x = 0 \tag{3-51}$$

方程(3-48)～(3-51)是分层介质中波传播的理论基础。若介质折射指数随高度 z 的函数关系已知，则理论上可以通过上述微分方程确定波场形式，但这组常微分方程给不出封闭形式的解析解，往往需要进行某些近似处理，以获得相对简单的解析解，而 WKB 近似解就是其中之一。

3.2.3 WKB 解

WKB 近似最初是在解释光波在对流层折射时提出的相位积分近似的观点，直到 1926 年，Wentzel、Kramers、Brillouin 将其用于量子力学中求解薛定谔方程近似解，才逐渐被人们所采纳，并将该近似方法称为 WKB 近似。

对于水平分层的电离层介质，将其分成一系列水平的均匀薄层，每个薄层的厚度足够薄，因此各薄层内可视为均匀介质，但各层厚度不必相同。设各层折射指数分别为 n_1，n_2，n_3，…，取 z 轴垂直向上，令介质层位于 $z>0$ 的半空间，如图 3.4 所示。波一旦进入介质层，便会在界面处发生反射和透射，透射波继续向前传播，然后在下一个界面处再次反射、透射，依此类推，便可以模拟出电磁波在分层介质中的传播过程。

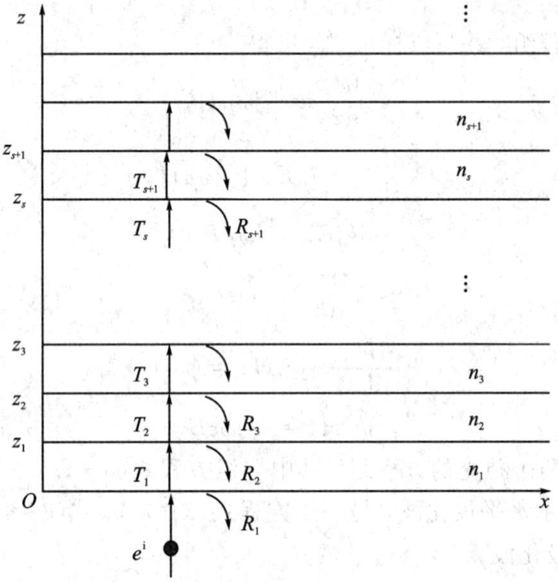

图 3.4 水平分层介质中的波传播示意图

简便起见，忽略地磁场和碰撞效应，将电离层视为各向同性介质。设水平极化的平面简谐波由 $z<0$ 的自由空间($n_0=1$)向上垂直入射。入射波的电场可写成(以下均略去时谐因子 $e^{-j\omega t}$)：

$$E_y^{i} = E_0 e^{jk_0 z} \tag{3-52}$$

在第一个界面 $z=0$ 处，利用式(3-28)所示反射系数和(3-29)所示透射系数，可得反射波 R_1 和透射波 T_1 的电场分别为

$$R_1: E_{1y}^{r}(z) = R_{\perp 1} E_0 e^{-jk_0 z} = \frac{n_0 - n_1}{n_0 + n_1} E_0 e^{-jk_0 z} \tag{3-53}$$

$$T_1: E_{1y}^{t}(z) = T_{\perp 1} E_0 e^{jk_0 n_1 z} = \frac{2n_0}{n_0 + n_1} E_0 e^{jk_0 n_1 z} \tag{3-54}$$

反射波 R_1 沿 z 轴负方向向下传播返回 $z<0$ 空间，而透射波 T_1 沿 z 轴向上传播至 $z=z_1$ 界面处，作为入射波再次进行反射和透射，于是有

$$R_2: E_{2y}^{r}(z) = R_{\perp 2} E_{1y}^{t}(z_1) e^{-jk_0 n_1 (z-z_1)} \tag{3-55}$$

$$T_2: E_{2y}^{t}(z) = T_{\perp 2} E_{1y}^{t}(z_1) e^{jk_0 n_2 (z-z_1)} \tag{3-56}$$

透射波继续向上传播，并在下一个界面处重复反射和透射的过程，依此不难推导出任意高度处的反射波场和透射波场。其中穿过每个界面因透射而向上传播的一系列波称为主波。需注意，主波不包含反射波经两次或多次反射后向上传播的波场分量。于是可得主波

传播至任意界面处($z=z_m^-$)的波场表达式：

$$T(z_m^-)=E_0\,\frac{2n_0}{n_0+n_1}\mathrm{e}^{\mathrm{j}k_0n_1\Delta z_1}\,\frac{2n_1}{n_1+n_2}\mathrm{e}^{\mathrm{j}k_0n_2\Delta z_2}\cdots\frac{2n_{m-1}}{n_{m-1}+n_m}\mathrm{e}^{\mathrm{j}k_0n_m\Delta z_m}\tag{3-57}$$

整理可得

$$T(z_m^-)=E_0\exp\left[-\sum_{s=0}^{m-1}\ln\left(1+\frac{\Delta n_s}{2n_s}\right)+\mathrm{j}\sum_{s=1}^{m}k_0n_s\Delta z_s\right]\tag{3-58}$$

式中，$\Delta n_s=n_{s+1}-n_s$。上式取 $\Delta z_s\to 0$ 时，其中求和项可改写为积分式，进而可得任意高度 z 处主波：

$$T(z)=E_0\,[n(z)]^{-\frac{1}{2}}\exp\left[\mathrm{j}k_0\int_0^z n(z)\mathrm{d}z\right]\tag{3-59}$$

这就是图 3.4 所示的多层介质中波传播问题的 WKB 解。利用几何光学近似中的程函方程可获得相同的解。将其代入麦克斯韦方程，可获得磁场 WKB 解的表达式。利用类似的方法可以讨论垂直极化波以及沿任意方向斜入射等更具普遍意义的情况。

3.3　信号在分层介质中的传播和反射

利用无线电波进行电离层探测时，大都使用的是无线电脉冲信号。本节将利用上一节的 WKB 平面波解来讨论电磁脉冲波在分层介质中的传播问题。

考虑一载频为 ω_0 的时间脉冲信号，根据傅里叶变换关系，可将其描述为不同频率的平面简谐波的叠加：

$$E(z,\,t)=\frac{1}{2\pi}\int E(z,\,\omega)\exp(-\mathrm{j}\omega t)\mathrm{d}\omega$$

对于其中频率为 ω 的平面简谐波分量，当以水平极化方式垂直入射至图 3.4 所示的分层介质时，入射场设为 $E(0,\,\omega)$，利用式(3-59)可得该平面简谐波分量进入分层介质后的波场 $E(z,\,\omega)$，将其代入上式，即可得脉冲信号在分层介质中传播的 WKB 解：

$$E(z,\,t)=\frac{1}{2\pi}\int_C E(0,\,\omega)\,[n(z,\,\omega)]^{-\frac{1}{2}}\exp\left\{\mathrm{j}\omega\left[\frac{1}{c}\int_0^z n(z,\,\omega)\mathrm{d}z-t\right]\right\}\mathrm{d}\omega\tag{3-60}$$

式中，C 表示拉普拉斯围道；c 表示光速。式(3-60)表明时间脉冲信号的 WKB 解是组成信号的各频率分量的平面简谐波的 WKB 解的叠加。根据此式，可求解计算任意时刻 t、任意高度 z 处的波场幅值。

对于脉冲信号，$E(0,\,\omega)$在载频 ω_0 处达到峰值。当载频 ω_0 附近的谐波分量同相位叠加时，对式(3-60)积分贡献最大。此时满足：

$$\frac{\partial}{\partial\omega}\left[\omega t-\frac{1}{c}\int_0^z n(z,\,\omega)\omega\mathrm{d}z\right]\bigg|_{\omega=\omega_0}=0\tag{3-61}$$

因此可得脉冲在 t 时刻的位置与时间的关系：

$$t=\frac{1}{c}\left[\int_0^z\frac{\partial(n\omega)}{\partial\omega}\mathrm{d}z\right]\bigg|_{\omega=\omega_0}\tag{3-62}$$

进而可得脉冲信号在 z 处的上行速度

$$v_{gz}=\frac{\mathrm{d}z}{\mathrm{d}t}=\frac{c}{\left[\dfrac{\partial(n\omega)}{\partial\omega}\right]\bigg|_{\omega=\omega_0}}\tag{3-63}$$

对于各向同性介质，脉冲信号的上行速度就是脉冲波包的群速度，与均匀介质中的表达式完全相同。定义群折射指数 $n'=c/v_g$，于是有

$$n' = \frac{c}{v_g} = \frac{\partial(n\omega)}{\partial\omega} = n + \omega\frac{\partial n}{\partial\omega} \tag{3-64}$$

可以证明，当忽略地磁场和碰撞效应时，电离层介质中相折射指数和群折射指数的关系为

$$n' = (1-X)^{-1/2} = \frac{1}{n} \tag{3-65}$$

设 $z_0(\omega)$是 $n(z)$在频率 ω 的一阶转折点，不同频率的谐波分量在不同高度上反射，反射系数的 WKB 近似为

$$R(\omega) = \mathrm{j}\exp\left[\mathrm{j}2\frac{\omega}{c}\int_0^{z_0(\omega)} n(z,\ \omega)\mathrm{d}z\right] \tag{3-66}$$

进而可得反射信号的 WKB 近似：

$$\begin{aligned}E(z,\ t) &= \frac{1}{2\pi}\int_C E(0,\ \omega)\ [n(z,\ \omega)]^{-\frac{1}{2}} R(\omega) \times \exp\left\{-\mathrm{j}\omega\left[t - \frac{1}{c}\int_0^z n(z,\ \omega)\mathrm{d}z\right]\right\}\mathrm{d}\omega \\ &= \frac{\mathrm{j}}{2\pi}\int_C E(0,\ \omega) n^{-\frac{1}{2}} \exp\left\{-\mathrm{j}\omega\left[t - \frac{1}{c}\int_0^z n\mathrm{d}z - \frac{2}{c}\int_0^{z_0} n\mathrm{d}z\right]\right\}\mathrm{d}\omega \end{aligned} \tag{3-67}$$

令 $z=0$，可得信号返回介质层底部时的电场：

$$E(0,\ t) = \frac{1}{2\pi}\int_C E(0,\ \omega)\ [n(0,\ \omega)]^{-\frac{1}{2}} \exp\left[-\mathrm{j}\omega\left(t - \frac{2}{c}\int_0^{z_0} n\mathrm{d}z\right)\right]\mathrm{d}\omega \tag{3-68}$$

对这个积分的主要贡献再次来自在 $\omega=\omega_0$ 积分中相位是稳定的区域，于是有

$$\frac{\partial}{\partial\omega}\left[\omega t - \frac{2}{c}\int_0^{z_0} n(z,\ \omega)\omega\mathrm{d}z\right]\bigg|_{\omega=\omega_0} = 0 \tag{3-69}$$

进而可得脉冲信号经 $z=z_0$ 处反射并返回介质层底部的时间延迟：

$$t = \frac{2}{c}\left[\int_0^{z_0}\frac{\partial(n\omega)}{\partial\omega}\mathrm{d}z\right]\bigg|_{\omega=\omega_0} = \frac{2}{c}\int_0^{z_0} n'(z,\ \omega_0)\mathrm{d}z \tag{3-70}$$

若考虑电离层底距离地面的高度 h_0，则电离层底部以下空间为自由空间，$n_0=1$，脉冲信号从地面垂直向上经电离层反射后再回到地面的时间延迟则表示为

$$t = \frac{2}{c}\left[h_0 + \int_{h_0}^{h_r} n'(h,\ \omega_0)\mathrm{d}h\right] \tag{3-71}$$

实际上，这一时间延迟量是电离层垂直探测系统最基本、最直接的测量数据，应用时通常取时间延迟量的一半，并将其转换为信号在同等时间里在自由空间传播的距离，称为等效高度或虚高。由式(3-71)可得，虚高为群折射指数沿高度的积分：

$$h' = \frac{t}{2}c = h_0 + \int_{h_0}^{h_r} n'(h,\ \omega_0)\mathrm{d}h \tag{3-72}$$

式中，h_r 称为真高，是脉冲信号在电离层反射的真实高度，可由电离层折射指数和信号在介质中的反射条件获得。同等时间内相位传播的等效距离称为“相高”，相高可表示为相折射指数沿高度的积分：

$$h_p = h_0 + \int_{h_0}^{h_r} n(h,\ \omega_0)\mathrm{d}h \tag{3-73}$$

例题　设电离层位于 $h>h_0$ 高度处，且在其峰值高度以下，等离子体频率满足 $f_p^2=$

$a(h-h_0)$，式中 a 为常数，试求载频为 $f(f<f_0$，f_0 为电离层临界频率)的脉冲信号垂直入射至电离层传播的真高 h_r、虚高 h' 和相高 h_p(忽略地磁场和碰撞)。

解 真高是指无线电脉冲信号在电离层的反射点的高度，可由反射条件确定。

忽略地磁场和碰撞时，电离层折射指数为

$$n=(1-X)^{1/2}=\left(1-\frac{f_p^2}{f^2}\right)^{1/2}$$

由反射条件 $n=0$ 可得

$$f^2=f_p^2=a(h-h_0)$$

求解可得信号在电离层的真高

$$h_r=h_0+\frac{f^2}{a}$$

虚高是指信号传播到达电离层反射点高度的同等时间内在自由空间中的等效传播距离，即群折射指数沿高度的积分。

忽略地磁场和碰撞时，电离层群折射指数可表示为

$$n'=(1-X)^{-1/2}=\left(1-\frac{f_p^2}{f^2}\right)^{-1/2}$$

因此信号在电离层的反射虚高可表示为

$$\begin{aligned} h'&=\int_0^{h_r}n'\mathrm{d}h=h_0+\int_{h_0}^{h_r}\left(1-\frac{f_p^2}{f^2}\right)^{-1/2}\mathrm{d}h \\ &=h_0+\int_{h_0}^{h_r}\left[1-\frac{a(h-h_0)}{f^2}\right]^{-1/2}\mathrm{d}h=h_0+\frac{2f^2}{a}\end{aligned}$$

相高是指相位传播到达电离层反射点高度的同等时间内在自由空间中的等效传播距离，即相折射指数沿高度的积分：

$$\begin{aligned} h_p&=\int_0^{h_r}n\mathrm{d}h=h_0+\int_{h_0}^{h_r}\left(1-\frac{f_p^2}{f^2}\right)^{1/2}\mathrm{d}h \\ &=h_0+\int_{h_0}^{h_r}\left[1-\frac{a(h-h_0)}{f^2}\right]^{1/2}\mathrm{d}h=h_0+\frac{2f^2}{3a}\end{aligned}$$

可见，同一载频的脉冲信号在各向同性电离层介质中垂直传播时的真高、虚高和相高的关系始终满足：

$$相高\ h_p<真高\ h_r<虚高\ h'$$

3.4 电离层频高图的真高问题

若已知电离层电子密度或折射指数随高度的分布，代入式(3-72)便可获得信号反射的虚高，然而实际应用中，频高图是电离层垂直探测系统最常规的测量数据，频高图反映了脉冲信号在电离层中反射虚高与信号载频之间的关系，因此如何利用所获得的虚高计算电子密度随高度的分布更为重要。

忽略地磁场和碰撞时，电离层等离子体为水平分层的各向同性介质，其群折射指数可表示为

$$n' = \frac{1}{n} = \left(1 - \frac{\omega_p^2}{\omega^2}\right)^{-1/2} \tag{3-74}$$

将其代入式(3-72)可得虚高表达式：

$$h'(\omega) = \int_0^{z_0} n'(z, \omega)\mathrm{d}z = \int_0^{z_0} \frac{\omega \mathrm{d}z}{\sqrt{\omega^2 - \omega_p^2}} \tag{3-75}$$

在式(3-75)中，对变量做如下变换：

$$u(z) = \omega_p^2(z), \quad v = \omega^2 \tag{3-76}$$

于是得

$$v^{-\frac{1}{2}} h'(v^{\frac{1}{2}}) = \int_0^{z_0} \frac{\mathrm{d}z}{\sqrt{v - u(z)}} \tag{3-77}$$

式(3-77)为阿贝尔积分方程，式中 $u(z)$为待求的未知函数。

若 $u(z)$是随 z 单调增加的函数，$z_0(\omega)$是其反变换函数满足反射条件 $\omega_p = \omega$ 时的 z 值。方程(3-77)两边同乘 $\pi^{-1}(\omega - v)^{-1/2}$，并对 v 从 0 到 ω 积分，可得

$$\frac{1}{\pi}\int_0^{\omega} \frac{h'(v^{\frac{1}{2}})\mathrm{d}v}{v^{\frac{1}{2}}(\omega - v)^{\frac{1}{2}}} = \frac{1}{\pi}\int_0^{\omega}\mathrm{d}v\int_0^{z_0} \frac{\mathrm{d}z}{(\omega - v)^{\frac{1}{2}}(v - u)^{\frac{1}{2}}} \tag{3-78}$$

改变等式右边的积分顺序，两边分别计算积分，于是可得

$$z_0(\omega_p) = \frac{2}{\pi}\int_0^{\pi/2} h'(\omega_p \sin\alpha)\mathrm{d}\alpha \tag{3-79}$$

此式即为阿贝尔方程的解。式(3-79)表明，将电离层垂直探测系统所获得的频高图抽象成数学函数形式，并将其中的自变量 ω 或 f 相应地替换为 $\omega_p \sin\alpha$ 或 $f_p \sin\alpha$，代入式(3-79)积分可得不同频率信号的真实反射高度，进而可得电子密度随高度的分布函数。

如果电子密度不是 z 的单调函数(比如谷区)，则上述的分析方法不能应用。一般来说，对于较复杂的介质，式(3-75)只能进行数值求解。本书将在第 4 章 4.1.3 小节具体讨论如何利用频高图信息获得电离层电子密度随高度的分布。

习　题

1. 什么是几何光学近似？如何描述几何光学近似的适用条件？

2. 对于分层介质，射线矢量方程可退化为折射定律，试证明此结论。

3. 考虑单位振幅的垂直极化波以 θ_i 从各向同性均匀介质 1 入射到介质 2 的情形，设 n_1 和 n_2 分别是介质 1 和介质 2 的折射指数，$\mu_1 = \mu_2 = \mu_0$，θ_r 和 θ_t 分别表示反射波和透射波与界面法线的夹角，试证明垂直极化波的菲涅尔反射系数和透射系数：

$$R_{\perp} = \frac{H_y^r}{H_y^i} = \frac{n_2\cos\theta_i - n_1\cos\theta_t}{n_2\cos\theta_i + n_1\cos\theta_t}, \quad T_{\perp} = \frac{n_1 H_y^t}{n_2 H_y^i} = \frac{2n_1\cos\theta_i}{n_2\cos\theta_i + n_1\cos\theta_t}$$

4. 假定介质 1 是自由空间，介质 2 是磁等离子体，其中外磁场与界面法线均沿 z 轴方向。自由空间中，沿 x 轴方向线偏振的入射波 E_x^i 从自由空间垂直入射到磁等离子体介质中，试由边界条件证明其反射系数：

$${}_{/\!/}R_{/\!/} = \frac{1}{2}\left(\frac{1 - n_R}{1 + n_R} + \frac{1 - n_L}{1 + n_L}\right]), \quad {}_{/\!/}R_{\perp} = \mathrm{j}\left(\frac{1}{1 + n_L} - \frac{1}{1 + n_R}\right)$$

5. 上题中，若入射波电场矢量垂直于入射面偏振，试求反射系数$_\perp R_{/\!/}$和$_\perp R_\perp$。

6. 载频为 6 MHz 的射频脉冲垂直入射电离层内，若电离层为水平分层，其等离子体频率平方 f_p^2(f_p 单位：MHz)的剖面如图所示，忽略地磁场和碰撞的影响，试计算脉冲波从电离层入口($h=0$)传播至 100 km 处所用时间。

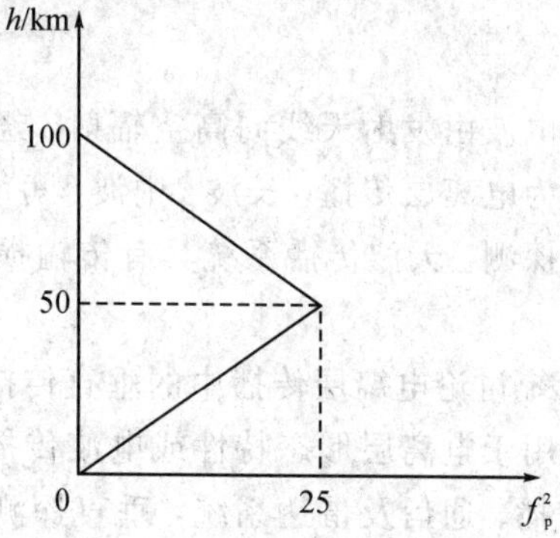

第 6 题图

7. 上题中，若脉冲信号载频为 5 MHz 或 4 MHz，情况如何？信号经电离层反射后回到电离层入口($h=0$)处所用时间为多少？

8. 设电离层电子密度 $N_e=ah^2(h\geqslant 0)$，$t=0$ 时刻从 $h=0$ 垂直发射一载频为 f_0 的脉冲波，试求该信号在电离层传播的真高、相高和虚高。(忽略电离层中地磁场和碰撞的影响)

课外学习任务

(1) 学习应用射线追踪方法模拟电离层中电波射线轨迹。

(2) 学习应用电离层电子密度分布模型数值模拟垂直探测系统的频高图描迹。

第4章 天波传播

如前所述，天波传播是指电波由发射天线向高空辐射，经高空电离层反射后到达地面接收点的一种传播方式，也称为电离层传播。长波、中波、短波都可以利用天波传播的方式进行远距离广播、通信及雷达探测。天波传播系统具有传输损耗小、信道稳定、设备简单、成本低、机动灵活等优点。

本章将结合电离层探测系统讨论电离层传播中的垂直传播、斜向传播和后向返回散射传播。其中电离层垂直传播多用于电离层形态特性或电波传播理论研究，斜向传播及后向返回散射传播则多用于天波广播、通信及雷达系统，垂直探测系统为斜向传播及后向返回散射传播的理论研究和实际应用提供了非常重要的电离层形态参量。

4.1 电波垂直传播

电波在电离层中垂直传播是指垂直地面向上发射无线电波，经电离层反射后返回发射点附近并接收的电波传播模式。该模式主要用于电离层探测。早在1925年美国的布雷特(G. Breit)和图夫(M. A. Tuve)等人首次用电波垂直传播的方式对电离层进行了观测，这种电离层垂直探测的方法一直沿用至今，成为地面常规观测电离层的基本手段。

本节将基于电波垂直传播模式对电波传播的射线路径、电离层垂直探测系统、频高图分析以及电离层顶部探测系统展开讨论。

4.1.1 电波垂直传播的射线路径

即便对于水平分层电离层，电波垂直向上传播也并非意味着其射线路径为竖直向上并原路返回。设垂直地面向上为 z 轴，电波垂直向上进入水平分层的电离层，即 $\boldsymbol{k}\parallel z$。下面讨论电波进入电离层后的射线路径。

若忽略地磁场的影响，电离层为各向同性介质。由第3章3.1.2节可知，各向同性介质中射线方向 $\boldsymbol{\tau}$ 与波矢 $\boldsymbol{k}$ 的方向相同，因此 $\boldsymbol{\tau}\parallel\boldsymbol{k}\parallel z$，即射线垂直向上传播并经电离层反射后原路返回。此时电波在电离层的反射条件为 $X=1$。

由于地磁场的存在，电离层表现为各向异性介质，进入电离层的电波分裂成两个不同的特征波进行传播，它们在不同的高度上反射，射线方向也不同于波矢方向。设射线方向与波矢方向之间的夹角为 α，可以证明：

$$\tan\alpha=\frac{1}{n}\left(\frac{\partial n}{\partial\alpha}\right)=\frac{1}{n}\left(\frac{\partial n}{\partial\theta}\right)\tag{4-1}$$

其中 n 为介质折射指数，θ 为波矢方向与地磁场方向的夹角。将A-H公式(忽略碰撞)代入上式可得夹角 α 为

$$\tan\alpha = \pm \frac{Y\sin\theta\cos\theta(n^2 - 1)}{[Y^2\ \sin^4\theta + 4\ (1 - X)^2\ \cos^2\theta]^{1/2}} \tag{4-2}$$

上式中 X、Y 为艾普利通参量，正、负号分别代表寻常波(O)和非寻常波(X)。可见两特征波射线偏移方向及偏移程度各不相同，均与电波频率、地磁场强度、磁倾角等因素有关。

比如，对于$Y<1$ 的情况，寻常波和非寻常波的折射指数均小于1，式(4-2)中 $n^2-1<0$。不妨设角度 α 和 θ 均以相对于波矢向北为正。在北半球，地磁场一般沿北偏下的方向，与垂直地面向上的波矢方向夹角$\frac{\pi}{2}<\theta<\pi$，如图 4.1(a)所示。代入式(4-2)可得，$\alpha_O>0$(向北偏移)，$\alpha_X<0$(向南偏移)。而在南半球，地磁场一般沿北偏上的方向，与垂直地面向上的波矢方向夹角 $0<\theta<\frac{\pi}{2}$，如图 4.1(b)所示。因此 $\alpha_O<0$(向南偏移)，$\alpha_X>0$(向北偏移)。将南北半球情况综合起来，于是可得：电波垂直向上传播时，寻常波射线总是远离赤道方向偏移，非寻常波射线总是向着赤道方向偏移。

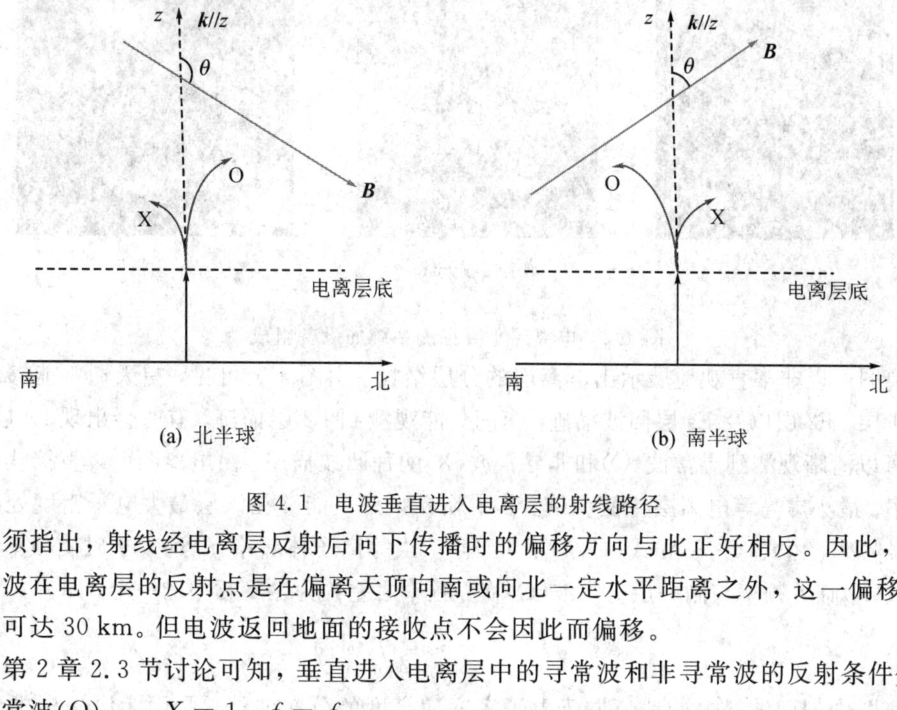

图 4.1 电波垂直进入电离层的射线路径

必须指出，射线经电离层反射后向下传播时的偏移方向与此正好相反。因此，垂直传播的电波在电离层的反射点是在偏离天顶向南或向北一定水平距离之外，这一偏移距离的典型值可达 30 km。但电波返回地面的接收点不会因此而偏移。

由第 2 章 2.3 节讨论可知，垂直进入电离层中的寻常波和非寻常波的反射条件分别为

寻常波(O)： $X = 1 \quad f = f_p$ (4-3)

非常波(X)： $X = 1 - Y \quad f = \sqrt{f_p^2 + \frac{1}{4}f_H^2} + \frac{1}{2}f_H \quad (Y < 1)$ (4-4)

$X = 1 + Y \quad f = \sqrt{f_p^2 + \frac{1}{4}f_H^2} - \frac{1}{2}f_H \quad (Y > 1)$ (4-5)

4.1.2 电离层垂直探测系统

许多年来，从手动垂测仪到数字测高仪，电离层垂直探测一直是电离层探测的最重要的手段之一。电离层垂直探测的基本原理是垂直向上发射一串无线电脉冲，经电离层反射

后回到地面接收点，测量反射回波到达接收机的时间延迟。

电离层垂直探测仪又称测高仪，是观测电离层中电子密度分布的常规设备，它实质上是一部扫频脉冲雷达装置，由发射系统、接收系统、控制系统和数据终端系统等部分组成，如图 4.2 所示为西安电波观测站电离层垂直探测系统的设备组成。载波频率连续变化的高频无线电脉冲信号从发射机垂直向上发出，经电离层反射后回到地面接收机，测量脉冲回波的传播时延，取其单程传播时延乘以光速，即可获得脉冲信号在电离层反射的等效高度，即虚高。以信号载频为横坐标(单位：MHz)，虚高为纵坐标(单位：km)，将记录图示出来，称为频高图或电离图，如图 4.3 所示。

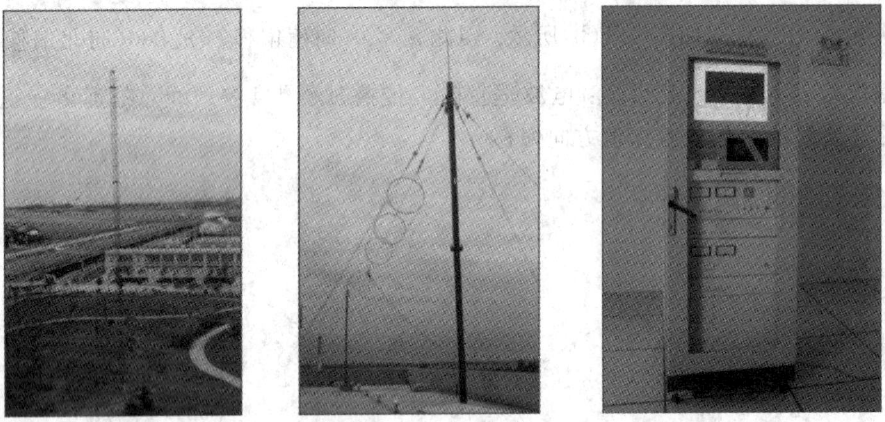

(a) 发射天线　　(b) 接收天线　　(c) 主机柜

图 4.2　电离层垂直探测系统的设备组成

电离图可以非常直观地展示出电离层的分层结构。由图 4.3 可见，白天通常能够观测到 E 层、F1 层、F2 层以及 Es 层回波描迹，夜间只能观测到 F2 层描迹，有时会出现 Es 层描迹。在 F 层可以清晰观测到寻常波(O)和非寻常波(X)两种回波描迹。由电离图可以直接获得各层临界频率、最小虚高等电离层特征参量。其中临界频率是能够在该层最大电子密度处反射的电波信号频率，由式(4-3)和式(4-4)不难证明，当等离子体频率 f_p 远大于磁旋频率 f_H 时，非寻常波(X)临界频率与同一层寻常波(O)临界频率之差约为磁旋频率的一半，即

$$f_X - f_O \approx \frac{1}{2} f_H \tag{4-6}$$

电离图中的回波描迹曲线不同于电子密度随高度的分布曲线，是因为纵坐标虚高并非信号真实反射高度，它表征的是脉冲信号到达反射高度的时间。下面定性地讨论回波描迹曲线的特点。

考虑一单层模型，比如 E 层或 F2 层，设电子密度随高度单调增加，当某特定频率的脉冲信号进入电离层时，其相折射指数随高度上升而减小，群折射指数随高度上升而增加，群速度逐渐下降，直至到达某一高度满足相折射指数 $n=0$，群速度为零，信号便在此高度处反射。此过程如同一沙包的竖直上抛运动过程，沙包以一定初速度向上运动，在重力作用下减速，直至向上的速度减为 0，停止向上运动并返回地面。

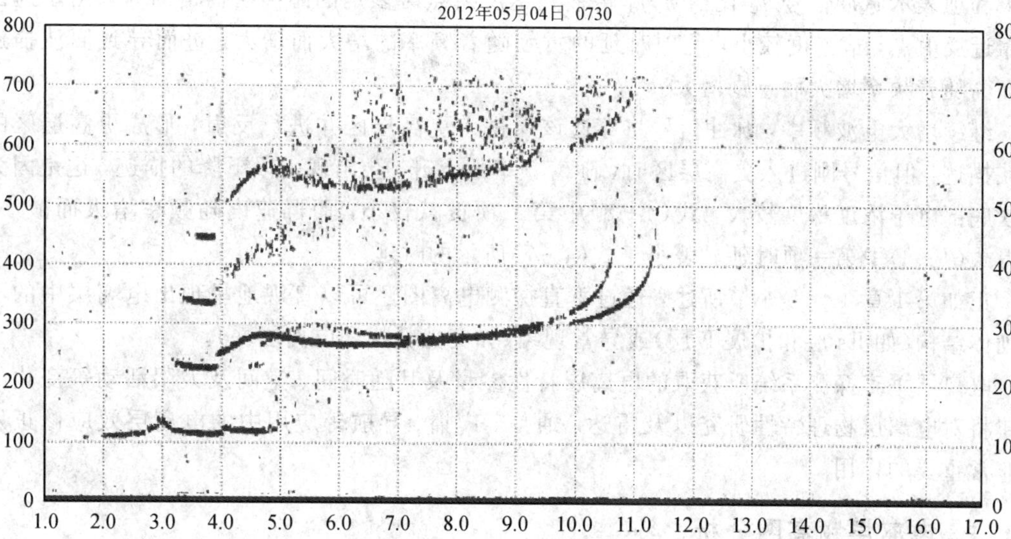

(a) 白天电离图

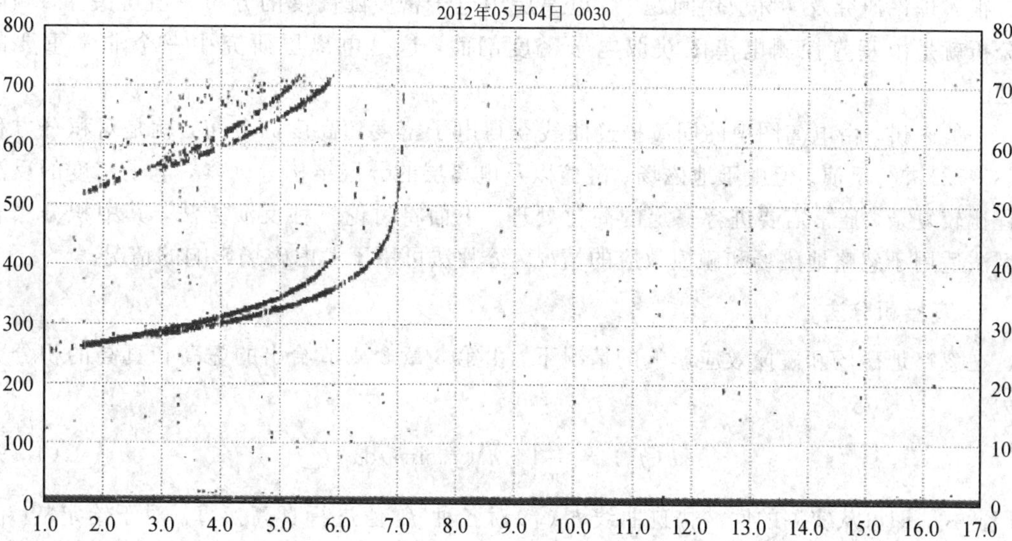

(b) 夜间电离图

图 4.3　电离层垂直探测系统的典型电离图

增大电波的频率，脉冲将在更高位置处反射。为便于比较信号时延或虚高随频率增大的变化趋势，不妨对比分析载频分别为 f_1 和 $f_2(f_2>f_1)$ 的两脉冲信号，信号到达反射点的时延分别表示为

$$t_1=\frac{1}{c}\int_0^{h_1}n'(f_1,\ z)\mathrm{d}z \tag{4-7}$$

$$t_2=\frac{1}{c}\int_0^{h_1}n'(f_2,\ z)\mathrm{d}z+\frac{1}{c}\int_{h_1}^{h_2}n'(f_2,\ z)\mathrm{d}z \tag{4-8}$$

其中 h_1 和 h_2 分别为两信号的反射点高度，由反射条件可知 $h_2>h_1$。因此，式(4-8)中第二

个求和项表示脉冲信号 f_2 比信号 f_1 传播到达反射点时多走的距离所需的时延，由于此区间靠近反射点，群速度较小，此项时延的贡献随着频率的增大而增大，进而导致回波描迹中虚高随着频率增大而急剧增大。

继续增大电波频率，脉冲信号将穿透该层进入更高层区并进行反射，形成更高层区的回波描迹。但信号刚进入更高层区时，随着频率的上升，会出现一段下降的描迹，这是因为层区底部电子浓度梯度较大，式(4-8)中第二项贡献较小，而群速度随频率增大而减小，使得式(4-8)中第一项时延显著小于式(4-7)所示的时延。

正如第1章1.3.5小节所述，通过垂直探测电离图还可以直观地呈现出电离层中的不规则体结构(如Es层和扩展F层)或异常现象(如突然骚扰和电离层暴)。

电离层垂直探测系统所获取的电离层特性参量及其随时间、空间及太阳活动等变化的规律将对电离层物理特性研究以及雷达、通信、广播、导航等应用中的电离层效应修正发挥非常重要的作用。

4.1.3 电离层频高图分析

很多理论研究及实际应用问题中，电离层中电子密度随高度的分布更值得关注，频高图分析就是由垂直探测电离图获取电子密度剖面，这是电离层研究中一个非常重要的课题。

一般来讲，由电离图中的回波描迹曲线获得电子密度随高度的分布，就是对积分方程式(3-72)进行反演。但由于地磁场、碰撞以及电离层的分层结构等因素，电子密度的反演过程比较复杂，通常需要进行一定的简化处理。下面将讨论三种反演方法，其中积分法和模型法适用于忽略地磁场和碰撞效应的情况，分片法可用于考虑磁场影响的情况。

1. 直接积分法

在忽略地磁场和碰撞效应影响的情况下，由第3章3.4节给出的虚高和真高的积分关系为

$$h(f_{\mathrm{p}})=\frac{2}{\pi}\int_{0}^{\pi/2}h'(f_{\mathrm{p}}\sin\alpha)\mathrm{d}\alpha \tag{4-9}$$

利用此式，即可从实测的回波描迹曲线 $h'(f)$ 对各种 f_{p} 值进行真高换算。对于给定的 f_{p}，首先须将虚高与频率函数关系的自变量由 f 替换为 $f_{\mathrm{p}}\sin\alpha$，使之依赖于 α 而不是 f，并用适当积分求得实测频高曲线下的面积。下面通过例题说明一下积分法的应用。

例题　设电离层垂直观测的频高图可用以下解析形式表示为

$$h'(f)=\begin{cases}h_0 & (f\leqslant f_1)\\ h_0+\dfrac{2f}{a}(f^2-f_1^2)^{1/2} & (f>f_1)\end{cases}$$

其中 h_0、a 和 f_1 为常数，请用直接积分法求真高 $h(f_{\mathrm{p}})$。

解　首先将虚高解析式中的自变量 f 替换为 $f_{\mathrm{p}}\sin\alpha$，于是有

$$h'(f_{\mathrm{p}}\sin\alpha)=\begin{cases}h_0 & (f_{\mathrm{p}}\sin\alpha\leqslant f_1)\\ h_0+\dfrac{2f_{\mathrm{p}}\sin\alpha}{a}(f_{\mathrm{p}}^2\sin^2\alpha-f_1^2)^{1/2} & (f_{\mathrm{p}}\sin\alpha>f_1)\end{cases}$$

然后将上式代入积分关系：

$$h(f_p) = \frac{2}{\pi}\int_0^{\pi/2} h'(f_p \sin\alpha)\mathrm{d}\alpha$$

当 $f_p \leqslant f_1$ 时，无论 α 在 $(0, \pi/2)$ 内如何取值，均满足 $f_p \sin\alpha \leqslant f_1$，因此有

$$h(f_p) = \frac{2}{\pi}\int_0^{\pi/2} h_0 \mathrm{d}\alpha = h_0$$

当 $f_p > f_1$ 时，不妨令 $f_p \sin\alpha_1 = f_1$，则

$$\alpha \leqslant \alpha_1 \text{ 时，} f_p \sin\alpha \leqslant f_1$$

$$\alpha > \alpha_1 \text{ 时，} f_p \sin\alpha > f_1$$

因此需要对 α 进行分段积分：

$$h(f_p) = \frac{2}{\pi}\int_0^{\alpha_1} h_0 \mathrm{d}\alpha + \frac{2}{\pi}\int_{\alpha_1}^{\pi/2}\left[h_0 + \frac{2f_p \sin\alpha}{a}(f_p^2 \sin^2\alpha - f_1^2)^{1/2}\right]\mathrm{d}\alpha$$

令 $f_p^2 \sin^2\alpha - f_1^2 = x^2$，进行变量代换，可将上式化简为

$$\begin{aligned} h(f_p) &= h_0 + \frac{2}{\pi}\int_{\alpha_1}^{\pi/2} \frac{2f_p \sin\alpha}{a} \cdot \frac{x^2 \mathrm{d}x}{f_p^2 \sin\alpha\cos\alpha} \\ &= h_0 + \frac{2}{\pi}\int_0^{(f_p^2 - f_1^2)^{1/2}} \frac{2x^2 \mathrm{d}x}{a(f_p^2 - f_1^2 - x^2)^{1/2}} \\ &= h_0 + \frac{f_p^2 - f_1^2}{a} \end{aligned}$$

因此真高表达式为

$$h(f_p) = \begin{cases} h_0 & f_p \leqslant f_1 \\ h_0 + \dfrac{f_p^2 - f_1^2}{a} & f_p > f_1 \end{cases}$$

由于电离层垂直探测系统并不直接输出虚高与频率的数学函数关系，从中获取 $h'(f)$ 的解析表达式也比较复杂，因此凯尔索(Kelso)将这一方法加以发展，并将积分式改写为多项式求和的形式：

$$h(f_p) = \frac{2}{\pi}\sum_i h'(f_p \sin\alpha_i)\Delta\alpha_i \tag{4-10}$$

可以证明，对一定的项数来说，若 α_i 选为 $(0, \pi/2)$ 区间内间隔均匀的点时，式(4-10)所示多项式求和与式(4-9)所示积分理论值最为接近，即有最佳的近似值。此时上式可改写为

$$h(f_p) = \frac{1}{n}\sum_{i=1}^{n} h'(f_i) \tag{4-11}$$

其中 $f_i = f_p \sin\alpha_i$。尽管项数越多，多项式求和的结果就越接近于方程中积分的理论值，但实践证明，选取五项已足够精确，所选项数太多对提高结果精确度的作用并不是很大。常用的有五点法和十点法，比如用五点法，α_i 的取值分别为 9°、27°、45°、63°和 81°，因此系数 f_i/f_p 的取值分别为

$$\frac{f_i}{f_p} = 0.156, 0.454, 0.707, 0.891, 0.988 \tag{4-12}$$

此系数称为凯尔索系数。将其代入求和式(4-11)得真高 $h(f_p)$ 为

$$h(f_p)=\frac{1}{5}[h'(0.156f_p)+h'(0.454f_p)+h'(0.707f_p)+h'(0.891f_p)+h'(0.988f_p)] \tag{4-13}$$

因此对于每一个给定的 f_p 的值，根据式(4-12)确定相应的五个频率值，并在电离图上度量每个频率所对应的虚高值，应用式(4-13)将它们相加再除以 5，即可得到该频率 f_p 所对应的真高。分别取一系列 f_p 的值，重复以上操作，就可以获得一系列 f_p 的值所对应的真高序列，将等离子体频率换算成电子密度，即可得到一系列电子密度与高度的对应关系，即电子密度随高度的分布。

若用十点法，则 α_i 的取值分别为 4.5°、13.5°、22.5°、31.5°、40.5°、49.5°、58.5°、67.5°、76.5°和 85.5°，因此系数 f_i/f_p 的取值分别为 0.078、0.233、0.383、0.522、0.649、0.760、0.853、0.924、0.972 和 0.997。

积分法比较适合用于单层模型，比如夜间电离层。对于白天电离层的多层结构，可以考虑用积分法逐层反演，最后再将各层电子密度随高度的分布合并起来。但应用积分法反演电子密度时，由于频高图上低频端的吸收效应导致某些频率较低的频点对应的虚高无法准确读取，进而产生一定程度的反演误差。若考虑地磁场效应，由于相折射指数和群折射指数变成了相当复杂的函数，此时积分式(4-9)不成立，并且无法进行解析形式的电子密度的反演。

2. 模型法

假设电离层电子密度随高度的分布满足某种特定的模型，利用电离层垂直探测电离图中虚高与频率的关系以及相关数据结果，确定模型中某些关键参量，进而实现电子密度反演，这种反演方法称为模型法。第 1 章 1.3.2 小节中讨论过的几种典型的电离层模型，比如卡普曼模型、抛物模型、线性模型、指数模型、工程实用模型等，都可以用在模型法中进行电子密度反演。这里选择抛物模型。抛物模型或准抛物模型数学形式简单，便于解析分析，在电子密度反演、电波传播理论研究等问题中得以广泛应用。

正如第 1 章 1.3.2 小节对抛物模型的描述，假设电离层电子密度 N_e 随高度 h 的变化呈抛物线形分布，即

$$\frac{N_{em}-N_e}{N_{em}}=\left(\frac{h_m-h}{y_m}\right)^2 \tag{4-14}$$

其中，N_{em} 和 h_m 分别为抛物层的电子密度最大值及电子密度最大值所在的高度，y_m 为抛物层的半厚度，即电离层底高 h_0 到电子密度峰值高度的距离，如图 4.4 所示。其中最大电子密度 N_{em} 可通过电离层垂直探测电离图中寻常波(O)的临界频率 f_0 获取，两者的关系为

$$f_0^2=\frac{N_{em}e^2}{4\pi^2 m_e\varepsilon_0} \tag{4-15}$$

忽略地磁场和碰撞的影响，由电离层虚高表达式(3-72)可得

$$h'(f)=h_0+\int_{h_0}^{h_r}\frac{dh}{\sqrt{1-\dfrac{f_p^2}{f^2}}}$$

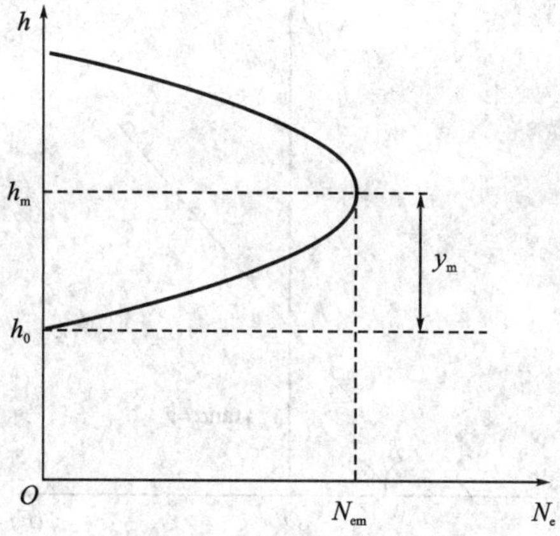

图 4.4　电离层抛物模型

式中 h_0 表示电离层底高，积分上限 h_r 表示频率为 f 的信号在电离层中的反射真高。利用等离子体频率的定义 $f_p^2=\dfrac{N_e e^2}{4\pi^2 m_e \varepsilon_0}$，再将式(4-14)和式(4-15)代入则有

$$h'(f)=h_0+\int_{h_0}^{h_r}\frac{\mathrm{d}h}{\sqrt{1-\left(\dfrac{f_0}{f}\right)^2\left[1-\left(\dfrac{h_m-h}{y_m}\right)^2\right]}}$$

令 $F=\dfrac{f}{f_0}$，上式积分可得

$$h'(f)=h_0+y_m F\ln\frac{h_m-h_r}{y_m(1-F)} \tag{4-16}$$

在反射高度 $h=h_r$ 处，将反射条件 $f=f_p$ 与方程式(4-14)联立可得

$$\frac{h_m-h_r}{y_m}=\left(1-\frac{f^2}{f_0^2}\right)^{1/2}=\sqrt{1-F^2}$$

且有 $h_0=h_m-y_m$，代入式(4-16)即可得

$$h'(f)=h_m+y_m\left(\frac{F}{2}\ln\frac{1+F}{1-F}-1\right)=h_m+y_m\psi(F) \tag{4-17}$$

上式右边括号中关于 F 的表达式用 $\psi(F)$ 来描述，上式则表示一条以 $\psi(F)$ 为变量的直线方程，并且截距为 h_m，斜率为 y_m，如图 4.5 所示。只要利用电离层垂直探测电离图读取某些频点及其对应的虚高，代入式(4-17)即可获得抛物模型中的关键参数——电子密度峰值高度 h_m 和半厚度 y_m。

比如令 $\psi(F)=0$，可解出 $f=0.834f_0$，于是可得

$$h'(f=0.834f_0)=h_m \tag{4-18}$$

式(4-18)表明电离层垂直探测电离图中 $f=0.834f_0$ 所对应虚高就是抛物层电子密度最大值所在的高度 h_m。

再令 $\psi(F)=\pm 1/2$，可求得相应的 F 分别是 0.648 和 0.925。代入式(4-17)中，于是有

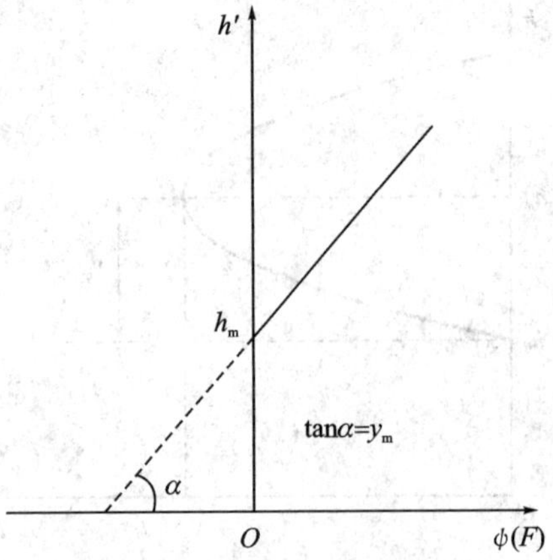

图 4.5　虚高与 $\psi(F)$ 的线性关系

$$h'(f=0.648f_0)=h_m-\frac{1}{2}y_m$$

$$h'(f=0.925f_0)=h_m+\frac{1}{2}y_m$$

两式相减即可得

$$h'(f=0.925f_0)-h'(f=0.648f_0)=y_m \tag{4-19}$$

也就是说，在电离层垂直探测电离图中读取 $f=0.925f_0$ 和 $f=0.648f_0$ 所对应的虚高，两者之差即为抛物层的半厚度 y_m。

当然，理论上 F 的选取是任意的，实际应用时，可根据电离图描迹的清晰度选取两组合适的频点及其虚高，代入式(4-17)，建立方程组并联立求解，即可获得抛物模型中的 h_m 和 y_m。实验发现，式(4-17)所示的线性关系仅在电离层的某层临界频率 f_0 附近成立，越是远离临界频率，与上述直线关系偏离就越大，这说明只有在各层电子密度峰值附近，电子密度随高度的分布才比较接近抛物模型分布。而且抛物模型法仅适用于电离层单层结构，比如夜间电离层。对于白天电离层的多层结构，可以考虑用抛物模型法逐层反演，最后将各层电子密度随高度的分布合并起来。考虑地磁场作用时，应用模型法反演电子密度高度分布比较复杂。

3. 分片法

当考虑地磁场影响时，相折射指数和群折射指数变成一个相当复杂的函数，此时用解析法难以实现电子密度随高度分布的反演。而分片法是一种数值求解方法，适用于考虑地磁场效应的情况。

假设电离层为单层结构，电子密度 N_e 随高度增加单调增加，因此等离子体频率 f_p 也随高度增加单调增加，如图 4.6 所示，其中下方图描述的是 $h(f_p)$ 曲线，上方图为频高图描迹曲线，即 $h'(f)$ 曲线，并且上方图中的频率 f 和下方图中的等离子体频率 f_p 是一一对应的。由寻常波(O)反射条件 $f_p=f$ 可知，图 4.6 所描述的是某个频率电波垂直进入电离层后的真实反射高度和其虚高的对应关系。

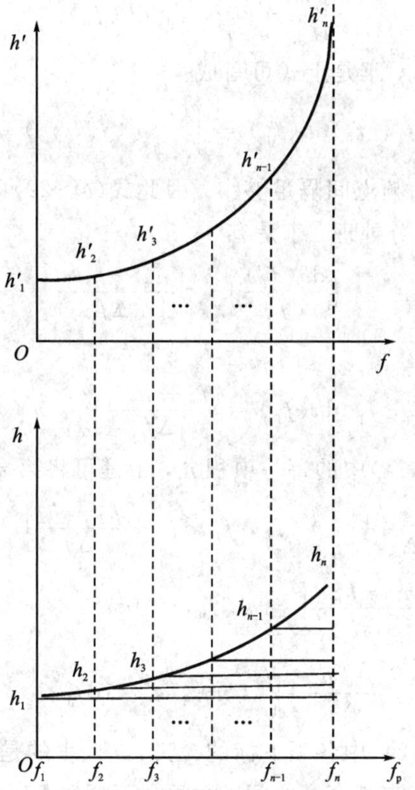

图 4.6　真高 h、虚高 h'及频率 f 的对应关系

现将两图中横坐标的频率划分成很多个频点 f_1、f_2、f_3、…、f_n，频点间隔不必相等，每个频点有对应的真高 h_1、h_2、h_3、…、h_n，以及对应的虚高 h'_1、h'_2、h'_3、…、h'_n。因此第 i 个频点 f_i 的真高 h_i 和虚高 h'_i 的关系可以表示为

$$h'_i = \int_0^{h_i} n'(f_i,\ f_p)\mathrm{d}h(f_p) \tag{4-20}$$

将式(4-20)中积分范围 $0 \sim h_i$ 按照每个频点对应的真高分割成 i 段，于是式(4-20)的积分则改写成包含 i 项的分段积分。将式(4-20)应用于每个频点及其虚高，于是有

$$\begin{cases} h'_1 = \int_0^{h_1} n'(f_1,\ f_p)\mathrm{d}h(f_p) \\ h'_2 = \int_0^{h_1} n'(f_2,\ f_p)\mathrm{d}h(f_p) + \int_{h_1}^{h_2} n'(f_2,\ f_p)\mathrm{d}h(f_p) \\ \qquad \vdots \\ h'_n = \int_0^{h_1} n'(f_n,\ f_p)\mathrm{d}h(f_p) + \int_{h_1}^{h_2} n'(f_n,\ f_p)\mathrm{d}h(f_p) \\ \qquad + \cdots + \int_{h_{n-1}}^{h_n} n'(f_n,\ f_p)\mathrm{d}h(f_p) \end{cases} \tag{4-21}$$

如果设最小频率为零，即 $f_1=0$，其反射真高 h_1 即为电离层底高。因此上面每个虚高表达式中的第一项积分均为 h_1。现在讨论式(4-21)中的第 m 项积分式：

$$\int_{h_{m-1}}^{h_m} n'(f_n,\ f_p)\mathrm{d}h(f_p)$$

将积分变量 $h(f_p)$ 改变为 f_p，于是上式可写成

$$\int_{h_{m-1}}^{h_m} n'(f_n,\ f_p)\mathrm{d}h(f_p) = \int_{f_{m-1}}^{f_m} n'(f_n,\ f_p)\frac{\mathrm{d}h(f_p)}{\mathrm{d}f_p}\mathrm{d}f_p \tag{4-22}$$

假设图 4.6 中所划分的频点间隔足够小，因此式(4-22)中的微分项 $\mathrm{d}h(f_p)/\mathrm{d}f_p$ 可视为常量，其微分运算可作差分处理，于是有

$$\left(\frac{\mathrm{d}h(f_p)}{\mathrm{d}f_p}\right)_m = \frac{h_m - h_{m-1}}{\Delta f} \tag{4-23}$$

代入方程(4-22)可得

$$\int_{h_{m-1}}^{h_m} n'(f_n,\ f_p)\mathrm{d}h(f_p) = \frac{h_m - h_{m-1}}{\Delta f}\int_{f_{m-1}}^{f_m} n'(f_n,\ f_p)\mathrm{d}f_p$$

将这一结果应用于方程(4-21)中的每一项积分，于是可将第 n 个虚高表示为

$$\begin{aligned} h'_n &= h_1 + \frac{h_2 - h_1}{\Delta f}\int_{f_1}^{f_2} n'(f_n,\ f_p)\mathrm{d}f_p + \frac{h_3 - h_2}{\Delta f}\int_{f_2}^{f_3} n'(f_n,\ f_p)\mathrm{d}f_p \\ &\quad + \cdots + \frac{h_n - h_{n-1}}{\Delta f}\int_{f_{n-1}}^{f_n} n'(f_n,\ f_p)\mathrm{d}f_p \\ &= h_1 + \sum_{m=2}^{n}\frac{h_m - h_{m-1}}{\Delta f}\int_{f_{m-1}}^{f_m} n'(f_n,\ f_p)\mathrm{d}f_p \end{aligned} \tag{4-24}$$

这里需强调一下式(4-24)中各项下标的含义：n 代表的是频点，比如式(4-24)描述的是第 n 个频点所对应的虚高与其真高之间的关系；下标 m 表示积分范围或积分段，比如式(4-24)中第 m 项表示在第 m 个高度段或频率段上的积分。

比较一下式(4-21)和式(4-24)，不难发现两者的本质区别在于将原本沿高度上的积分转换成了对等离子体频率的积分。群折射指数依赖于电子密度，而电子密度依赖于高度，且电子密度与高度的依赖关系随时间变化。因此式(4-21)的每一项积分式都很复杂且随时间变化，而式(4-24)的每一项积分式只对等离子体频率积分，与电子密度的具体分布形式无关，且不随时间变化，便于计算和应用。

引入矩阵元素符号 M_{nm}：

当 $m=1$ 时，$M_{n1}=1$；

当 $m>n$ 时，$M_{nm}=0$；

当 $m\leqslant n$，但 $m\neq 1$ 时，$M_{nm}=\dfrac{1}{\Delta f}\int_{f_{m-1}}^{f_m} n'(f_n,\ f_p)\mathrm{d}f_p$ (4-25)

于是对照方程组(4-21)，可将各频率对应的虚高表示为

$$\begin{cases} h'_1 = M_{11}h_1 \\ h'_2 = M_{21}h_1 + M_{22}(h_2 - h_1) \\ h'_3 = M_{31}h_1 + M_{32}(h_2 - h_1) + M_{33}(h_3 - h_2) \\ \quad\vdots \\ h'_n = M_{n1}h_1 + M_{n2}(h_2 - h_1) + \cdots + M_{nn}(h_n - h_{n-1}) \end{cases} \tag{4-26}$$

很显然这是关于各频点对应的真高和虚高的线性方程组。将其写成矩阵形式可得

$$\begin{pmatrix} h'_1 \\ h'_2 \\ h'_3 \\ \vdots \\ h'_n \end{pmatrix} = \begin{pmatrix} M_{11} & 0 & 0 & \cdots & 0 \\ (M_{21}-M_{22}) & M_{22} & 0 & \cdots & 0 \\ (M_{31}-M_{32}) & (M_{32}-M_{33}) & M_{33} & \cdots & 0 \\ \vdots & \vdots & \vdots & & \vdots \\ (M_{n1}-M_{n2}) & (M_{n2}-M_{n3}) & \cdots & \cdots & M_{nn} \end{pmatrix} \cdot \begin{pmatrix} h_1 \\ h_2 \\ h_3 \\ \vdots \\ h_n \end{pmatrix}$$

反演这组方程，即可通过系数矩阵和虚高序列获得真高：

$$\begin{pmatrix} h_1 \\ h_2 \\ h_3 \\ \vdots \\ h_n \end{pmatrix} = \begin{pmatrix} M_{11} & 0 & 0 & \cdots & 0 \\ (M_{21}-M_{22}) & M_{22} & 0 & \cdots & 0 \\ (M_{31}-M_{32}) & (M_{32}-M_{33}) & M_{33} & \cdots & 0 \\ \vdots & \vdots & \vdots & & \vdots \\ (M_{n1}-M_{n2}) & (M_{n2}-M_{n3}) & \cdots & \cdots & M_{nn} \end{pmatrix}^{-1} \cdot \begin{pmatrix} h'_1 \\ h'_2 \\ h'_3 \\ \vdots \\ h'_n \end{pmatrix} \tag{4-27}$$

因此，首先划分频点，并根据积分式(4-25)计算矩阵元素 M_{nn}，利用已有的频高图描迹曲线读取虚高序列，即可通过方程式(4-27)的矩阵运算获得每个频点对应的真高，进而实现电子密度随高度分布的反演。

由于矩阵元素 M_{nn} 依赖于地磁场强度和地磁倾角，与电子密度分布无关，因此对某一特定地区，只需针对寻常波(O)和非寻常波(X)各计算一次即可。显然，这种计算只能借助于计算机来完成，目前已经建立了这样的系统，它不仅能在实验中测得 $h'-f$ 曲线，而且能够实时应用 $h'-f$ 曲线反演电子密度剖面。

4.1.4 顶部探测

由于地面发射的无线电脉冲只能在电离层电子密度峰值高度以下的区域反射，而无法进入上电离层区域，或者穿透整个电离层，因此地面的电离层垂直探测系统无法获取关于上电离层电子密度的信息。20世纪60年代以来，科学家借助于卫星、火箭等空间平台，进行了一系列针对上电离层高度区域的顶部探测，成功获取了上电离层电子密度的相关信息。顶部探测实质上是一个搭载于火箭或卫星等空间平台上的小型的"测高仪"，其探测原理与传统的地面上的电离层垂直探测基本相同。以卫星顶部探测系统为例，由卫星所在高度处垂直向下发射脉冲信号，经电离层反射后向上返回卫星并被接收，测量脉冲信号的时延并换算成相对于卫星所在处向下的"等效高度"，最终形成顶部探测电离图。

相对于传统的地面垂直探测系统，顶部探测的优点主要体现在以下几点：

(1) 能探测F层峰值高度以上的上电离层信息，而地面垂直探测系统做不到；

(2) 可给出沿探测器路径上间隔很近各点的电离图，在相对短的时间间隔内能探测较大区域的电离层；

(3) 设备性能的一致性好，所以电离图的变化是由电离层引起的，而不是设备差异造成的；

(4) 信号不会遭到D区的吸收，因此在电离层骚扰期，顶部探测不受影响；

(5) 由于探测仪位于等离子体内部，可以很方便地测出等离子体的谐振频率。

图4.7对比给出了顶部探测与常规地面探测电离图。由图可见，顶部探测电离图中主

要有三种回波描迹，分别为寻常波(O)、非寻常波(X)和 Z 波。由于卫星所在高度位于电离层内部，各种波模式(简称波模)在电离层中向下传播时存在最低截止频率 f_{Os}、f_{Xs} 和 f_{Zs}，即无线电脉冲信号在卫星所在高度处反射(零虚高)的频率，由各波模在电离层中的反射条件即可得出各波模最低截止频率与卫星所在高度处等离子体频率的关系：

寻常波 (O) $f_{Os}=f_p$ (4-28)

非寻常波 (X) $f_{Xs}=\sqrt{f_p^2+\frac{1}{4}f_H^2}+\frac{1}{2}f_H$ (4-29)

Z 波 $f_{Zs}=\sqrt{f_p^2+\frac{1}{4}f_H^2}-\frac{1}{2}f_H$ (4-30)

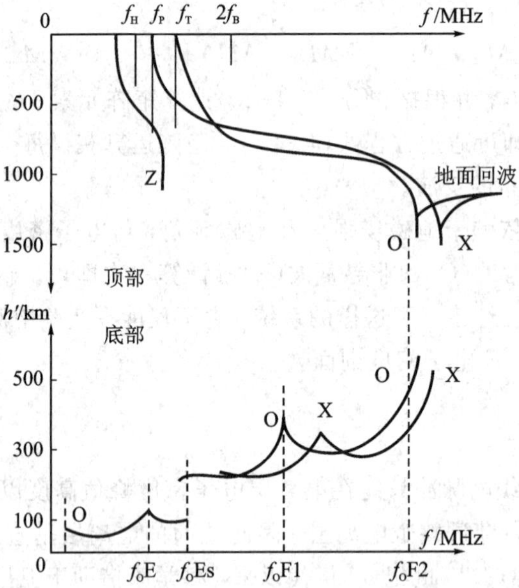

图 4.7　顶部探测与常规地面探测电离图比较

随着频率的增加，电波将穿至卫星之下越来越深处，直到反射为止。寻常波(O)和非寻常波(X)能从 F 层反射回来的最大频率是临界频率 f_OF2 和 f_XF2，超过它们，电波将从上部穿透整个电离层传到地面，并由地面反射回到卫星，形成“地面回波”。Z 波的最高截止频率由 Z 波模在电离层中的共振条件确定，Z 波一般不会穿透 F2 层传播。

顶部探测电离图中还可观测到一些“尖峰”状的回波描迹，这是由于脉冲信号载频恰好等于电离层某些特征频率而产生的局部谐振现象。典型谐振现象的特征频率包括：电子的等离子体频率 f_{pe}、电子的磁旋频率 f_{He} 及其倍频 nf_{He}、上混合谐振频率：$f_T=\sqrt{f_{pe}^2+f_{He}^2}$。

顶部探测的原理与地面垂直探测的原理相同，因此利用顶部探测电离图反演上电离层电子密度随高度分布的方法实质上与上节讨论的方法基本相同。一般来说，顶部探测中非寻常波(X)的回波描迹比寻常波(O)更完整。因此常用非寻常波(X)回波描迹反演上电离层的电子密度剖面 $N_e(h)$。由于卫星与电子密度峰值之间的高度范围大，因此在反演计算中需考虑地磁场及磁旋频率 f_H 随高度的变化。如图 4.8 所示为分别用百灵鸟-2 卫星顶部探测电离图和用非相干散射雷达数据反演得到的上电离层电子密度剖面的对比。其中圆点表示卫星顶部探测电离图反演结果，实线表示非相干散射雷达数据反演结果，由图可见，两反演结果一致性较好。

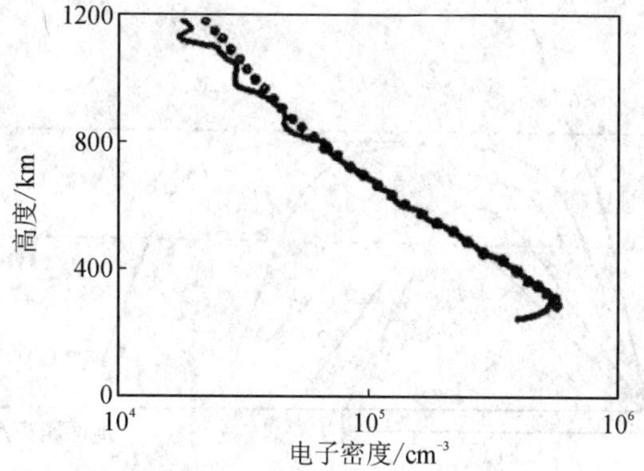

图 4.8　上电离层电子密度剖面反演结果对比

4.2　电波斜向传播

电波斜向传播是指无线电波以某一角度斜向入射到电离层，经电离层折射和反射后回到地面接收点的传播方式。与垂直传播不同的是，电波经斜向传播后在地面会形成一定的地面传输距离。短波天波通信就是靠斜向传播模式实现的，因此斜向传播对于无线电通信有十分重要的意义。另一方面，由于电波斜向传播时在电离层中的反射点位于地面发射站与接收站之间的上空，因此在现有的地面垂直探测站的基础上，电波斜向传播对于增加电离层监测点及组建电离层监测网有着特殊的优越性。本节将讨论电波斜向传播的基本特性和规律。

4.2.1　跳距和最大可用频率

对于特定频率的无线电波，当其斜入射到电离层，经过电离层的折射和反射回到地面接收点时，存在一个最小的地面传输距离，这个最小的地面传输距离称为该频率的跳距。也就是说，无线电波以该频率斜向传播时，只能传播到比跳距更远的区域，而在比跳距更近的区域内无法接收以该频率发射的天波传播信号。

如图 4.9 所示，位于坐标原点处的发射机以固定频率($f>f_0$，f_0 为电离层临界频率)沿不同方向发射无线电波，射线路径 1～6 分别描述了电波发射仰角逐渐增大时射线路径及地面传输距离的变化情况。由图可见，仰角较小时，地面传输距离很大(如射线路径 1 所示)，随着仰角的逐渐增大，地面传输距离随之减小(如射线路径 2 所示)，直到地面传输距离达到最小值，该地面距离便是跳距(如射线路径 3 所示)。若再增大仰角则地面传输距离随之增大(如射线路径 4 和 5 所示)，此时射线通常会在电离层电子密度峰值高度附近爬行较远距离。仰角继续增大，电波穿透该层在更高的层中反射或穿过整个电离层(如射线路径 6 所示)。对于远离发射点的地面接收机，通常可以接收到高波和低波两种不同路径的信号，图 4.9 中射线路径1～3 为低波(又称为低角波或低角射线)，射线路径 4 和 5 为高波(又称为高角波或高角射线)。

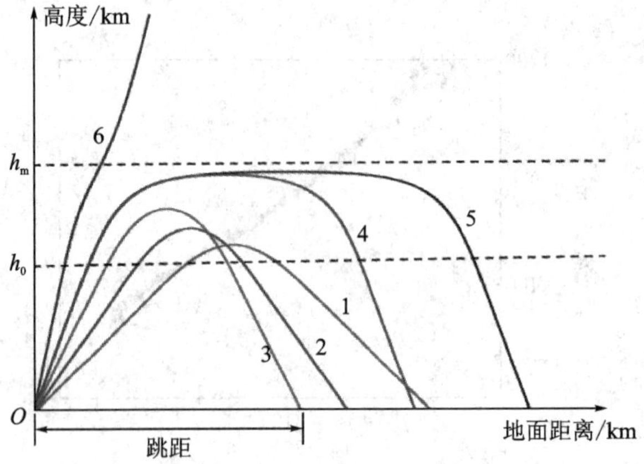

图 4.9　固定频率不同仰角的电波的射线路径示意图($f>f_0$)

必须指出，并不是以任何频率进行斜向传输时都存在跳距。如图 4.10 所示，若斜入射电波频率小于或等于电离层临界频率，当入射角为零时，射线垂直传播并返回发射端，地面传输距离为零(如射线路径 1 所示)；随着入射角逐渐增大，射线逐渐倾斜，地面传输距离随之增大(如射线路径 2～5 所示)。理论上只要选取合适的入射角，射线就可以传输至地面上的任何距离处(忽略地球曲率)，因此以该频率斜向传输时无跳距或跳距为零。

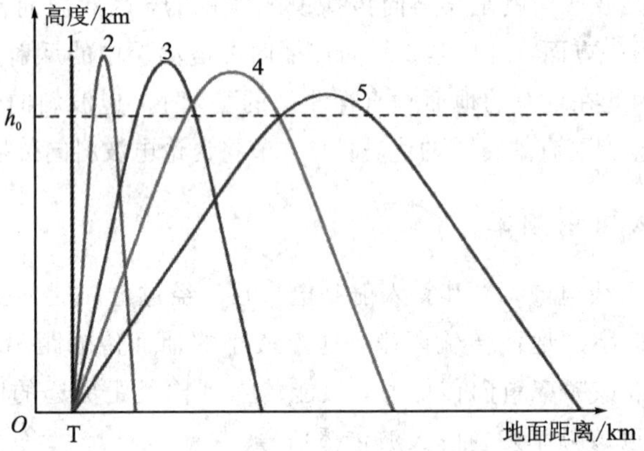

图 4.10　固定频率不同仰角的电波的射线路径示意图($f\leqslant f_0$)

对于特定的通信链路，当利用电离层反射来实现两地间的通信时，存在一个可用频段，频段下限一般由 D 区吸收、噪声电平和广播电台的干扰等因素决定，而可用频段的上限，称为该通信链路上的最大可用频率(Maximum Usable Frequency，MUF)。当电波频率超过某链路的 MUF 时，经过电离层反射的无线电波(天波)只能达到更远的地方，无法实现该链路上的有效通信。

跳距和最大可用频率是天波通信系统非常重要的两个物理量。可以证明，如果某距离 D 是以某频率 f 进行天波传播的跳距，则该频率 f 就是在该距离 D 上实现天波通信的最大可用频率。实际应用中，天波通信系统的最佳工作频率通常取最大可用频率的 85%左右。本章 4.2.4 小节将以抛物层为例详细讨论斜向传播的跳距和最大可用频率等相关问题。

4.2.2　斜向传播和垂直传播的等效关系

由于电波在电离层中斜向传播时的传输特性与反射区附近的电离层形态紧密相关，而电离层垂直探测系统是获得电离层形态信息的最常规而且有效的途径。因此必须首先建立斜向传播和垂直传播之间的有效关联，才能进一步利用电离层垂直探测数据研究电波斜向传播的基本特性和规律。

忽略地磁场和碰撞效应，假设电离层是各向同性水平分层的介质，以入射角 θ_0 斜向传播和垂直传播的无线电波在相同的电离层高度上反射，两种传播模式某些特性之间的关联可以通过以下三个定理来表述。

1. 正割定理

假设垂直入射的电波频率为 f_v，以入射角 θ_0 斜向入射的电波频率为 f_{ob}。忽略地磁场和碰撞效应时，电离层折射指数为 $n^2=1-(f_p/f)^2$，由折射定律可得垂直传播和斜向传播的反射条件分别为

$$n_v^2 = 1 - \frac{f_p^2}{f_v^2} = 0 \tag{4-31}$$

$$n_{ob}^2 = 1 - \frac{f_p^2}{f_{ob}^2} = \sin^2\theta_0 \tag{4-32}$$

由于两种传播模式的无线电波在同一高度处反射，因此反射点的等离子体频率相同，以上两式联立可得：

$$f_{ob} = f_v \sec\theta_0 \tag{4-33}$$

式(4-33)称作正割定理。正割定理表明，在同一高度处反射的斜向传播电波频率总是高于垂直传播电波频率，并且是垂直传播电波频率的 $\sec\theta_0$ 倍。因此，当垂直入射电波频率一定时，斜向传播电波频率随入射角的增大而增大。当斜向传播入射角一定时，垂直传播电波频率越高，斜向传播电波频率也就越高，当垂直传播电波频率达到该层临界频率时，斜向传播电波频率也将达到以该角度入射并在同一层反射的最高频率。

2. 等效路径定理

如图 4.11 所示，电波由地面发射端 T 经电离层反射后到达地面接收点 R，射线路径 TABCR 是电波斜向传播的实际路径，其中 A、C 分别为电离层射入点和射出点，B 为反射点。延长 TA 和 RC 交于 B′点，定义射线路径 TAB′CR 为电波等效路径。

等效路径定理描述为：射线沿路径 TABCR 的群路径长度等于等效路径 TAB′CR 的长度，或无线电波沿实际路径 TABCR 传播的传播时间与在自由空间中沿等效路径 TAB′CR 传播的传播时间相等。等效路径定理也称作布雷特-图夫(Breit-Tuve)定理。

忽略地磁场和碰撞效应时，电离层群折射指数为

$$n' = \left(1 - \frac{f_p^2}{f^2}\right)^{-1/2} = \frac{1}{n} \tag{4-34}$$

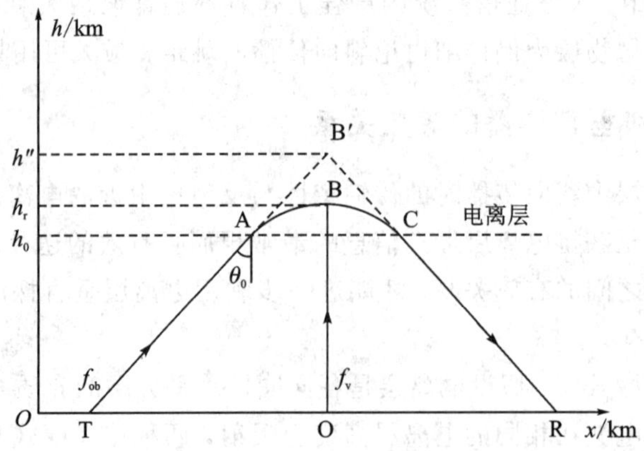

图 4.11　斜向传播和垂直传播的等效关系示意图

由第 3 章射线理论可知，电波沿 TABCR 路径传播的时间为

$$t=\frac{1}{c}\int_{\mathrm{TABCR}} n'_{\mathrm{ob}}\,\mathrm{d}s=\frac{1}{c}\int_{\mathrm{TABCR}}\frac{\mathrm{d}s}{n_{\mathrm{ob}}} \tag{4-35}$$

式中 ds 为射线路径上的某一线元。由 ds 与其在 x 轴的投影 dx 的几何关系可得

$$\mathrm{d}s=\frac{\mathrm{d}x}{\sin\theta} \tag{4-36}$$

其中 θ 为线元与 h 方向的夹角，即射线折射角，代入式(4－35)，并利用折射定律可得

$$t=\frac{1}{c}\int_{\mathrm{TABCR}}\frac{\mathrm{d}x}{n_{\mathrm{ob}}\sin\theta}=\frac{1}{c\sin\theta_0}\int_{\mathrm{T}}^{\mathrm{R}}\mathrm{d}x \tag{4-37}$$

设发射端 T 与接收端 R 的地面距离为 D，因此有

$$t=\frac{1}{c\sin\theta_0}\int_{\mathrm{T}}^{\mathrm{R}}\mathrm{d}x=\frac{D}{c\sin\theta_0}=\frac{1}{c}(\overline{\mathrm{TB}'}+\overline{\mathrm{B}'\mathrm{R}}) \tag{4-38}$$

等效路径定理表明，处理电离层斜向传播问题时，可以用等效路径 TAB′CR 来描述射线传播过程，因此只要知道收发两地间的地面距离和入射角，就可以利用等腰三角形的几何关系来确定群路径。

3. 等效虚高定理

如图 4.11 所示，垂直传播和斜向传播的真实反射高度都是 B 点，B′点是斜向传播等效路径的反射点，即斜向传播的反射虚高，设其高度值为 h''。等效虚高定理描述为：斜向传播的反射虚高 h''与垂直入射波的反射虚高 h' 相等。等效虚高定理也称作马丁(Martyn)定理。

由等效路径定理，斜向传播的群路径为等腰三角形两条斜边的长度，即

$$P'=\overline{\mathrm{TB}'}+\overline{\mathrm{B}'\mathrm{R}} \tag{4-39}$$

利用几何关系，斜向传播反射虚高 h''与群路径 P'的关系可表示为

$$h''=\overline{\mathrm{OB}'}=\frac{1}{2}P'\cos\theta_0 \tag{4-40}$$

其中 θ_0 为电波斜向进入电离层的入射角。

忽略地磁场和碰撞效应，电离层群折射指数如式(4－34)所示，由群路径定义可得

$$P' = \int_{\mathrm{TABCR}} n'_{\mathrm{ob}} \mathrm{d}s = \int_{\mathrm{TABCR}} \frac{\mathrm{d}s}{n_{\mathrm{ob}}} = 2\left(\int_{\mathrm{A}}^{\mathrm{B}} \frac{\mathrm{d}s}{n_{\mathrm{ob}}} + \overline{\mathrm{TA}}\right) \tag{4-41}$$

设电波垂直传播的频率为 f_{v}，折射指数为 n_{v}，于是有

$$n_{\mathrm{v}}^2 = 1 - \frac{f_{\mathrm{p}}^2}{f_{\mathrm{v}}^2} \qquad n_{\mathrm{ob}}^2 = 1 - \frac{f_{\mathrm{p}}^2}{f_{\mathrm{ob}}^2} \tag{4-42}$$

两式联立，并利用正割定理 $f_{\mathrm{ob}} = f_{\mathrm{v}} \sec\theta_0$，可得

$$1 - n_{\mathrm{ob}}^2 = (1 - n_{\mathrm{v}}^2) \cos^2\theta_0 \tag{4-43}$$

利用折射定律 $n_{\mathrm{ob}} \sin\theta = \sin\theta_0$，有

$$n_{\mathrm{ob}} \cos\theta = n_{\mathrm{v}} \cos\theta_0 \tag{4-44}$$

将此式代入式(4－41)可得

$$P' = 2\left(\int_{\mathrm{A}}^{\mathrm{B}} \frac{\cos\theta \mathrm{d}s}{n_{\mathrm{v}} \cos\theta_0} + \overline{\mathrm{TA}}\right) = 2\left(\frac{1}{\cos\theta_0} \int_{h_0}^{h_{\mathrm{r}}} \frac{\mathrm{d}h}{n_{\mathrm{v}}} + \overline{\mathrm{TA}}\right) \tag{4-45}$$

由此可得斜向入射波的反射虚高 h'' 为

$$h'' = \overline{\mathrm{OB}'} = \frac{1}{2} P' \cos\theta_0 = \int_{h_0}^{h_{\mathrm{r}}} \frac{\mathrm{d}h}{n_{\mathrm{v}}} + \overline{\mathrm{TA}} \cos\theta_0 \tag{4-46}$$

由垂直传播反射虚高定义有

$$h' = h_0 + \int_{h_0}^{h_{\mathrm{r}}} n'_{\mathrm{v}} \mathrm{d}h = \overline{\mathrm{TA}} \cos\theta_0 + \int_{h_0}^{h_{\mathrm{r}}} \frac{\mathrm{d}h}{n_{\mathrm{v}}} \tag{4-47}$$

因此有

$$h'' = \overline{\mathrm{OB}'} = h' \tag{4-48}$$

电波垂直传播的反射虚高是电离层垂直探测系统的直接测量数据，利用等效虚高定理，可以更直接、更便捷地将垂直探测数据应用于电波斜向传播问题中。

4.2.3　电波斜向传播的传输曲线

根据上节所描述的垂直传播和斜向传播的三个等效定理，可以利用电离层垂直探测电离图的相关信息来研究电波在电离层的斜向传播特性。对于某一给定通信链路，电波斜向传播的频率特性可利用传输曲线来确定。

假设电离层为水平分层的单层模式，电离层基本状态可由垂直探测电离图中虚高 h' 和垂直电波频率 f_{v} 的关系来描述，设

$$h' = F(f_{\mathrm{v}}) \tag{4-49}$$

其中的函数 F 是电离层垂直探测系统的实际探测结果，通常以解析或图解形式给出。

对于图 4.11 所示的斜向传播模式，由几何关系及等效虚高定理(4－48)可得

$$\tan\theta_0 = \frac{D}{2h'} \tag{4-50}$$

其中 D 为电波斜向传播时的地面传输距离。因此有

$$\sec^2\theta_0 = 1 + \tan^2\theta_0 = 1 + \frac{D^2}{4h'^2} \tag{4-51}$$

利用正割定理 $f_{ob}=f_v\sec\theta_0$，将上式变为

$$1+\frac{D^2}{4h'^2}=\left(\frac{f_{ob}}{f_v}\right)^2 \tag{4-52}$$

由此可得出虚高 h' 与地面传播距离 D 及频率 f_{ob} 和 f_v 的另一关系式：

$$h'=\frac{D}{2\sqrt{\left(\frac{f_{ob}}{f_v}\right)^2-1}}=G(D,\ f_{ob},\ f_v) \tag{4-53}$$

其中的函数 G 是三个等效定理和几何关系的直接结果，若给定 D 和 f_{ob}，此函数则表示虚高与垂直频率 f_v 的关系，并可解析地加以计算。

比较一下表示虚高的两个方程式(4-49)和式(4-53)，前者是垂直探测电离图实际测得的关系，后者则是基于斜向传播等效定律得出的几何关系。对于给定的 f_{ob} 和 D，意味着以特定的频率在特定的距离上实施天波电波通信，联立上述两个方程，对 h' 和 f_v 求解，就可以进一步确定斜向传播的其他特性参量，比如入射角 θ_0、群路径 P'，于是以特定频率在特定距离上的斜向传播模式就完全确定了。

但由于 $h'=F(f_v)$ 通常不能以解析形式获取，而是以电离图上的回波描迹曲线的形式给出，因而可用图解法来求两个方程的解。任意给定一组 D 和 f_{ob} 的值，利用方程式(4-53)可得一条关于 h'-f_v 的函数曲线，逐渐改变 D 和 f_{ob} 的值，可得一族曲线，每一条曲线对应一组确定的地面传输距离 D 和斜向传播频率 f_{ob}。这族曲线称为传输曲线。以垂直探测电离图为背景，将传输曲线以同等坐标尺度重叠放置于电离图的回波描迹曲线上，两曲线的交点即为方程组关于 h' 和 f_v 的解。

如图 4.12 所示，令 $D=800$ km，斜向传播电波频率取 8.5～12 MHz，得到一族传输曲线，将其叠放于电离层垂直探测电离图中，与回波描迹曲线相交。由图中不难看出，随着频率的增大，传输曲线逐渐向右移动。传输曲线与回波描迹曲线的关系通常包括三种情况，分别对应斜向传播的三种传输模式，如图 4.13 所示。

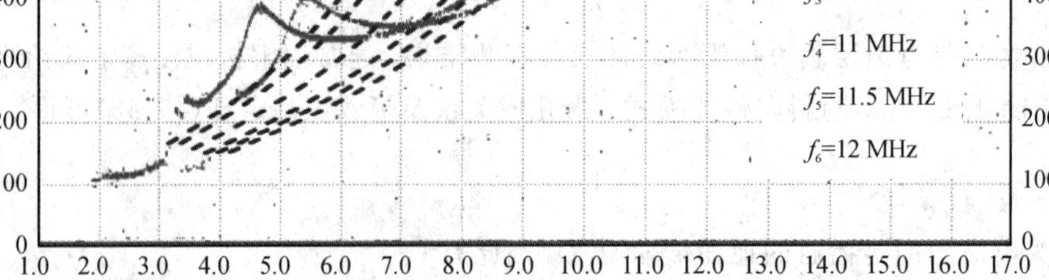

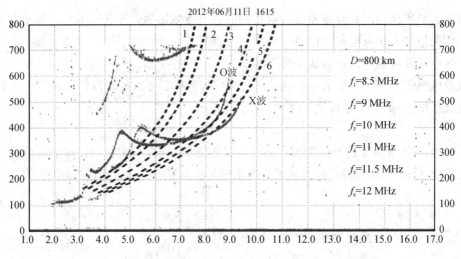

图 4.12　斜向传播的传输曲线与电离图回波描迹曲线

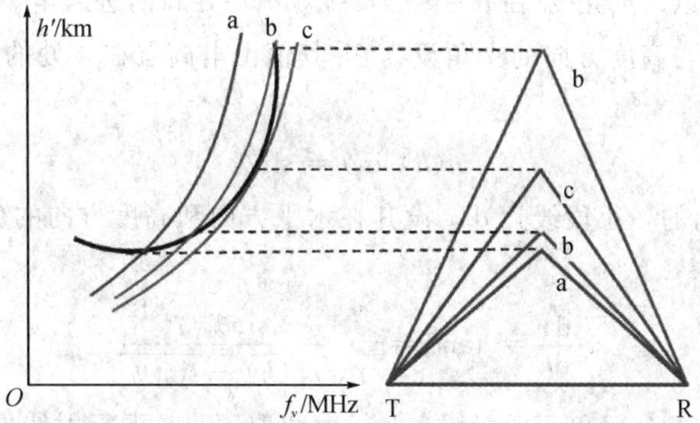

图 4.13 斜向传播的传输曲线与电波传播模式

当斜向传播频率较低，且低于该层临界频率时，传输曲线与回波描迹曲线只有一个交点(如图 4.13 中传输曲线 a 所示)，说明此时若在此距离 D 上以此频率进行天波传播，有且只有一条可行的路径。两曲线交点位置比较低，说明射线在电离层的等效反射点比较低，射线仰角比较小，属于低角射线。

当频率逐渐增大且高于该层临界频率时，传输曲线与回波描迹曲线形成两个交点(如图 4.13 中传输曲线 b 所示)，说明此时有两条可行的路径能够实现以此频率在此距离上的天波传播。两条射线路径中反射点较高的，射线仰角较大，为高角射线；反射点较低的，射线仰角较小，为低角射线。

继续增加斜向传播的电波频率，当其达到某一数值时，传输曲线恰好与电离图中回波描迹曲线相切(如图 4.13 中传输曲线 c 所示)，说明此时若以此频率在此距离上斜向传输也只有一条可行的路径。若再增加频率，传输曲线继续向右移动，则两曲线不再相交，表示没有可行路径实现两地间的有效传输。因此两曲线相切时的斜向传播电波频率是在此距离上实现有效天波通信的最大可用频率。

对于特定的天波通信链路，可以通过传输曲线来确定该链路的最大可用频率。比如电离层垂直探测系统的 M(3000)因子就是用传输曲线与回波描迹相切的方式来确定当地面传输距离为 3000 km 时斜向传输的最大可用频率。实际中选择天波通信工作频率时，通常使其接近但稍低于该链路的最大可用频率，并以低仰角波进行有效通信。

4.2.4 平面抛物层中的斜传播

尽管抛物模型仅在电子密度峰值附近比较接近实际电离层的电子密度分布，但由于其数学模型简单，便于解析运算，因此常被用于电离层电波传播的理论分析或解析求解过程。下面就以平面抛物模型为例来讨论电波在电离层中的斜向传播的射线轨迹方程、地面传输距离、最大可用频率、群路径等传播特性和规律。

1. 射线轨迹方程

对于忽略地磁场和碰撞效应的水平分层的电离层，若以电波的地面发射点为坐标轴中

x 轴的原点，则电波以入射角 θ_0 在 $h=h_0$、$x=h_0\tan\theta_0$ 处斜向进入电离层。射线上任意一点 $Q(x, h)$ 的切线方向与高度方向的夹角设为 θ，其值由电离层在该处的折射指数以及折射定律来确定：

$$n(h)\sin\theta = \sin\theta_0$$

对于沿射线方向的一小段线元 $\mathrm{d}s$，设其在水平方向和高度方向的分量分别为 $\mathrm{d}x$ 和 $\mathrm{d}h$，于是有

$$\frac{\mathrm{d}x}{\mathrm{d}h} = \tan\theta = \pm \frac{\sin\theta_0}{\sqrt{n^2(h) - \sin^2\theta_0}} \tag{4-54}$$

式中，$\pm$ 号分别对应于上行和下行射线，上行射线取正号，下行射线取负号。对式(4-54)积分即可得射线在二维平面的轨迹方程。如上行射线轨迹方程为

$$x = h_0\tan\theta_0 + \int_{h_0}^{h} \frac{\sin\theta_0\,\mathrm{d}h}{\sqrt{n^2(h) - \sin^2\theta_0}} \tag{4-55}$$

下行射线轨迹方程为

$$x = x_r + \int_{h}^{h_r} \frac{\sin\theta_0\,\mathrm{d}h}{\sqrt{n^2(h) - \sin^2\theta_0}} \tag{4-56}$$

式中，h_r 为射线在电离层的反射点高度(真高)，x_r 为电波反射点所对应的地面位置坐标。式(4-55)和式(4-56)适用于任何解析的或数值形式的电离层模型，只需将电离层模型相应的折射指数代入即可求得射线轨迹方程。这里取平面抛物层模型。

设平面抛物层的电子密度分布为

$$N_e(h) = N_{em}\left[1 - \left(\frac{h - h_m}{y_m}\right)^2\right] \tag{4-57}$$

式中，N_{em} 为电子密度最大值，h_m 为电子密度峰值所在高度，y_m 为抛物层的半厚度，且有 $y_m=h_m-h_0$，h_0 为电离层底高。由此得到电离层介质的折射指数为

$$n^2 = 1 - \frac{f_0^2}{f^2}\left[1 - \left(\frac{h - h_m}{y_m}\right)^2\right] = 1 - \frac{f_0^2}{f^2}\left[\frac{2(h - h_0)}{y_m} - \left(\frac{h - h_0}{y_m}\right)^2\right] \tag{4-58}$$

式中 f_0 为平面抛物层的临界频率，f 为斜入射电波频率。为便于描述，不妨定义沿高度方向上的变量 $z=h-h_0$，因此有

$$n^2 = 1 - \frac{f_0^2}{f^2}\left(\frac{2z}{y_m} - \frac{z^2}{y_m^2}\right) = 1 - bz + az^2 \tag{4-59}$$

$$a = \frac{f_0^2}{f^2 y_m^2} \qquad b = \frac{2f_0^2}{f^2 y_m} \tag{4-60}$$

将折射指数式(4-59)代入射线轨迹方程(4-55)和式(4-56)可得

$$x = h_0\tan\theta_0 + \int_0^z \frac{\sin\theta_0\,\mathrm{d}z}{\sqrt{\cos^2\theta_0 - bz + az^2}} \tag{4-61}$$

$$x = x_r + \int_z^{z_r} \frac{\sin\theta_0\,\mathrm{d}z}{\sqrt{\cos^2\theta_0 - bz + az^2}} \tag{4-62}$$

式中 $z_r=h_r-h_0$。进行积分运算后可得上行射线轨迹方程为

$$x = h_0\tan\theta_0 + y_m\frac{f}{f_0}\sin\theta_0\ln\left[\frac{y_m - z - \sqrt{z^2 - 2y_m z + \dfrac{f^2}{f_0^2}y_m^2\cos^2\theta_0}}{y_m\left(1 - \dfrac{f}{f_0}\cos\theta_0\right)}\right] \tag{4-63}$$

$$= h_0\tan\theta_0 + y_m\frac{f}{f_0}\sin\theta_0\ln\left[\frac{\dfrac{h_m - h}{y_m} - \sqrt{\dfrac{(h - h_m)^2}{y_m^2} - 1 + \dfrac{f^2}{f_0^2}\cos^2\theta_0}}{1 - \dfrac{f}{f_0}\cos\theta_0}\right] \tag{4-64}$$

令 $F = f / f_0$，代入式(4 - 63)可得

$$x = h_0\tan\theta_0 + y_m F\sin\theta_0\ln\left[\frac{\dfrac{h_m - h}{y_m} - \sqrt{\dfrac{(h - h_m)^2}{y_m^2} - 1 + F^2\cos^2\theta_0}}{1 - F\cos\theta_0}\right] \tag{4-65}$$

下行射线轨迹方程为

$$x = h_0\tan\theta_0 + y_m F\sin\theta_0\ln\left[\frac{1 + F\cos\theta_0}{\dfrac{h_m - h}{y_m} - \sqrt{\dfrac{(h - h_m)^2}{y_m^2} - 1 + F^2\cos^2\theta_0}}\right] \tag{4-66}$$

由射线轨迹方程的解析式不难看出，对于给定的电离层模型，射线轨迹的形态受入射角 θ_0、电波频率与电离层临界频率的比值 $F = f / f_0$ 的影响。

图 4.14 利用式(4 - 65)和式(4 - 66)数值模拟了电波以不同角度射入平面抛物型电离层中的射线传播轨迹。其中 $F = 1.1$，电离层底高为 $h_0 = 150$ km，电离层半厚度 $y_m = 150$ km，入射角 θ_0 依次为 22.5°、24.7°、25.7°、30°、45°和 60°。由图可见，随着入射角不断变化，斜向传播的地面传输距离存在最小值，即跳距。当入射角分别取 30°、45°和 60°时，电波以低角波模式传播；当入射角为 24.7°和 25.7°时，电波以高角波模式传播；当入射角取 22.5°时，射线穿透电离层，不能返回地面。

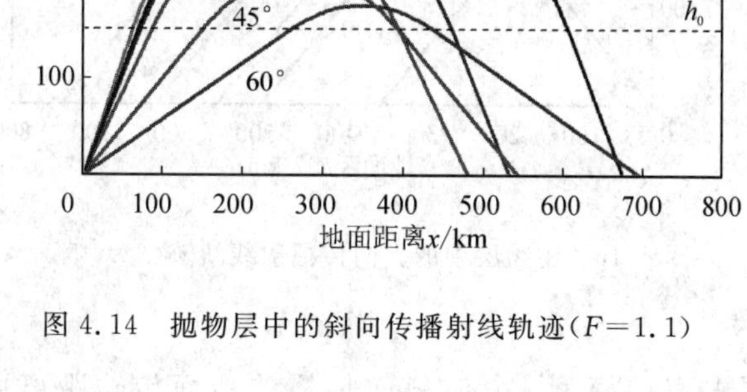

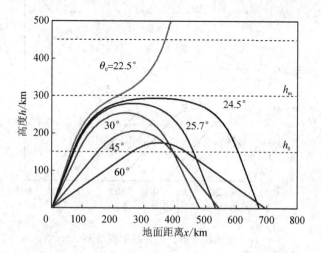

图 4.14　抛物层中的斜向传播射线轨迹($F = 1.1$)

但当斜向传播电波频率低于电离层临界频率时，地面传输距离不存在最小值，即无跳距。图 4.15 中，取 $F=0.8$，电离层形态与图 4.14 中相同，入射角 θ_0 依次为 9°、18°、30°、45°和 60°。由图可见，电波以任意角度入射电离层均能被反射回地面，入射角越小，电波在电离层的反射点就越高，电波返回地面后的传输距离随之变小，且不存在跳距。

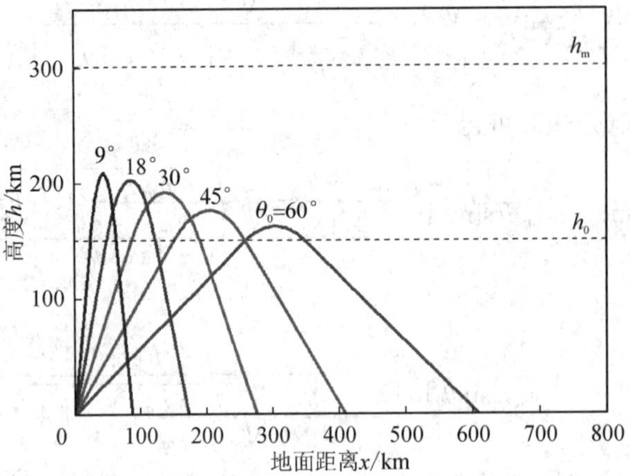

图 4.15　抛物层中的斜向传播射线轨迹($F=0.8$)

图 4.16 中数值模拟了不同频率电波以相同角度斜入射至平面抛物型电离层中的射线传播轨迹。其中电离层形态参数与图 4.14 中相同，入射角 $\theta_0=45°$，F 取值分别为 0.5、1.0、1.1、1.2、1.3 和 1.5。由图 4.16 可见，随着频率增大，电波在电离层的反射点逐渐升高，相应的地面传输距离也随之增大。当斜向电波频率为电离层临界频率的 1.5 倍时，射线穿透电离层。

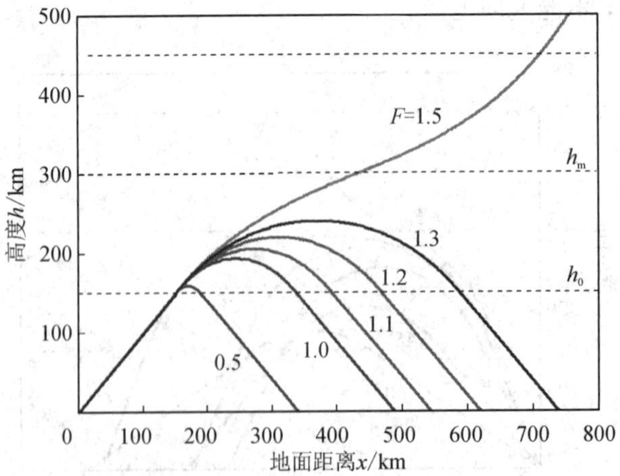

图 4.16　抛物层中的斜向传播射线轨迹($\theta_0=45°$)

2. 地面传输距离

对于平面抛物层电离层模型，电波斜向传播的地面传输距离可通过射线轨迹方程

(4－65)来求解。

设电波在电离层中的反射点所对应的地面位置坐标为 x_r，由几何对称性即可得地面传输距离

$$D = 2x_r \tag{4-67}$$

将电波以 θ_0 斜入射至电离层中的反射条件 $n=\sin\theta_0$ 代入式(4－58)可得信号反射高度 h_r 为

$$h_r = h_m - y_m\sqrt{1-F^2\cos^2\theta_0} \tag{4-68}$$

将式(4－68)代入上行射线轨迹方程，于是可得

$$D = 2h_0\tan\theta_0 + y_m F\sin\theta_0 \ln\left(\frac{1+F\cos\theta_0}{1-F\cos\theta_0}\right) \tag{4-69}$$

可见，对于给定的电离层模型，地面传输距离 D 与斜向传播电波频率 f 和入射角 θ_0 有关。图 4.17 是利用式(4－69)、以 F 为参数作出一组地面传输距离 D 随入射角 θ_0 变化的曲线，其中横坐标为入射角(单位：度(°))，纵坐标为地面传输距离(单位：km)。

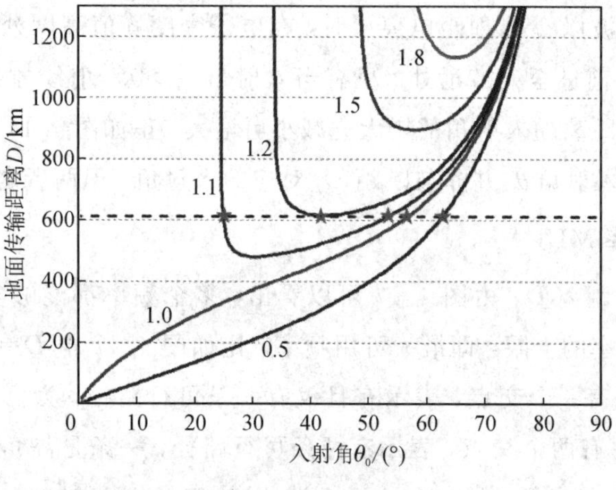

图 4.17　地面传输距离 D 随入射角 θ_0 变化的曲线(以 F 为参数)

由图可见，当 $F\leqslant 1$，即 $f\leqslant f_0$ 时，地面传输距离 D 随入射角 θ_0 的变化单调递增，表明电波射线可以以任意角度入射、在任意距离上斜向传播。并且对于任意一个给定的传输距离 D，有且只有一条可行的射线路径。此时传播距离 D 和入射角 θ_0 的变化关系正如图 4.15 中各曲线所描述的情况那样。

当 $F>1$ 时，地面传输距离 D 随入射角 θ_0 的变化曲线是非单调的，而且存在地面传输最短距离，即跳距。通常用 D_s 表示跳距。当两地间距离小于某频率对应于电离层某层区的跳距时，无论电波以多大角度入射，均无法实现两地间在该层区的天波通信。因此，存在以发射机为圆心、跳距 D_s 为半径的一个圆形区域，在此区域内接收不到任何由给定层反射过来的天波信号，可以接收从电子密度更大的层区反射的或通过地波传播的信号。比较图 4.17中 $F>1$ 的几条曲线，不难发现，频率越高，相应的跳距也越大。

当某链路的地面距离大于跳距，即 $D>D_s$ 时，曲线上满足此距离条件的入射角有两个取值，表明有两条可行的射线路径。通常以跳距对应的入射角为界，其左侧入射角较小而仰角较大的部分称为高角射线或高波，其右侧入射角较大而仰角较小的部分称为低角射线或低波。高角射线通常非常陡，近乎直线，表明高角射线对入射角的改变极为敏感，即使入射角变化极小的角度，也将引起传输距离极大的改变量。当电波以很小的发散角沿高角射线经电离层反射传播至地面时，电波能量被散布在地面上很大的区域内，因此射线是散焦的。对于单站地面接收机而言，只能接收来自高角射线中非常小的一部分能量，因此利用高角射线进行天波通信时，传输损耗大，通信质量差。通常只有当地面接收站位于跳距附近时才能接收到较强的高波信号。

由图 4.17 还可看出，当 $F>1$ 时，存在最陡入射角 θ_c，若入射角小于 θ_c，电波则穿透电离层。对于给定的斜向传播频率 f，由正割定理可得

$$\theta_c = \arccos \frac{f_0}{f} \tag{4-70}$$

理论上讲，当电波以 θ_c 入射至电离层时，在电子密度峰值高度处发生反射，并沿着电子密度峰值高度平行前进至无穷远处。只有当入射角 $\theta_0>\theta_c$，射线才会经电离层反射后返回地面，且地面传输距离随入射角的增大先减小后增大，正如图 4.14 中各曲线所描述的情况。还须注意，最陡入射角 θ_c 并非与跳距 D_s 对应的入射角，但两者之间相差甚微。

3. 最大可用频率 MUF

对于给定的传输距离 D，由图 4.17 可以看出，多个频率都能够实现该距离上天波传播，其中存在可用频率的上限，即最大可用频率。比如图 4.17 中 $D=605$ km 时，$F\leqslant 1$ 的各曲线都与之有且仅有一个交点，表示有且仅有一条可行路径，为低角射线；$F=1.1$，即 $f=1.1f_0$ 的曲线与之有两个交点，表示有两条可行路径，一条是高角射线，一条是低角射线；$F>1.2$ 的各曲线与之没有交点，表示电波频率 $f>1.2f_0$ 时，无论选取多大入射角都无法实现该距离上的有效传输；而 $F=1.2$ 的曲线与之有唯一交点且刚好在曲线最下端的跳距处，表明高角射线和低角射线合二为一，此时是能否在此距离上实现有效传输的临界状态，即 $f=1.2f_0$ 是在地面距离 $D=605$ km 上实现天波通信的最大可用频率。因此，如果某距离 D 是某频率 f 的跳距，那么该频率 f 就是该距离 D 上实现天波通信的最大可用频率(MUF)。

当斜向传播的电波频率为某距离上的最大可用频率时，此频率与电离层临界频率的比值称为该距离上的最大可用频率因子(M 因子)。M 因子在实际应用时要附加上某一特定距离和反射层区，通常以 3000 公里作为标准传播距离，如 M(3000)F2 表示经 F2 层反射在 3000 公里距离上斜向传输的 M 因子。因此有

$$\text{M(3000)F2} = \frac{\text{MUF(3000)F2}}{f_0\text{F2}} \tag{4-71}$$

M(3000)F1 和 M(3000)F2 是电离层垂直探测系统的基本测量数据。

4. 群路径

根据等效路径定理，利用式(4－69)可得电波在平面抛物层中斜向传播的群路径为

$$P' = \frac{D}{\sin\theta_0} = 2h_0\sec\theta_0 + y_m F\ln\left(\frac{1+F\cos\theta_0}{1-F\cos\theta_0}\right) \tag{4-72}$$

可见，对于给定的电离层模型，斜向传播群路径 P' 是电波频率 f 和入射角 θ_0 的函数。特别的，当频率一定时，群路径和信号时延随入射角变化，群路径达到最小值时，电波信号的群时延也达到最小值，设最小群路径 $P'_{\min}$ 及最小时延 $\tau_{\min}$ 所对应的入射角为 $\theta_{\min}$，应用式(4－72)，令 $\frac{\partial P'}{\partial\theta_0}=0$，因此有

$$\theta_{\min} = \arccos\left(\frac{1}{F}\sqrt{\frac{h_0}{h_m}}\right) \tag{4-73}$$

再将 $\theta_{\min}$ 代入式(4－72)中，即可求得对应于最小时延的群路径为

$$P'_{\min} = \frac{f}{f_0}\left[2\sqrt{h_0 h_m} + y_m\ln\left(\frac{\sqrt{h_m}+\sqrt{h_0}}{\sqrt{h_m}-\sqrt{h_0}}\right)\right] \tag{4-74}$$

这就是平面抛物层情况下的斜向传播最小时延与斜向工作频率的关系，称为 $P'-f$ 曲线。很显然，对于特定的电离层模型，它是一条通过原点的直线。该结论及相关内容将在本章 4.3.1 节中详细讨论。

4.2.5　斜向探测电离图

斜向探测系统的基本原理与垂直探测系统基本相同：地面上的发射机斜向上发射扫频脉冲波，经电离层反射后返回至地面被特定距离上的接收机接收，检测并记录脉冲信号的传播时延。斜向探测系统的主要功能是获得固定地面距离的斜向传播群路径与频率的特性曲线，用以确定特定链路上不同频率的实时传播模式。斜向探测电离图是电波斜向入射经电离层反射到指定地点被接收的回波记录，反映了收发两地间斜向传播无线电波频率与反射回波群路径之间的关系。

为了更好地理解斜向探测电离图所描述的电波斜向传播模式，这里将垂直探测电离图和斜向传播等效路径与斜向探测电离图一起进行等效分析，如图 4.18 所示。其中图 4.18(a)为斜向传播链路中点的垂直探测电离图(单层模式)，描述了虚高 h' 与垂直电波频率 f_v 的关系；图 4.18(b)为斜向探测电离图(单层模式)，描述了群路径 P' 与斜向电波频率 f 的关系；图 4.18(c)为信号在发射点 T 与接收点 R 之间的斜向传播等效路径。根据斜向传播与垂直传播的三个等效定理，图 4.18(a)的纵坐标与图 4.18(c)的顶点高度是等效的，图4.18(b)纵坐标与图 4.18(c)中两条斜边长度是等效的，图 4.18(a)横坐标与图 4.18(b)横坐标之间满足正割定理，其中入射角由图 4.18(c)中斜边与竖直方向的夹角来描述。

如图 4.18(a)所示，图中 A 点频率 f_A 接近临界频率 f_0，因此虚高很大，对应地，图 4.18(c)中等效路径的顶点很高，在特定距离上传输的射线入射角 θ_0 就很小，属于高角射线。斜向传播群路径很大，因此对应于图 4.18(b)中的 A′点群路径很大，位置很高，斜向频率 $f_{A'}$ 接近但稍高于临界频率 f_0。B 点虚高比 A 点虚高小得多，对应地，图 4.18(c)中等效路径的顶点下降很多，入射角变大，群路径变小，因此对应于图 4.18(b)中的 B′点群路径变小，位置下降，但依然是高角射线。由于垂直频率 f_B 相比 f_A 变化不大，入射角 θ_0 的显著增大使斜向频率 $f_{B'}$ 相比 $f_{A'}$ 明显增大。C 点虚高继续变小，等效路径顶点继续下降，当刚好下降到高角射线与低角射线合二为一时，图 4.18(b)中的 C′点刚好在描迹拐角处，此时斜向电波频率 $f_{C'}$ 是此斜向链路的最大可用频率，频率再大则接收不到来自发射端的斜向回波信号。需注意最大可用频率的电波在电离层的反射点并不是电子密度峰值高度处，而是稍向下一点的位置。D 点虚高更小，反射点更低，入射角更大，属于低角射线。对应于图 4.18(b)中的 D′点群路径更小，位置比 C′点更低，斜向频率 $f_{D'}$ 相比 $f_{C'}$ 变小。

图 4.18(b)所示的斜向探测电离图中，曲线上 A′B′C′点对应于高角射线，而 C′D′对应于低角射线，两者在 C′点合二为一。因此随着斜向频率逐渐升高，高低两射线的群路径越来越接近，反射点的高度和入射角也越来越接近，直到斜向频率达到该链路最大可用频率(MUF)，高低射线合二为一。而且，电离层的厚度越厚，高、低射线反射点的高度差就越大，群路径差也越大，斜向回波描迹在拐点处就越显得圆滑。反之，当电离层很薄，或地面传输距离很长时，高、低射线回波描迹在拐点处就很“尖”，而且低角射线群路径几乎不随频率变化。当电离层为多层模式时，同一斜向频率，往往可以收到几个来自不同层区的反射回波。

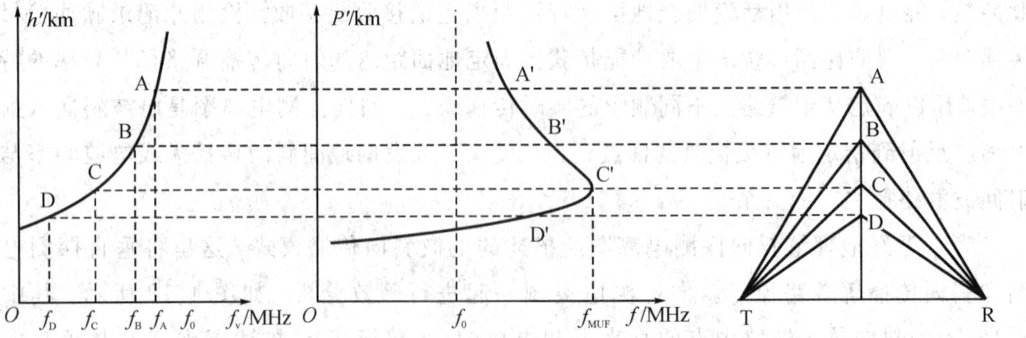

(a) 中点垂测电离图　　(b) 斜测电离图　　(c) 斜向传播等效路径

图 4.18　单层模式的垂直和斜测电离图分析

图 4.19 为实测的斜向探测电离图，图中横坐标为斜向工作频率(单位：MHz)，纵坐标为接收信号的群路径(单位：km)。由图可见，由于地磁场原因，F 层回波描迹分裂为寻常波(O)和非寻常波(X)，高波的回波描迹没有得到充分发展，而且出现了来自 Es 层的反射回波描迹。

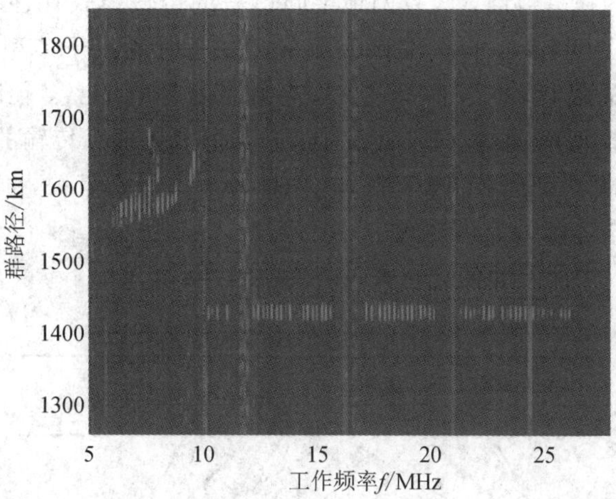

图 4.19 实测的斜向探测电离图

4.2.6 短波天波的传播特性

短波是指频率在 3～30 MHz 范围内的无线电波，也称为高频无线电波。短波天波传播具有传输媒质抗毁性好且传输损耗小的特点，能以较小功率进行远距离通信，通信距离可达几百到上万公里，甚至环球传播。短波天波通信是军用无线电通信的主要方式之一。短波天波传播受电离层影响较大，特别是电离层的不规则变化，比如 Es 层、扩展 F 层的出现，太阳风暴引起的突然骚扰、电离层暴等将直接影响短波天波传输性能。

1. 短波天波的传输模式及多径效应

由于短波天线的波束较宽，白天的电离层呈现典型的分层结构，这将导致电波在传播过程中存在多种传播路径或传播模式，这种现象称为多径传输。其中，在发射和接收之间只经一次电离层反射的传输模式称为"一跳模式"，如 1E、1F、1Es 分别表示经 E 层、F 层、Es 层反射的一跳模式。对应经典 E 层高度 100 km、F 层 300 km，1E 和 1F 模式的最大地面传输距离分别接近 2000 km 和 4000 km。当然这是零仰角条件下的极限距离，而实际上天线零度仰角传播是不可能的，所以 E 层和 F 层一跳模式的实际最大传播距离通常为 1800 km 和 3200 km。对于距离更远的通信链路，电波须经过几次电离层反射才能到达，称为"多跳模式"。表 4.1 列出了各种通信距离短波天波可能存在的传输模式。

表 4.1 短波天波的传输模式

通信距离/km	可能的传播模式
0～2000	1E，1F，2E，
2000～4000	2E，1F，2F，1F1E
4000～6000	3E，4E，2F，3F，4F，1E1F，2E1F
6000～8000	4E，2F，3F，4F，1E2F，2E2F

可见，对于特定的通信链路，收发两地之间信号的传输模式往往不止一种，如图 4.20 所示。当多种传播模式共存时，将会在接收端引起多径时延或干涉型衰落。多径时延对传输的信号带宽有较大的限制，多径时延越大，有效带宽就越小。多径时延还会引起通信系统码元畸变、误码率增大等。因此短波通信中，必须采取抗多径传输的措施，以保证必要的通信质量。多径时延的大小通常与通信距离、工作频率等因素有关，而且随时间变化。特别地，当工作频率接近该链路最大可用频率(MUF)时，多径时延最小。干涉性衰落属于快衰落，且电波波长越短，相位差的变化越大，衰落就越严重。

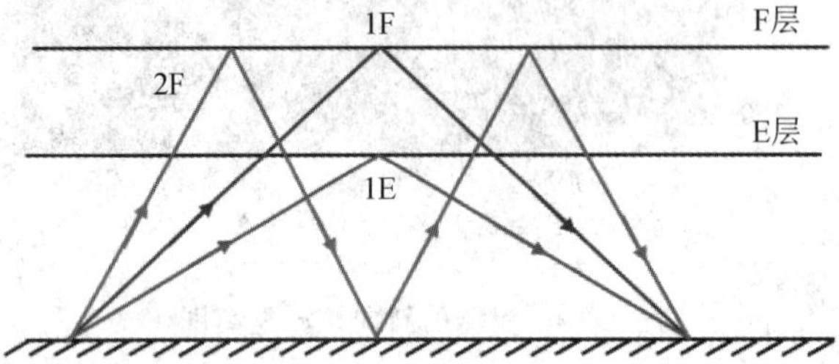

图 4.20　短波天波的传输模式示意图

2. 短波天波传播的频率选择

对于短波天波通信而言，工作频率的选择是影响其通信链路可靠性和通信质量的关键性问题之一。若频率太高，虽然电离层吸收小，但接收点可能会落入静区，或电波穿透电离层射向太空；若频率太低，电波可能会受到电离层(特别是 D 层)的强烈吸收，致使信号接收端信噪比降低。一般来说，选择工作频率应遵循以下几个原则：

(1) 不能高于最大可用频率 f_{MUF}。如本章 4.2.1 节所述，最大可用频率是某通信链路上能够利用天波模式进行信号传输的可用频率的上限。

最大可用频率 f_{MUF} 与电离层电子密度最大值 N_{em} 及电波入射角 θ_0 有关。对于给定入射方向的电波，反射区电离层电子密度越大，f_{MUF} 值就越高。对于特定的电离层形态，通信距离越远，f_{MUF} 值就越高。由于电离层电子密度随年份、季节、昼夜及地理位置等因素变化，所以 f_{MUF} 也随这些因素变化。

(2) 不能低于最低可用频率 f_{LUF}(Lowest Usable Frequency，LUF)。实际短波通信在应用中对信噪比有一定的要求。如果到达接收点的信噪比低于业务要求，则接收的信号成为无用信号。在短波天波传播中，工作频率越低，电离层吸收量越大，接收点信号电平越低，而外部噪声电平反而随着工作频率降低而增强，因此频率越低信号到达接收端的信噪比就越低。通常将能保证最低所需信噪比的频率定义为最低可用频率。

最低可用频率 f_{LUF} 与电离层(特别是 D 层)电子密度有关，特别是白天电子密度越大，对电波的吸收就越大。f_{LUF} 还与发射机功率、天线增益、接收机灵敏度等因素有关。

从电波传播的观点看，在最大可用频率 f_{MUF} 和最低可用频率 f_{LUF} 之间的频率都可用于通信，但应在保证电离层有效反射的条件下尽可能地选用靠近 MUF 的工作频率。但最大可用频率 f_{MUF} 通常只是由电离层地面探测数据资料统计分析而确定的预报值，不能选其作为工作频率。实际应用中通常选择最高可用频率的 85% 作为最佳工作频率(Optimum Working Frequency，OWF)，即

$$f_{OWF} = f_{MUF} \times 85\% \tag{4-75}$$

使用最佳工作频率时，通常能保证电波一个月内有90%的概率能到达指定接收点。

(3) 一日之内适时改变工作频率。由于电离层电子密度有明显的地方时变化规律，因此 f_{MUF} 和 f_{LUF} 值也在一日之内显著变化，为了可靠通信，最好在不同时刻选用不同的工作频率。但短波通信工作频率不可能实时变化，通常一天之内使用两个或三个工作频率，其中白天适用的工作频率称为"日频"，夜间适用的工作频率称为"夜频"。换频时间通常选择电子密度急剧变化的凌晨时刻和黄昏时刻。

图4.21以西安地区电离层形态特性为参考给出某通信链路上 f_{MUF}、f_{LUF}、f_{OWF} 及日频、夜频随地方时变化的规律。为了适应电离层的时变性特点，使用技术先进的实时选频系统实时地确定信道的最佳工作频率，可极大地提高短波通信的质量。

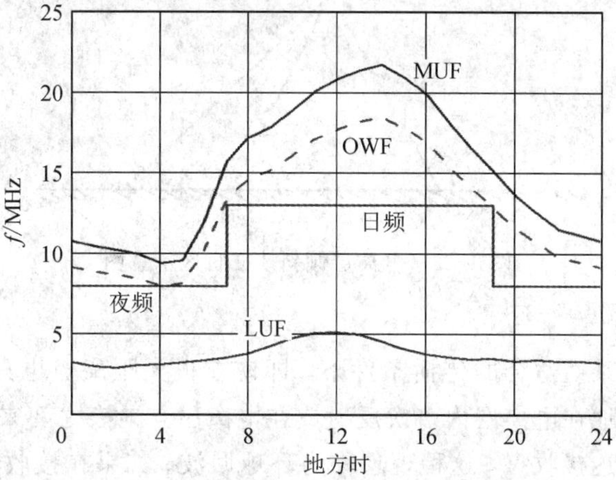

图4.21　短波天波传播的频率选择参考图

太阳风暴期间，电离层受到扰动，将直接影响短波天波传播的可用频段。当发生突然电离层骚扰时，电离层吸收加剧，日照面的最低可用频率急剧上升，致使工作频率较低的短波天波信号中断。当电离层负暴发生时，电离层电子密度大幅减小，导致最高可用频率显著下降，此时工作频率较高的短波天波信号将会穿透电离层进而导致通信中断。最高可用频率下降或最低可用频率上升都将导致短波天波可用频段变窄，甚至可能在一段时间内无可用频段，导致某区域内所有短波天波通信系统瘫痪。

由于短波天波传播的可用频段有限，而广播、通信等短波信道用户非常多，所以短波波段内信道拥挤，不同用户间干扰严重，尤其是在夜间。这也是当前短波天波传播的难点之一。

3. 静区和越距

如前所述，当以一定频率进行天波斜向传播时，存在最短地面传输距离，即跳距 D_s，也就是说，以发射机为圆心、以跳距 D_s 为半径的圆形区域收不到该频率的天波传播信号，此区域为天波传播的盲区。若以地波模式传播，由于地面衰减随距离增加而增加，地波传播存在一定的有效传输距离。若地波的有效传输距离小于天波跳距，地波有效传输范围就不能完全覆盖天波传播盲区，这便导致有部分区域既收不到天波信号也收不到地波信号，此区域称为静区或哑区。而离发射机距离比静区更近或更远的区域都能收到信号，这种现象称为越距。若发射天线是无方向性的，则静区是一个以发射机为中心的环形区域。

静区的范围与工作频率有关，也和电离层形态有关。对于特定的电离层形态，频率越低，地波的有效传输距离越大，天波的跳距越小，因此静区范围就更小。如前所述，当斜向传播频率小于电离层临界频率时，跳距为零。因此对于 0～300 km 的近距离短波通信，往往选用较低的工作频率，采用高仰角天线以天波传播模式实现通信。对于特定的工作频率，静区范围随电离层形态的变化而变化。电离层电子密度增大，天波传播的跳距变小，静区范围也随之缩小。特别是太阳风暴期间，电离层暴所引起的电子密度变化在时间及空间上分布不均匀，致使电离层的分层结构发生倾斜，进而导致电波波束经电离层反射后的照射区域不同，天波盲区和静区范围都将发生变化，如图 4.22 所示。

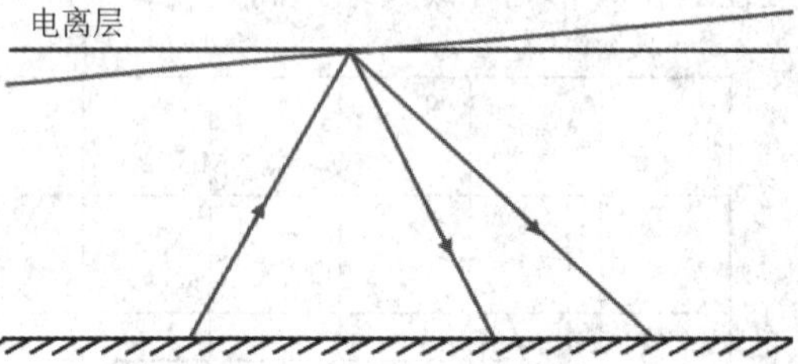

图 4.22　电离层倾斜改变盲区示意图

4. 环球回波

短波天波传播在某些适合的传播条件下，即使在很大距离上也只有较小的传输损耗，那么电波就可以连续地在电离层内多次反射或在电离层与地表之间来回反射，甚至有可能环绕地球之后再度到达接收点，这种现象称为环球回波。如果在接收机中出现了信号重复现象，犹如在山谷中出现的回声那样，这往往是由于出现了环球回波。

环球回波可以分为正向回波和反向回波。如图 4.23 所示，图中虚线表示与地球同心的电离层球面模型，T 和 R 分别代表发射台和接收台，正常情况下信号是沿图 4.23(a)所示射线直接传播的，但在适当条件下接收台 R 还可以收到沿图 4.23(b)所示射线传来的信号。该信号是顺着正常传播方向环绕地球一次再次到达接收地点的，称为正向回波。与正常传播方向相反的环球波就称为反向回波，如图 4.23(c)所示射线。无论是正向回波还是反向回波，每环绕地球一次滞后的时间约为 0.13 s，而且实验测得，环球回波的时延很稳定，与接收频率、时间、季节以及传播路径的方向没有明显的关系。

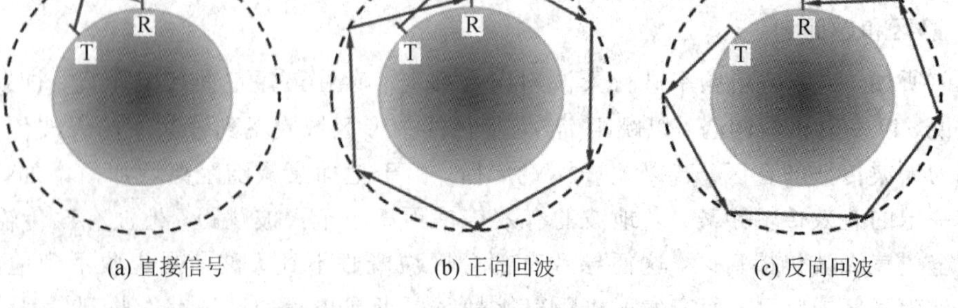

(a) 直接信号　(b) 正向回波　(c) 反向回波

图 4.23　环球回波示意图

这种时延较长的回波信号将使接收机中不断出现回响，影响正常通信，一般应设法消除回波。采用方向性较强的发射天线和接收天线很容易消除反向回波。消除正向回波则比较困难，因为直接传播的基本信号和正向回波信号都是从一个方向来的，并且很多情况下，两信号的到达角比较接近。通常可以通过适当降低辐射功率和选择适当的工作频率来抑制正向回波现象。

4.3　后向返回散射传播

当无线电波斜向投射到电离层，并经电离层反射到远方地面，而地面的起伏不平或电特性的不均匀使电波向四面八方散射，其中有一部分电波沿着原来的路径再次经电离层反射回到发射点并被接收。这种天波传播模式称为后向返回散射传播或天波返回散射传播，如图 4.24 所示。

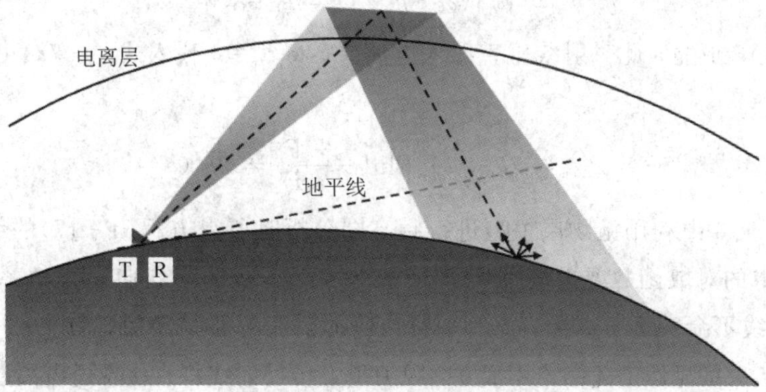

图 4.24　短波的后向返回散射现象

研究这种后向返回散射的回波特性具有很重要的实用价值。比如利用后向散射可以实时确定某通信链路上的最大可用频率或某一频率的跳距，及其在不同地球物理因素影响下随时间的变化情况。后向返回散射两次经过电离层斜向传输，可用以研究远距离的较大区域范围的电离层结构及形态特性。在通信和广播中利用后向散射可以实时监测和预报短波无线电链路上的传播条件，如无线电覆盖区域。基于后向返回散射传播理论的天波超视距雷达系统，可用于远距离的植被、海岸等地面环境遥感技术，还可以监测远海区的海风、海浪等海洋状态，以及探测超远程的飞机、导弹、舰队等低空运动目标。

4.3.1　最小时延与 $P'-f$ 曲线

实际上，地面天线沿某方向发射无线电波时，所发出的波束往往存在一定的锥角范围(天线波瓣内)，这将使得各射线以不同入射角进入电离层并反射到远处地面的不同地点，它们所经过的路径不同，返回接收点所经过的时延也不同。因而必然有一条射线所经过的群路径最小，称为最小群路径 $P'_{\min}$，电波沿这条射线传播的时延最短，称为最小时延 $\tau_{\min}$。最小群路径 $P'_{\min}$ 随频率 f 变化的曲线即为 $P'_{\min}-f$ 曲线，简称 $P'-f$ 曲线。

1. 最小群路径

仍然考虑 4.2.4 节中所描述的水平分层的平面抛物型电离层结构，当电波以角度 θ_0 入射到电离层时，所对应的群路径 P'(单程)和地面传输距离 D 由式(4-72)和式(4-69)给出

$$P' = 2h_0\sec\theta_0 + y_m F\ln\left(\frac{1+F\cos\theta_0}{1-F\cos\theta_0}\right)$$

$$D = 2h_0\tan\theta_0 + y_m F\sin\theta_0\ln\left(\frac{1+F\cos\theta_0}{1-F\cos\theta_0}\right)$$

可见，对于给定的电离层模型，群路径 P'是入射角 θ_0 和斜向工作频率 f 的函数。令 $\frac{\partial P'}{\partial\theta_0}=0$ 可得与最小群路径对应的入射角 $\theta_{\min}$，因此有

$$\frac{\partial P'}{\partial\theta_0} = 2\sin\theta_0\left(\frac{h_0}{\cos^2\theta_0} - \frac{y_m F^2}{1-F^2\cos^2\theta_0}\right) = 0 \tag{4-76}$$

若 $\theta_0=0$，则上式成立，此时射线垂直射入电离层。将 $\theta_0=0$ 代入式(4-72)可得此时的最小群路径为

$$P'_{\min} = 2h_0 + y_m F\ln\left[\frac{1+F}{1-F}\right] = 2h'(f) \tag{4-77}$$

此式与本章 4.1.3 中利用抛物层模型进行频高图分析时所得方程(4-17)的结果完全一致。但式(4-77)中的对数函数要求满足 $F<1$，即 $f<f_0$，表明当斜向工作频率小于电离层临界频率时，射线不会穿透电离层，此时垂直传输的射线群路径最短，为 $f<f_0$ 时的最小群路径。若 $f>f_0$，很显然上述结论不成立，因为垂直传播射线将直接穿透电离层，因此 $\theta_0\neq0$。此时求解方程(4-76)并代入式(4-72)即可得到与方程(4-74)相同的结果

$$\theta_{\min} = \arccos\left(\frac{1}{F}\sqrt{\frac{h_0}{h_m}}\right)$$

$$P'_{\min} = \frac{f}{f_0}\left[2\sqrt{h_0 h_m} + y_m\ln\left(\frac{\sqrt{h_m}+\sqrt{h_0}}{\sqrt{h_m}-\sqrt{h_0}}\right)\right]$$

正如本章 4.2.4 节所描述的，最小群路径 $P'_{\min}$与频率 f 成线性关系，$P'-f$ 是一条通过原点的直线。需注意，上述 $P'-f$ 曲线的直线特性是基于水平分层的平面抛物电离层模型所得出的。若考虑地球曲率，当频率增大时，相对于平面距离，球形地面会引起距离的附加增长，因而群路径与频率的关系曲线也就变弯曲(随频率增大而逐渐上扬)了。

2. 切线定理

下面进一步分析平面分层模型中的 $P'-f$ 曲线特性。对于水平分层的电离层模型，由斜向传播等效路径定理及射线几何关系可得

$$P' = \frac{2h'}{\cos\theta_0} \tag{4-78}$$

再利用正割定理 $f=f_v\sec\theta_0$ 可得

$$\frac{P'}{f} = \frac{2h'}{f_{\mathrm{v}}} \tag{4-79}$$

因而对最小时延射线有

$$\left(\frac{P'}{f}\right)_{\min} = \left(\frac{2h'}{f_{\mathrm{v}}}\right)_{\min} \tag{4-80}$$

式(4-80)等号左侧表示 $P'-f$ 曲线(过原点)的斜率，等号右侧表示垂直探测电离图中二次描迹上某一点与原点连线的斜率的最小值，即过原点的二次描迹切线的斜率。若将 $P'-f$ 曲线与具有相同坐标刻度的 $2h'-f_{\mathrm{v}}$ 曲线重叠放置在一起，上式表明 $P'-f$ 曲线为一条通过坐标原点并与垂直探测二次描迹相切于反射中点的直线，如图 4.25 所示。方程(4-80)称为切线定理。利用切线定理可以判断后向散射回波是来自地面目标还是来自电离层内的不均匀结构，后者的 $P'-f$ 曲线不满足切线定理。

由式(4-73)可以得出，群路径取最小值时存在限制条件

$$F \geqslant \sqrt{\frac{h_0}{h_{\mathrm{m}}}} \tag{4-81}$$

上式等号成立时，对应于 $\theta_0=0$，此时与式(4-77)所描述的情况相同，即 $P'_{\min}=2h'$。因此 $P'-f$ 曲线的低频端点恰好位于两曲线相切的交点处，如图 4.25 中 A 点所示，此时所对应的斜向传播频率最小值为

$$f_{\min} = f_0\sqrt{\frac{h_0}{h_{\mathrm{m}}}} \tag{4-82}$$

当 $f<f_0\sqrt{h_0/h_{\mathrm{m}}}$ 时，垂直传播群路径最小，且最小群路径 $P'_{\min}=2h'$。

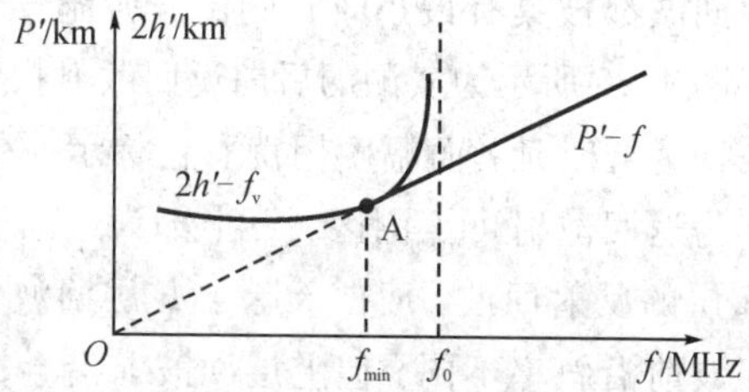

图 4.25　切线定理

切线定理还表明任意频率的最小群路径射线都会在电离层内的同一虚高反射。将式(4-73)和式(4-74)代入等效路径定理的几何关系式(4-78)中，即得出最小群路径对应的虚高为

$$h'_{\min} = \frac{1}{2}P'_{\min}\cos\theta_{\min} = h_0 + \frac{y_{\mathrm{m}}}{2}\sqrt{\frac{h_0}{h_{\mathrm{m}}}}\ln\left(\frac{\sqrt{h_{\mathrm{m}}}+\sqrt{h_0}}{\sqrt{h_{\mathrm{m}}}-\sqrt{h_0}}\right) = \text{常数} \tag{4-83}$$

对于给定的电离层模型，上式为常数，这表明不同频率电波的最小时延射线在电离层内的同一高度反射，这与切线定理的结论是一致的。因为由等效虚高定理可知，垂直入射和斜向入射电波的等效高度相等，因此最小时延射线的反射高度与频率无关。

由等效路径定理的几何关系可得最小群路径对应的地面传输距离为

$$D_{\min} = P'_{\min}\sin\theta_{\min} > D_{\mathrm{s}} \tag{4-84}$$

应指出，与最小时延射线对应的地面距离 $D_{\min}$ 并非跳距 D_{s}，而是大于跳距 D_{s}。探测的距离越近，两者差别就越大，但对 $D>1000$ km 及典型的电离层参数，两者之差往往小于 10 km。因此可以近似认为与最小群路径对应的地面距离 $D_{\min}$ 就是天波传播的跳距 D_{s}。此结论将直接用于根据 $P'-f$ 确定通信电路的最大可用频率。

4.3.2　后向返回散射电离图

后向返回散射探测系统包括发射系统和接收系统两大模块。发射系统天线沿某方向辐射扫频(即频率连续变化)的电磁脉冲波束，经电离层反射和地面散射后返回，最终由接收系统的天线接收并记录脉冲回波的时延、幅度等信息，形成频率-时延-幅度三维扫频后向返回散射电离图。后向返回散射电离图是后向返回散射系统的最重要的测量数据。

对单一频率的发射机，脉冲信号各自经不同射线路径到达远处地面并散射返回的时延各不相同，所以从最小时延开始，接收端陆续接收很多个回波信号。因此在后向返回散射电离图中每个频点所对应的回波描迹并非一个单点，而是沿纵向有一定范围的延展，描迹的底部边缘即为此频率的脉冲信号所对应的最小时延或最小群路径。

对于扫频发射机，由于脉冲信号经电离层反射到达地面时存在一定范围的地面照射区域，接收机所接收的正是来自此区域内多个地面散射点的斜向回波脉冲信号，因此后向返回散射电离图可以看作是由发射点与照射区各个散射点之间的一系列斜向探测电离图叠加而成的。单个斜向探测电离图通常存在高角射线和低角射线两种传播模式，而叠加之后各回波描迹连成一片，高低波传播模式已无法分辨，仅回波前沿可清楚区分。这是因为所有其他回波都被具有最小时延的回波所淹没，因而回波前沿最强，称为“前沿聚焦”现象。

图 4.26 所示为实测的后向返回散射扫频电离图，其中横坐标为频率(通常 5～28 MHz)，纵坐标为群时延，而幅度用伪彩色标示。在图中的 $P'-f$ 平面内，以最小时延为分界线，上半部为返回散射可探测区，下半部为返回散射不可探测区。夜间的返回散射电离图通常只有 F 层的反射回波，而白天除了 F 层回波，还可能有来自 E 层或 Es 层的反射回波，不同层区回波前沿斜率不同，但上层回波前沿会被较下层的回波描迹所覆盖。

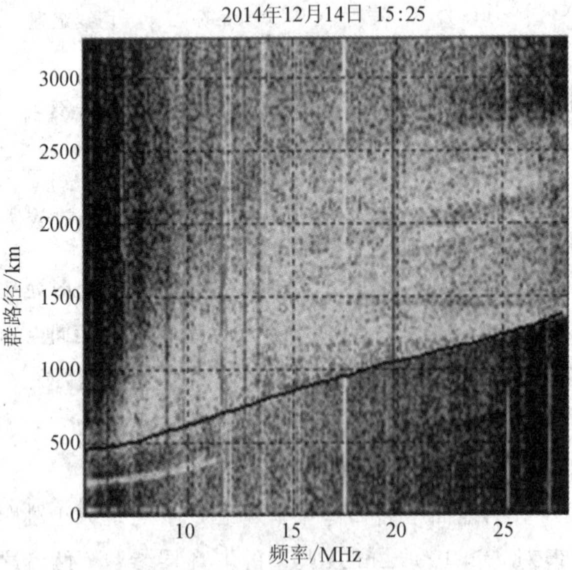

图 4.26　后向返回散射扫频电离图

就电离图的本质而言，返回散射电离图和普通斜向探测电离图类似，其形态随年份、季节、地方时显著变化。所不同的是返回散射传播的群路径不仅取决于电离层中电波来回的路径长度，而且也依赖于电离层至地面后向散射区域的距离和地面散射特性。因此返回散射电离图的判读和信息提取比垂直、斜向探测电离图更为复杂。中国电波传播研究所研发了一套完整的工程实用的返回散射电离图自动判读算法，可以对原始电离图进行同频干扰去除、图形修复、前沿提取等一系列操作。从后向返回散射电离图中提取出的回波前沿即为最小时延的 $P'-f$ 曲线，获取了 $P'-f$ 曲线便可以进一步确定某通信链路的最大可用频率。

除了三维扫频电离图，后向返回散射探测系统还可以输出固定频率的群时延-幅度、群时延-方位、群时延-时间等二维电离图以及海面或地面回波多普勒频谱图，其中地面回波多普勒频谱通常用于监测电离层的扰动，海洋回波多普勒频谱可用于分析海风、海浪等海洋状态。

4.3.3 用 $P'-f$ 曲线确定最大可用频率

除了利用垂直探测电离图中的M因子或斜向探测电离图中描迹拐点等方法，后向返回散射电离图中提取的回波前沿 $P'-f$ 曲线也可用于确定某特定通信链路上的最大可用频率。这是后向返回散射探测系统的最重要的应用之一。

假设电离层水平均匀分层，电子密度随高度的分布满足平面抛物模型。此时最小群路径与频率的关系由式(4-74)给出。如前所述，与最小时延射线对应的地面传输距离 D_{min} 虽大于跳距 D_s，但通常可认为其近似等于跳距 D_s，即用最小时延射线对应的地面传输距离 D_{min} 来代替跳距 D_s，即

$$D_{min} = P'_{min}\sin\theta_{min} \approx D_s \tag{4-85}$$

由此引入的地面距离误差近于10～20 km，因此基于这种近似处理方法所求得的某链路最大可用频率将比实际的最大可用频率稍低一点。比如图4.17中，当斜向频率 $F=1.1$ 时，假设其最小群路径所对应的地面传输距离为 $D_{min}=605$ km，显然此距离大于其跳距 D_s，若将此距离视为跳距 D_s，则频率 $f=1.1f_0$ 即为 $D=605$ km 距离上的最大可用频率。由图4.17可见，频率 $f=1.1f_0$ 对应的跳距明显小于其最小群路径所对应的地面传输距离 D_{min}，而实际上距离 $D=605$ km 是斜向频率 $f=1.2f_0$ 时的跳距，也就是说，$D=605$ km 距离上的实际最大可用频率为 $f=1.2f_0$。这种近似处理对于天波通信系统的实际应用来说不会产生太大的负面影响，反而确保了一定的频率余量。

平面抛物型电离层条件下，利用最小群路径与相应的地面传输距离的几何关系可知，与最小群路径所对应的频率即为此距离上的最大可用频率。利用 $P'-f$ 曲线确定某通信链路的最大可用频率的步骤如下：

(1) 用典型的电离层参数 h_0、h_m 和 y_m，根据式(4-83)求出最小时延射线所对应的反射虚高 h'_{min}。

(2) 由通信链路的收、发两点的经纬度确定两点间的大圆弧距离 D。设发射点和接收点的经纬度分别为(λ_T, φ_T)和(λ_R, φ_R)，收发两站点间大圆的圆心角为 α，则根据球面三角公式可得：

$$\cos\alpha = \sin\varphi_T \sin\varphi_R + \cos\varphi_T \cos\varphi_R \cos(\lambda_T - \lambda_R) \tag{4-86}$$

由此可得此通信链路的大圆距离为

$$D = r_E \alpha \frac{\pi}{180} \quad (\text{km}) \tag{4-87}$$

式中 r_E 为地球半径，α 以度(°)为单位。

(3) 由 $h'_{\min}$ 和 D，根据等效定理求出最小群路径 $P'_{\min}$：

$$P'_{\min} = \sqrt{D^2 + 4h'^2_{\min}} \tag{4-88}$$

(4) 在已知的 $P'-f$ 曲线上取 $P' = P'_{\min}$，并通过该点作频率轴的平行线交 $P'-f$ 曲线于一点，此交点的横坐标就是所求给定通信链路的最大可用频率 f_{MUF}。

以上是在平面抛物模型的简单情况下讨论了后向返回散射传播的一些特性和用它确定通信链路最大可用频率的方法。如果考虑地面和电离层弯曲，以及地磁场和碰撞的影响，则应对以上讨论加以修正。

然而，如果电离层参数未知，上述第(1)和第(3)步就很难实现。因此实际在后向返回散射传播的应用中，群路径和地面传输距离之间的转换(简称 PD 转换)是一个十分重要的问题。中国电波传播研究所焦培南及其团队研究并导出了几种后向散射传播的坐标变换方法。其中最小群路径 $P'_{\min}$ 和与之对应的地面传输距离 $D_{\min}$ 之间的变换方法不依赖于中点反射区电离层电子密度分布的假设或实测模型，而仅仅利用后向返回散射电离图中可度量的数据，如最小群路径 $P'_{\min}$、最小群路径对应的频率 $f_{P'_{\min}}$、最小群路径在工作频率 f 上的梯度 $\mathrm{d}P'_{\min}/\mathrm{d}f$ 值，即可实施变换。

4.3.4 天波超视距雷达

天波超视距雷达是利用天波传播模式实现超视距探测的雷达，也就是利用电离层对无线电波的反射超越视距界限探测到地平线以下的远距离目标的雷达。

如前所述，后向返回散射传播除了可用于探测远距离电离层形态、实时确定某通信链路的最大可用频率、监测远距离地面及海洋状态之外，还可以检测远距离海面上、地面上或低空运动目标。天波超视距雷达的工作原理就是利用后向返回散射传播模式，对电波所照射空域内和地面上的目标物的散射回波进行探测。

常规的视距雷达通常工作在微波段，直线探测距离约为 400 km。而天波超视距雷达因受天波传播模式的限制，其工作频率为高频波段 3～30 MHz，其探测距离因电离层的反射作用通常可达 800～4000 km，是真正意义上的“千里眼”。天波超视距雷达的方位扫描范围通常为±30°，因此其探测覆盖区域可达几百万平方公里。天波超视距雷达所接收的回波信息中除了包含反射区电离层的结构、形态等物理特性及环境噪声、干扰等电波环境相关信息，还包含波束照射区地面及空域目标散射特性的相关信息，从中可以对目标的不同形状、姿态或运动等特征进行识别。

天波超视距雷达以其探测距离远、覆盖范围广等优点广泛应用于军事及国民经济等领域。在早期预警和反超低空突防上，天波超视距雷达性能显著优于常规视距雷达，其对飞机目标的预警时间比视距雷达增加10倍，对舰船目标的预警时间则增加30～50倍。除小型车载高频雷达外，在远洋军舰和商船上也装有这种雷达，用于监视海面环境。它们的发射天线一般是无方向性的，而接收天线为靠船体一侧安装的天线阵。值得指出的是在美国加利福尼亚安装的宽孔径海面监视超视距雷达，可监视整个太平洋海域的来往船只和海面环境。我国也已建成了超视距雷达装置。

但由于天波超视距雷达依赖电离层传输信息，因此它有比微波雷达更多和更复杂的传播问题。比如天波超视距雷达受电离层形态随昼夜、季节、太阳活动等周期性变化的影响，特别是太阳风暴期间，电离层骚扰引起的地球向日面电离层对无线电波的强吸收，直接影响部署在地球向日面的天波超视距雷达的作用距离，使其“近视”或“远视”，检测性能及定位精度下降，甚至彻底“失明”。

习 题

1. 请描述电离层垂直探测系统的工作原理。

2. 什么是天波传播？能够利用天波进行远距离通信的波段有哪些？

3. 请解释电离层垂直探测电离图中的临界频率 $f_{\mathrm{O}}\mathrm{F2}$ 和 $f_{\mathrm{b}}\mathrm{Es}$ 的物理含义。

4. 试解释为什么当 f_{p} 远大于 f_{H} 时，X波的临界频率 f_{X} 和O波的临界频率 f_{O} 之差约为磁旋频率的一半，即 $f_{\mathrm{X}}-f_{\mathrm{O}}=\dfrac{1}{2}f_{\mathrm{H}}$。

5. 实际的垂直探测电离图中，入射波频率超过较低层的临界频率后，随着频率的上升，为什么会出现一段下降的描迹？

6. 设电离层的虚高由以下解析表达式给出：

$$h'(f)=\begin{cases} h_0+\dfrac{2f^2}{a} & (f\leqslant f_1)\\ h_0+\dfrac{2f^2}{a}+2f(f^2-f_1^2)^{1/2}\left(\dfrac{1}{b}-\dfrac{1}{a}\right) & (f>f_1)\end{cases}$$

其中 a、b 为常数，忽略碰撞和地磁场，试用积分法求真高表达式。

7. 从垂测电离图所得虚高表达式为

$$h'(f)=\frac{K}{f_0^2-f^2}\qquad (f\leqslant f_0)$$

其中 K 和 f_0 是常数，试求：

(1) 电离层底高 h_0；

(2) 利用积分法求真高 $h(f_{\mathrm{p}})$ 和相应的电子密度剖面 $N_{\mathrm{e}}(h)$。

8. 什么是跳距？什么是最大可用频率？

9. 请描述并证明等效路径定理。

10. 在地面距离 $D=600$ km的两地之间进行天波通信时，若某时刻两地中点上方电离层临界频率为8 MHz，则此时能在该链路实现天波通信的电波最大频率是多少？假设电离层等效高度 $h'=400$ km。

11. 设某地某时刻电离层临界频率为 5 MHz，当电波以一 30°仰角投射时，能反射回地面的无线电波最短波长是多少？假设电离层等效高度 $h'=350$ km。

12. 某时刻在特定的 A、B 两地之间进行天波通信时，请描述发射电波频率逐渐增大时对射线路径(传播模式)的影响。

13. 某时刻以特定频率进行天波通信时，请结合几何图示描述发射仰角逐渐增大时对射线路径及地面传输距离的影响。

14. 在一条 $D=2000$ km 的天波通信链路上，若已知中点上方电离层临界频率为 12 MHz，反射点虚高 $h'=400$ km，设电离层为平面水平分层结构，试求该链路的最大可用频率以及最佳可用频率。

15. 设电离层的折射率由线性层表示：

$$n^2=1-\frac{a^2K^2(h-h_0)}{f^2}$$

其中 h_0 为电离层底高，试求：

(1) 电波垂直入射并被反射回到地面时的虚高和相高；

(2) 如频率为 f 的电波以 θ 角斜入射，试求其群路径。

(忽略地磁场和碰撞，所得结果用 N_m、h_0 和 h 表示。)

16. 在短波天波传播中，频率选择的基本原则是什么？为什么在可能的条件下频率应尽量选择得高一些？

课外学习任务

(1) 了解电离层垂直探测、斜向探测系统的软硬件组成及数据分析方法。

(2) 学习应用实测频高图反演电离层电子密度剖面。

(3) 学习应用电离层斜向传输特性解决天波通信中的频率选择、天线仰角等基本问题。

(4) 学习并了解天波超视距雷达的工作原理及应用前景。

第 5 章　穿透电离层的传播

第 4 章讨论的天波传播是无线电信号经电离层反射后回到地面的电波传播模式，通常 1～30 MHz 的无线电波可以实现天波传播。当频率增大或仰角增大时，射线可能会穿透电离层。一般地，频率在 20 MHz 以上的无线电信号就可以穿透电离层传播，卫星和地面之间的通信链路就是最典型的穿透电离层的传播，称为星—地链路或地—空链路。

自 1957 年人类历史上第一颗人造卫星发射升空以来，随着人类科技的突飞猛进，卫星被广泛应用于通信、军事、气象、资源勘探、基础科学研究等领域。当前有三千多颗人造地球卫星游荡在地球周围的宇宙空间中，有用于军事侦察的侦察卫星，有用于勘探地下宝藏的资源卫星，有用于观测天气的气象卫星，有用于引导航行的导航卫星，有用于探测太空的科学考察卫星，有用作"千里眼""顺风耳"的通信卫星等。

卫星通信就是利用卫星进行无线电信息传递，信号自地球站发出，穿透对流层、平流层和电离层到达外层空间，卫星收到信号后经处理和放大，再将其转发回地面接收，如图 5.1 所示。实质上卫星起到的是微波中继的作用。由于卫星的高度很高，所以经卫星转发的信号其传输距离非常远，比普通的天波的传播距离远得多。目前使用的通信卫星主要是静止同步卫星。这种卫星位于赤道上方约 35 800 km 的高度空间，与地球同步转动。从卫星发射出来的电波，传播到地面上基本可覆盖地球 1/3 的面积，因此只需配置三个大容量卫星就可建立起全球的卫星通信体系。

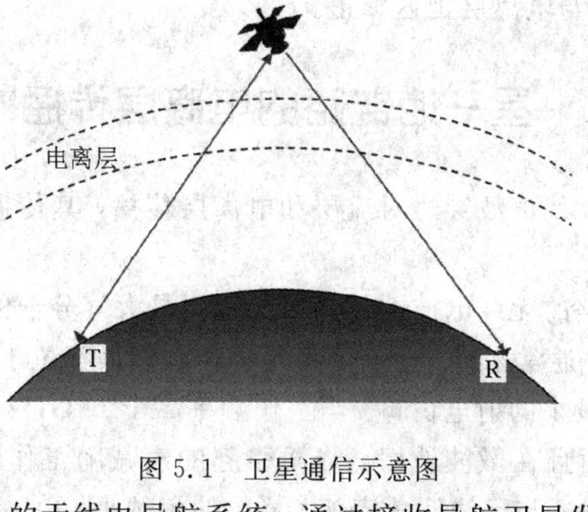

图 5.1　卫星通信示意图

卫星导航是基于卫星的无线电导航系统，通过接收导航卫星发送的导航定位信号，并以导航卫星作为动态已知点，实时地测定运动载体的在航位置和速度，进而完成导航。目前全球性的卫星导航系统主要有美国的 GPS 系统、俄罗斯的格洛纳斯(GLONASS)系统、中国的北斗卫星导航系统(BDS)、欧盟的伽利略(GALILEO)卫星导航系统等。四大系统均可为全球用户提供全天时、全天候、高精度、高可靠的定位、导航和授时服务。其中，GPS 系统的发展最为成熟，应用最为广泛。我国从 1994 年开始自行研制建设具有自主知识产权的中国第一代卫星导航定位系统——北斗卫星导航系统(简称北斗系统)，至 2020 年 7 月 31 日北斗三号全球卫星导航系统正式开通，可向全球用户全面提供定位导航授时、短报文通信、国际搜救、精密单点定位和星基增强等多种服务。图 5.2 为北斗卫星星座的空间分布示意图，由中高度圆轨道(Medium Earth Orbit，MEO)、地球静止轨道(Geostationary Earth Orbit，GEO)和倾斜地球同步轨道(Inclined Geo-Synchronous Orbit，IGSO)等三种轨道的混合星座构成。北斗系统创新性地采用导航通信融合的技术体制，其多样化的服务引领着世界卫星导航的发展。

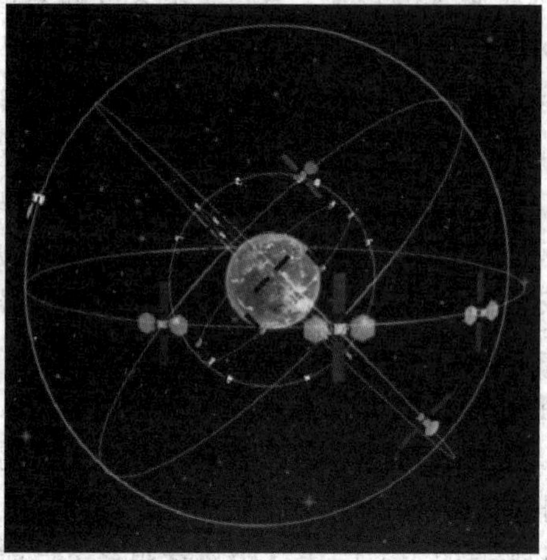

图 5.2 北斗卫星星座的空间分布

本章基于卫星与地面之间的星—地链路及卫星的地面监测系统，讨论信号穿透电离层的群时延、法拉第旋转、多普勒频移、电离层闪烁等电波传播效应以及基于上述传播效应的卫星信号的 TEC 测量与电离层延迟修正。

5.1 星—地链路的电离层传播效应

卫星与地面之间的无线电波穿透对流层和电离层传播，其传播特性必然会受到对流层和电离层的影响。

对流层对星—地链路的无线电波的传播影响主要是大气分子的吸收衰减与水汽凝成物的吸收衰减和散射衰减。通常来讲，通信卫星的工作频率大都位于 1～10 GHz 的微波波段，此波段属于大气损耗比较小的射电窗口。当工作频率高于 10 GHz 时，大气吸收衰减随着频率的增高而急剧增大。而且在微波波段，降雨引起的衰减随工作频率的增加而迅速增大。此外，大气对电波的吸收还与天线仰角密切相关，仰角越小，电波通过大气层的路径越长，损耗就越大。

如前所述，电离层是沉浸在地磁场中的磁等离子体介质，具有非均匀、色散、吸收、各向异性、随机等介质特性。电离层对卫星与地面之间的电波传播的影响主要有折射、色散、电离层延迟、法拉第旋转、电离层闪烁、多径、多普勒效应等。Kenneth Davies 和 Emest K. Smith 曾给出了太阳活动高年低纬地区白天 TEC 高达 100TECU 的情况下电离层对于频率范围为 0.1～10 GHz 的无线电波以仰角 30°单程传播时的影响估计值，如表5.1所示。他们还指出，当 1 GHz 以上的无线电波穿过电离层传播时，只需考虑电离层延迟、色散、法拉第旋转和电离层闪烁等四种影响。本节将重点讨论相位超前、群路径时延、色散、法拉第旋转和多普勒效应等电离层传播效应，电离层闪烁将在 5.3 节详细讨论。

表 5.1　最大电离层效应的估计

效应	频率关系	频率					
		0.1 GHz	0.25 GHz	0.5 GHz	1 GHz	3 GHz	10 GHz
法拉第旋转	f^{-2}	30 转	4.8 转	1.2 转	108°	12°	1.1°
群时延/μs	f^{-2}	25	4	1	0.25	0.028	0.0025
折射	f^{-2}	<1°	<0.16°	<2.4′	<0.6′	<4″	<0.36″
到达角改变	f^{-2}	20′	3.2′	48″	12″	1.33″	0.12″
吸收(极区)/dB	f^{-2}	5	0.8	0.2	0.05	0.006	0.0005
吸收(中纬)/dB	f^{-2}	<1	<0.16	<0.04	<0.01	<0.001	<0.0001
色散/(ps/kHz)	f^{-3}	400	26	3.2	0.4	4.5×10^{-2}	4×10^{-4}

5.1.1　相位超前与相位色散

在射线理论的假设下，无线电波由卫星到地面接收站穿过电离层传播的相路径定义为

$$P=\int_S n\cos\alpha \mathrm{d}s \tag{5-1}$$

式中，ds 为无线电波射线路径上的线元，积分是由发射点到接收点沿射线路径进行的，α 是电波波矢方向与射线方向之间的夹角。对于各向同性介质，$\alpha=0$；电离层等离子体介质中 α 的取值满足式(4-2)；对于 VHF 以上频段的无线电波，α 很小，cosα 可近似取为 1。与自由空间相比，由电离层引起的相路径长度变化：

$$\Delta P=\int_S (n-1)\mathrm{d}s \tag{5-2}$$

由于穿透电离层的无线电波其工作频率大都位于 300 MHz 以上的微波段，而电离层等离子体频率 f_{p} 和磁旋频率 f_{H} 的数量级分别为 10 MHz 和 1 MHz，电子与中性粒子间的碰撞频率 ν 一般约为 10^4 Hz，因此 $X\ll1$，$Y\ll1$，$Z\ll1$，忽略碰撞效应和地磁场作用，电离层介质的 A-H 公式可以简化为

$$n^2=1-\frac{f_{\mathrm{p}}^2}{f^2}=1-\frac{80.6N_{\mathrm{e}}}{f^2} \tag{5-3}$$

在高频近似下，式(5-3)可展开写成：

$$n=\left(1-\frac{80.6N_{\mathrm{e}}}{f^2}\right)^{1/2}\approx1-\frac{40.3N_{\mathrm{e}}}{f^2} \tag{5-4}$$

式(5-4)中等号右边忽略了折射指数的高阶项。将其代入式(5-2)中可得

$$\Delta P=\int_S (n-1)\mathrm{d}s=-\frac{40.3}{f^2}\int_S N_{\mathrm{e}}\mathrm{d}s=-\frac{40.3}{f^2}\mathrm{TEC} \tag{5-5}$$

式(5-5)应用了射线路径上的总电子含量 TEC 的定义，即沿射线路径的单位截面积圆柱内的自由电子数目。式(5-5)表明，相对于自由空间，电离层的存在缩短了相路径长度，并且

电离层引起的相路径的改变量与射线路径上的总电子含量成正比，与电波频率的平方成反比关系。

相路径缩短意味着相位超前，因此可得电离层引起的相位超前的量值为

$$\Delta\phi = \frac{2\pi}{\lambda}|\Delta P| = \frac{80.6\pi}{cf}\mathrm{TEC} = \frac{8.44\times10^{-7}}{f}\mathrm{TEC} \tag{5-6}$$

相位超前是由于无线电波相位在电离层中的传播速度（相速度）比在自由空间中的传播速度（光速）更快。式(5-6)表明，电离层引起的相位变化与电波的工作频率成反比，且由于 Fresnel 半径正比于 $\lambda/2$，因而闪烁在低频段更加显著。相位关于频率的变化率是由电离层 TEC 引起的相位色散。由式(5-6)可得

$$\frac{\mathrm{d}\phi}{\mathrm{d}f} = -\frac{8.44\times10^{-7}}{f^2}\mathrm{TEC} \tag{5-7}$$

相位色散会导致无线电测量系统产生测距误差。相对于相位色散而言，通常的术语色散特指时间延迟相对于频率的变化率，即 $\mathrm{d}t/\mathrm{d}f$。相位色散对于宽带系统的影响更显著，波数 k 是频率 ω 的非线性函数，这是由于不同频率的相速度不同所致。如果一个信号包含宽的频谱，则将在不同的频率成分上与发射时有不同的相位关系，因而发生形变。

利用电离层星—地链路上无线电波的相位超前效应，可以通过卫星信号的载波相位观测值来测量电离层沿射线路径的总电子含量 TEC，详见本章 5.2.2 小节。

5.1.2 群时延与色散

对于穿透电离层的星—地链路，无线电波从卫星到地面接收站的群路径定义为群折射指数沿射线路径的积分，即

$$P' = \int_S n'\mathrm{d}s \tag{5-8}$$

根据第 3 章 3.3 节中式(3-64)所引出的群折射指数的定义：

$$n' = \frac{\mathrm{d}(n\omega)}{\mathrm{d}\omega} = n + \omega\frac{\mathrm{d}n}{\mathrm{d}\omega} \tag{5-9}$$

忽略地磁场影响和碰撞作用，并且应用 $X\ll1$、$Y\ll1$ 的高频近似可得

$$n' = \frac{1}{n} = \left(1-\frac{80.6N_e}{f^2}\right)^{-1/2} \approx 1+\frac{40.3N_e}{f^2} \tag{5-10}$$

式(5-10)右边同样忽略了折射指数的高阶项。与自由空间相比，因电离层而引起的群路径长度的变化：

$$\Delta P' = \int_S (n'-1)\mathrm{d}s = \frac{40.3}{f^2}\int_S N_e\mathrm{d}s = \frac{40.3}{f^2}\mathrm{TEC} \tag{5-11}$$

由此可见，与自由空间相比，电离层的存在使得信号到达地面接收站的群路径变长了，而相路径变短了。若忽略电离层折射指数的高阶影响，群路径和相路径的变化量刚好大小相等，符号相反。

由于 $\Delta P'$ 是电离层引起的正的附加距离延迟，因此地面接收站接收信号时会产生附加时间延迟：

$$\Delta t = \frac{\Delta P'}{c} = \frac{40.3}{cf^2}\mathrm{TEC} \tag{5-12}$$

群时延是因为信号在电离层中传播的速度比在自由空间中慢。背景电离层引起的群路径延迟将直接导致卫星导航系统的测距偏差。由于电离层引起的时间延迟或距离延迟仅仅依赖于信号路径上的总电子含量 TEC，且卫星信号的时延的测量方法简单便捷，因此式(5-12)常用于电离层的 TEC 测量以及为改善卫星导航系统精度的电离层延迟修正。5.2.2 节和 5.2.3 节将分别讨论基于卫星信号的 TEC 测量和电离层延迟修正。

图 5.3 给出卫星与地面之间斜路径上总电子含量 TEC 取不同值时，电离层引起的附加时延随电波频率的变化。由图 5.3 可见，对于频率为 1.0 GHz 左右的信号，若 TEC 为 1TECU(即 10^{16} el/m^2)，电离层引起的附加群时延大约为 1.3 ns，而当 TEC 增为 500 TECU (即 5×10^{18} el/m^2)时，群时延增至 650 ns 左右。对于频率为 500 MHz 左右的信号，当 TEC 取值为 1～500 TECU 时，相应的电离层群时延为 5.4 ns～2.7 μs。

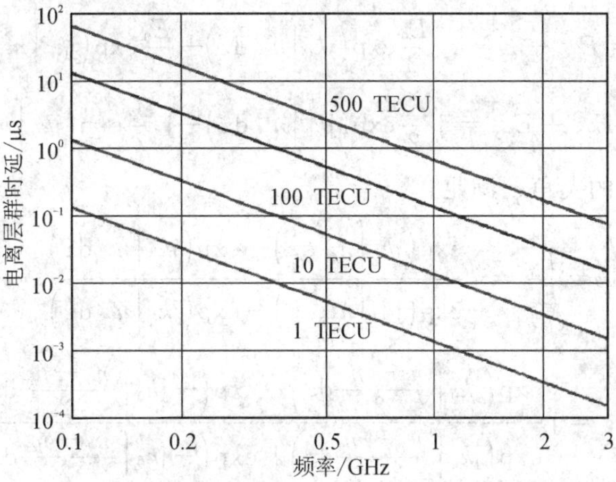

图 5.3　电离层群时延随频率和 TEC 的变化

色散是指时间延迟随频率的变化率，即

$$\frac{\mathrm{d}t}{\mathrm{d}f}=-\frac{80.6}{cf^3}\mathrm{TEC}=-\frac{2.68\times10^{-7}}{f^3}\mathrm{TEC} \tag{5-13}$$

式(5-13)表明，电离层引起的色散与电波频率的立方成反比。因此，在 VHF 频段甚至 UHF 频段，宽带传输系统必须考虑色散效应。

5.1.3　法拉第旋转

如第 2 章所述，地磁场的影响使得电离层表现为各向异性，线性极化入射波进入电离层后将分解为两个传播速度不同、旋转方向相反的椭圆极化分量，其合成波的电矢量极化面随着波在电离层中的传播而不断旋转。这种现象称为法拉第(Faraday)旋转。

当无线电波频率较高时，两个特征波在介质中的折射率都接近于 1。在这种情况下，除了在相对于精确垂直条件很小的角度范围内，准纵近似对于大多数角度都是比较精确的。而纵传播或准纵传播条件下，两特征波均为圆极化波，即 $\rho=\pm\mathrm{j}$。

设 $z=0$ 处线性极化入射波场为 $\boldsymbol{E}=E_0\boldsymbol{x}$，此时电场矢量沿 x 轴方向。入射波沿 z 轴方

向进入电离层介质后，电场将分解为两个旋转方向相反的圆极化波场，即

$$\boldsymbol{E} = \boldsymbol{E}_{+} + \boldsymbol{E}_{-} \tag{5-14}$$

其中，下标"+"和"−"分别表示左旋和右旋圆极化波。由 $z=0$ 处边界条件可得

$$\boldsymbol{E}_{+}(0) = \frac{E_0}{2}\boldsymbol{x} + \mathrm{j}\frac{E_0}{2}\boldsymbol{y} \tag{5-15}$$

$$\boldsymbol{E}_{-}(0) = \frac{E_0}{2}\boldsymbol{x} - \mathrm{j}\frac{E_0}{2}\boldsymbol{y} \tag{5-16}$$

两特征波以各自的相速度在电离层传播至 z 处时，其波场分别表示为

$$\boldsymbol{E}_{+}(z) = \boldsymbol{E}_{+}(0)\mathrm{e}^{\mathrm{j}k_0\int n_{+}\mathrm{d}z} \tag{5-17}$$

$$\boldsymbol{E}_{-}(z) = \boldsymbol{E}_{-}(0)\mathrm{e}^{\mathrm{j}k_0\int n_{-}\mathrm{d}z} \tag{5-18}$$

因此可得 z 处合成波的电场分量：

$$E_x = E_{+x} + E_{-x} = \frac{E_0}{2}\exp\left(\mathrm{j}k_0\int n_{+}\,\mathrm{d}z\right) + \frac{E_0}{2}\exp\left(\mathrm{j}k_0\int n_{-}\,\mathrm{d}z\right) \tag{5-19}$$

$$E_y = E_{+y} + E_{-y} = \mathrm{j}\frac{E_0}{2}\exp\left(\mathrm{j}k_0\int n_{+}\,\mathrm{d}z\right) - \mathrm{j}\frac{E_0}{2}\exp\left(\mathrm{j}k_0\int n_{-}\,\mathrm{d}z\right) \tag{5-20}$$

此时电场矢量与 x 轴的夹角 φ 满足：

$$\begin{aligned}
\tan\varphi &= \frac{E_y}{E_x} = \mathrm{j}\frac{\exp\left(\mathrm{j}k_0\int n_{+}\,\mathrm{d}z\right) - \exp\left(\mathrm{j}k_0\int n_{-}\,\mathrm{d}z\right)}{\exp\left(\mathrm{j}k_0\int n_{+}\,\mathrm{d}z\right) + \exp\left(\mathrm{j}k_0\int n_{-}\,\mathrm{d}z\right)} \\
&= \mathrm{j}\frac{\exp\left(\mathrm{j}k_0\int \frac{n_{+}-n_{-}}{2}\mathrm{d}z\right) - \exp\left(-\mathrm{j}k_0\int \frac{n_{+}-n_{-}}{2}\mathrm{d}z\right)}{\exp\left(\mathrm{j}k_0\int \frac{n_{+}-n_{-}}{2}\mathrm{d}z\right) + \exp\left(-\mathrm{j}k_0\int \frac{n_{+}-n_{-}}{2}\mathrm{d}z\right)} \\
&= \tan\left[-\frac{\pi}{\lambda}\int (n_{+}-n_{-})\mathrm{d}z\right]
\end{aligned}$$

于是有

$$\varphi = \frac{\pi}{\lambda}\int (n_{-}-n_{+})\mathrm{d}z \tag{5-21}$$

式(5-21)表明，由于各向异性电离层介质中两特征波的相位传播速度不同，因此两特征波沿相同路径传播相同距离后产生一定的相位差，进而导致其合成波的偏振面相比入射前转过一定角度，即发生法拉第旋转。

对于穿透电离层传播的星—地链路，法拉第旋转角 Ω 通常可表示为

$$\Omega = \frac{\pi}{\lambda}\int (n_{+}-n_{-})\mathrm{d}s \tag{5-22}$$

式中，积分沿卫星与地面接收点之间的射线路径进行。准纵近似下，电离层折射指数满足式(2-112)，将其代入式(5-22)并应用 $X \ll 1$、$Y \ll 1$ 的高频近似，于是可得

$$\begin{aligned}
\Omega &= \frac{\pi}{\lambda}\int\left[\left(1-\frac{X}{1+Y_{\mathrm{L}}}\right)^{1/2} - \left(1-\frac{X}{1-Y_{\mathrm{L}}}\right)^{1/2}\right]\mathrm{d}s \approx \frac{\pi}{\lambda}\int\frac{XY_{\mathrm{L}}}{1-Y_{\mathrm{L}}^2}\mathrm{d}s \\
&\approx \frac{\pi}{\lambda}\int XY_{\mathrm{L}}\,\mathrm{d}s = \frac{40.3e}{cm_{\mathrm{e}}f^2}\int N_{\mathrm{e}}B\cos\theta\,\mathrm{d}s
\end{aligned} \tag{5-23}$$

式中，θ 表示电波波矢方向与地磁场方向的夹角。式(5－23)表明，法拉第旋转角 Ω 与电波频率的平方成反比，频率越高，法拉第旋转角就越小。

由式(5－23)可见，除电波频率和电子密度分布外，法拉第旋转角 Ω 还与地磁场沿电波波矢方向的分量有关，当传播方向和地磁场方向一致(纵传播)时，法拉第旋转角最大。假设卫星高度以下地磁场及其沿波矢方向的分量随路径变化不大，通常可以将磁场沿波矢方向的分量 $B\cos\theta$ 提出积分式外，而用一平均值 B_{av} 代替，于是可得

$$\Omega = \frac{40.3e}{cm_e f^2} B_{av} \int N_e \mathrm{d}s = 2.36 \times 10^4 \frac{B_{av}}{f^2} \mathrm{TEC} \tag{5-24}$$

式(5－24)便是利用法拉第旋转测量射线路径上的总电子含量 TEC 的基本原理。设 χ 为射线路径与天顶方向的夹角，且有 $\mathrm{d}s = \sec\chi \mathrm{d}h$，那么式(5－23)还可以写成

$$\Omega = \frac{40.3e}{cm_e f^2} \int N_e B\cos\theta \sec\chi \mathrm{d}h \tag{5-25}$$

将式(5－25)中 $B\cos\theta\sec\chi$ 提出积分式外，并用某一高度的平均值代替，于是有

$$\Omega = \frac{40.3e}{cm_e f^2} \overline{B\cos\theta\sec\chi} \int N_e \mathrm{d}h = \frac{2.36 \times 10^4}{f^2} \overline{M} N_T \tag{5-26}$$

其中，$\overline{M} = \overline{B\cos\theta\sec\chi}$，称为高空定点定向平均磁场因子，通常取 420 km 高度处的磁场 B、θ 和 χ 的值求得；N_T 为卫星与地面接收站之间垂直方向的总电子含量。

图 5.4 给出了卫星与地面之间斜路径上总电子含量 TEC 取不同值时电离层引起的法拉第旋转角随电波频率的变化。由图 5.4 可见，对于 100 MHz 的电波信号，当电离层的总电子含量 TEC 为 1 TECU(即 10^{16} el/m^2)时，穿过整个电离层后，法拉第旋转角为 1.89 rad (约 108°)；而当 TEC 增为 500 TECU(即 5×10^{18} el/m^2)时，法拉第旋转角增至 942.5 rad (约 150 转)。对于频率为 1 GHz 左右的信号，当 TEC 取值为 1～500 TECU 时，相应的法拉第旋转角在 1.08°到 1.5 转之间。法拉第旋转现象对采用线极化信号的无线电系统影响严重，采用圆极化无线电信号可克服法拉第旋转的影响。

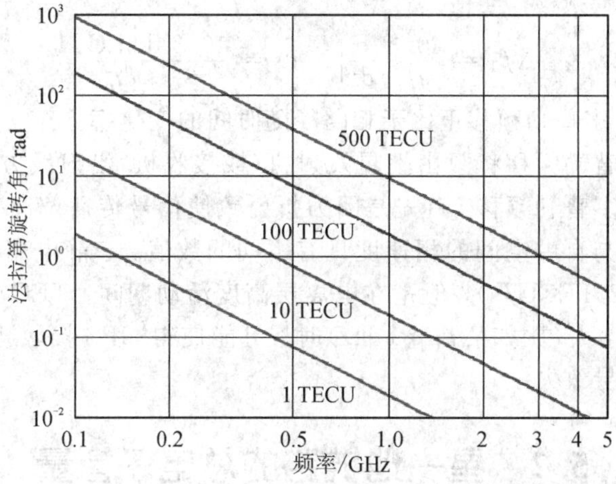

图 5.4　法拉第旋转角随频率和 TEC 的变化

5.1.4 多普勒效应

当振源与观察者之间存在相对径向运动时，观察者所接收到的信号频率与振源发射的信号频率不相等，并且两者相互靠近时频率增加，互相远离时频率减小。这种现象称为多普勒(Doppler)效应。

无线电波中也存在多普勒效应。比如，卫星之类的飞行体发射的无线电波由于飞行体的运动产生多普勒频移；无线电波穿过电离层时，电离层电子密度随时间的变化也会产生多普勒频移。因而从多普勒频移测量中，除了能获得波源运动速度和大致飞行方向的信息外，还能获得电离层介质的有关信息。具体地讲，多普勒频移包括真空多普勒和介质的附加多普勒，且前者远比后者大。

设卫星(比如地球同步轨道卫星)与地面接收站之间距离恒定，穿透电离层到达地面接收站的无线电波的相位为

$$\phi = \omega t - k_0 \int n \mathrm{d}s = \omega t - k_0 P \tag{5-27}$$

式中，积分从卫星到地面接收机沿射线路径进行，P 为电波射线的相路径。因此可得地面所接收的电波信号的频率 f_r 为

$$f_r = \frac{1}{2\pi}\frac{\mathrm{d}\phi}{\mathrm{d}t} = f - \frac{1}{\lambda}\frac{\mathrm{d}P}{\mathrm{d}t} \tag{5-28}$$

式中，f 为卫星发射的电波频率。此卫星信号的多普勒频移 Δf 为

$$\Delta f = f_r - f = -\frac{1}{\lambda}\frac{\mathrm{d}P}{\mathrm{d}t} \tag{5-29}$$

忽略地磁场影响和碰撞作用，在星—地链路的电波传播中，由于 $f \gg f_p$，将高频近似下的折射指数表达式(5-4)代入式(5-29)可得

$$\Delta f = -\frac{f}{c}\frac{\mathrm{d}s}{\mathrm{d}t} + \frac{40.3}{cf}\frac{\mathrm{d}}{\mathrm{d}t}\int N_e \mathrm{d}s = \Delta f_0 + \Delta f_d \tag{5-30}$$

式中，$\Delta f_0 = -\frac{f}{c}\frac{\mathrm{d}s}{\mathrm{d}t}$，表示真空多普勒频移，是由卫星的运动效应引起的；$\Delta f_d$ 表示电离层介质引起的附加多普勒频移，且有

$$\Delta f_d = \frac{40.3}{cf}\frac{\mathrm{d}}{\mathrm{d}t}\int N_e \mathrm{d}s = \frac{40.3}{cf}\frac{\mathrm{dTEC}}{\mathrm{d}t} \tag{5-31}$$

式(5-31)表明，多普勒频移正比于相路径随时间的变化率。若电离层不存在，则星—地链路传播信号的多普勒频移将只由卫星发射机(或接收机)沿射线方向的速度分量决定。电离层的存在改变了多普勒频移，首先是因为折射致使信号传播偏离直线路径，其次是由于电离层中的相速度与自由空间的相速度具有不同的数值。宁静电离层情况下，$\mathrm{dTEC}/\mathrm{d}t$ 很小(平均大概为 0.2 TECU/s)，但是在电离层高度活动期间，TEC 快速变化，在某些情况下，当多普勒频移增大(比如 $\Delta f_d > 1$ Hz)时，可能使得 GPS 接收机锁相环不能够锁定 GPS 信号相位，从而导致失锁。

5.2 星—地链路的总电子含量

电离层的总电子含量(Total Electron Content，TEC)无论对于电离层物理理论研究还

是电离层传播实际应用都是一个很有价值的参量。特别对于穿透电离层的星—地链路，TEC 会引起无线电波测量误差，这种卫星信号的电波测量误差也可以用于 TEC 测量。本节基于 TEC 定义主要讨论 TEC 的测量方法及利用 TEC 对卫星导航系统的电离层修正。

5.2.1　TEC 与 VTEC

正如 1.3.3 小节中所述，电离层的总电子含量(TEC)是描述电离层形态的重要特征参数之一，其定义为卫星与地面台站之间沿射线路径的单位面积圆柱内的自由电子数目。根据此定义，TEC 可以表示为电子密度沿射线传播路径的积分：

$$\mathrm{TEC} = \int_S N_e \mathrm{d}s \tag{5-32}$$

式中，N_e 为电离层电子密度，$\mathrm{d}s$ 为卫星与地面台站之间的射线路径微元，S 表示电波传播的射线路径。TEC 的单位为 $\mathrm{el/m^2}$，其常用单位是 TECU，1 TECU$=10^{16}$ $\mathrm{el/m^2}$。

由定义可知，总电子含量 TEC 随卫星信号射线路径的倾斜程度和倾斜方向而变化。在地—空链路电波传播的实际应用中，通常将电离层等效压缩为一个非常薄的薄层，假设电子密度都集中在该薄层上且为二维分布，薄层高度通常取 350～450 km。卫星与地面接收站之间的射线路径与电离层薄层交于一点，此交点称为穿刺点，如图 5.5 中的 P 点所示。因此 TEC 实际上相当于卫星信号与电离层的穿刺点处沿射线路径的电子总数。由于卫星与地面之间的射线路径往往是斜向的，因此穿刺点一般不在地面接收站的正上方，式(5-32)所定义的 TEC 一般也不是电子密度沿高度方向的积累。

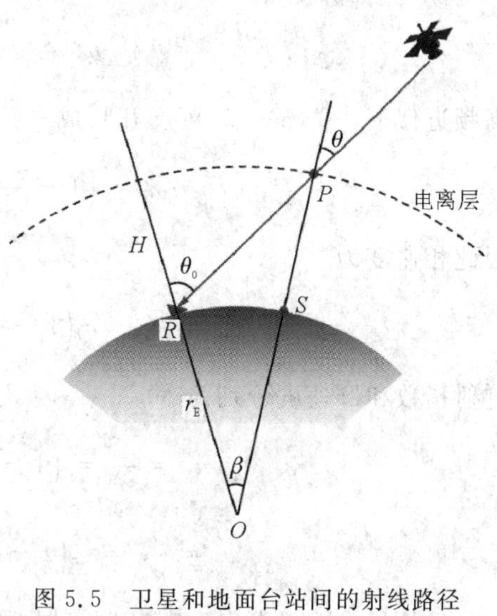

图 5.5　卫星和地面台站间的射线路径

当射线垂直通过穿刺点时，总电子含量为电子密度沿垂直(高度)方向的积累，称为垂直 TEC，通常以 VTEC 表示。如图 5.5 所示，穿刺点(P)与地心(O)的连线交地球表面于 S 点，则 S 点位于 P 点的正下方位置，称为穿刺点的星下点。因此垂直 TEC 是星下点(S)上方的电子密度沿垂直方向的积累。设射线斜向路径在穿刺点(P)处与垂直方向的夹角为 θ，则垂直 TEC 与斜向 TEC 的关系可表示为

$$\mathrm{VTEC} = \mathrm{TEC}\cos\theta \tag{5-33}$$

由图 5.5 所示的几何关系可得

$$\sin\theta = \sin\theta_0 \frac{r_E}{r_E + H} \tag{5-34}$$

其中，θ_0 为卫星相对于地面接收站的天顶角，r_E 为地球的平均半径，H 为电离层薄层距地面的高度。

TEC 和 VTEC 是描述电离层物理特性非常重要的参量，VTEC 的空间分布及时间变化能够反映电离层的基本形态特性，因此通过探测与分析电离层 TEC 参量，可以研究电离层形态在不同时空尺度的分布与变化特性，如电离层的周日、逐日变化，电离层的季节、年

度变化，以及磁暴、地震期间的电离层异常变化等。

5.2.2　TEC 的测量

电离层 TEC 探测手段通常以卫星信标测量为主，本章 5.1.1 小节至 5.1.4 小节中所讨论的星—地链路的电离层传播效应都可用于测量射线路径上电离层的总电子含量 TEC，比如 GPS 双频差分法、微分多普勒法、法拉第旋转法等。

1. GPS 双频差分法

对于 GPS 卫星，其工作频率 $f_1=1.57542$ GHz，$f_2=1.2276$ GHz，而电离层等离子体频率 f_p 和磁旋频率 f_H 的数量级分别为 10 MHz 和 1 MHz，电子与中性粒子间的碰撞频率 ν 一般约为 10^4 Hz，因此有 $f_{1,2}\gg f_p$，$f_{1,2}\gg f_H$，$f_{1,2}\gg\nu$，即 $X\ll1$，$Y\ll1$，$Z\ll1$。忽略碰撞效应和地磁场作用，电离层介质的 A－H 公式可以简化为

$$n^2=1-\frac{f_p^2}{f^2}=1-\frac{80.6N_e}{f^2}\tag{5-35}$$

高频近似下，式(5－35)可展开写成

$$n=\left(1-\frac{80.6N_e}{f^2}\right)^{1/2}\approx1-\frac{40.3N_e}{f^2}\tag{5-36}$$

因此相速度为

$$v_p=\frac{c}{n}=c\left(1-\frac{80.6N_e}{f^2}\right)^{-1/2}\approx c\left(1+\frac{40.3N_e}{f^2}\right)\tag{5-37}$$

群射指数和群速度分别为

$$n'=\frac{1}{n}=\left(1-\frac{80.6N_e}{f^2}\right)^{-1/2}\approx1+\frac{40.3N_e}{f^2}\tag{5-38}$$

$$v_g=\frac{c}{n'}=c\left(1-\frac{80.6N_e}{f^2}\right)^{1/2}\approx c\left(1-\frac{40.3N_e}{f^2}\right)\tag{5-39}$$

设信号由卫星发出后穿过电离层，传输到地面后被接收，信号传输的时间延迟为 Δt，则卫星信号传输的真实路径长度(卫星与地面接收站之间的真实距离)为

$$S=\int_{\Delta t}v_g\mathrm{d}t=\int_{\Delta t}c\left(1-40.3\frac{N_e}{f^2}\right)\mathrm{d}t=c\Delta t-\frac{40.3}{f^2}\int_S N_e\mathrm{d}s\tag{5-40}$$

式中，等号右边第一项信号传输时间 Δt 与光速的乘积表示信号的等效传输距离或群路径 $P'=c\Delta t$，卫星导航系统中称其为伪距①；等号右边第二项的积分式为此卫星信号路径上电离层的总电子含量 TEC。因此，式(5－40)可表示为

$$S=P'-\frac{40.3}{f^2}\int_S N_e\mathrm{d}s=P'-\frac{40.3}{f^2}\mathrm{TEC}\tag{5-41}$$

同理，如果对卫星信号的载波相位进行测量，设载波相位从卫星传播至地面接收站的

① 卫星导航系统中常用符号 P 表示伪距，本书使用 P'，一方面与群路径符号保持一致，另一方面也避免与相路径符号混淆。

时间为 $\Delta t'$，则卫星与地面接收站之间的真实距离可表示为

$$S = \int_{\Delta t'} v_{\mathrm{p}} \mathrm{d}t = \int_{\Delta t'} c\left(1 + 40.3\,\frac{N_{\mathrm{e}}}{f^2}\right)\mathrm{d}t = c\Delta t' + \frac{40.3}{f^2}\int_S N_{\mathrm{e}} \mathrm{d}s \tag{5-42}$$

式中，等号右边第一项表示相路径 $P=c\Delta t'=(\phi+N)\lambda$，其中 ϕ 为卫星导航系统的载波相位观测值，N 为整周模糊度，λ 为载波波长。因此，式(5-42)可表示为

$$S = P + \frac{40.3}{f^2}\int_S N_{\mathrm{e}} \mathrm{d}s = P + \frac{40.3}{f^2}\mathrm{TEC} \tag{5-43}$$

由此可见，卫星信号的等效路径长度(等效传输距离)比其真实路径长度(真实传输距离)更长，此现象称为群路径延迟。利用载波相位所测得的距离比真实距离更短，称为相位超前。利用载波相位测量的距离和利用伪距测量的距离中电离层引起的延迟距离在数量上大小相等，符号相反，即

$$S - P' = -\frac{40.3}{f^2}\mathrm{TEC} \tag{5-44}$$

$$S - P = \frac{40.3}{f^2}\mathrm{TEC} \tag{5-45}$$

因此，只要利用伪距测量或载波相位测量确定了电离层引起的延迟，就可以获得此路径上的总电子含量 TEC。

双频 GPS 接收机可以同时接收 GPS 卫星所发射的两个不同频率的信号，设地面接收机所测量的频率为 f_1 和 f_2 的某 GPS 卫星信号群时延分别为 Δt_1 和 Δt_2，伪距分别为 P'_1 和 P'_2，则由式(5-41)可得

$$S = c\Delta t_1 - \frac{40.3}{f_1^2}\int_S N_{\mathrm{e}} \mathrm{d}s = P'_1 - \frac{40.3}{f_1^2}\mathrm{TEC} \tag{5-46}$$

$$S = c\Delta t_2 - \frac{40.3}{f_2^2}\int_S N_{\mathrm{e}} \mathrm{d}s = P'_2 - \frac{40.3}{f_2^2}\mathrm{TEC} \tag{5-47}$$

由于两信号的真实传播路径完全相同，因此式(5-46)和式(5-47)中的 S 相同。将式(5-46)和式(5-47)作差，可得

$$\Delta P' = P'_2 - P'_1 = 40.3\left(\frac{1}{f_2^2} - \frac{1}{f_1^2}\right)\mathrm{TEC} \tag{5-48}$$

因此通过双频伪距差分可获得卫星和地面台站之间的总电子含量：

$$\mathrm{TEC} = \int_S N_{\mathrm{e}} \mathrm{d}s = \frac{1}{40.3}\,\frac{f_1^2 f_2^2}{f_1^2 - f_2^2}\Delta P' = 9.52 \times 10^{16}\Delta P' \tag{5-49}$$

这便是利用双频伪距测量值进行差分运算所测量的电离层 TEC。同理，也可以利用双频载波相位测量值进行差分运算，从而获得电离层 TEC。设地面接收机所测量的频率为 f_1 和 f_2 的某 GPS 卫星信号的载波相位分别为 ϕ_1 和 ϕ_2，整周模糊度分别为 N_1 和 N_2，由式(5-43)可得

$$S = c\Delta t'_1 + \frac{40.3}{f_1^2}\int_S N_{\mathrm{e}} \mathrm{d}s = (\phi_1 + N_1)\lambda_1 + \frac{40.3}{f_1^2}\mathrm{TEC} \tag{5-50}$$

$$S = c\Delta t'_2 + \frac{40.3}{f_2^2}\int_S N_{\mathrm{e}} \mathrm{d}s = (\phi_2 + N_2)\lambda_2 + \frac{40.3}{f_2^2}\mathrm{TEC} \tag{5-51}$$

式(5-50)和式(5-51)作差可得

$$\begin{aligned}\mathrm{TEC}&=\int_S N_e \mathrm{d}s=\frac{1}{40.3}\frac{f_1^2 f_2^2}{f_1^2-f_2^2}(\phi_1\lambda_1-\phi_2\lambda_2+N_1\lambda_1-N_2\lambda_2)\\&=9.52\times10^{16}(\phi_1\lambda_1-\phi_2\lambda_2+N_1\lambda_1-N_2\lambda_2)\end{aligned}\tag{5-52}$$

由于载波相位观测中的整周模糊度存在一定程度的不确定性，因此利用双频差分载波相位测量值只能获得 TEC 的相对变化值，而利用双频差分伪距测量值可以获得 TEC 的绝对值。但是差分伪距测得的绝对 TEC 的精度不是很高，其数量级只能达到 1 TECU，而差分载波相位测得的相对 TEC 的精度的数量级可达 0.01 TECU。可见，差分载波相位测得的相对 TEC 的精度比差分伪距测得的绝对 TEC 的精度高得多。

2. 微分多普勒法

根据 5.1.4 小节中式(5-31)可知，通过测量卫星信号穿过电离层的多普勒频移即可获得电离层沿射线路径的总电子含量 TEC。但由于星—地链路电波频率比多普勒频率高得多，因此为了灵敏地检测出多普勒频移，通常使用微分多普勒技术进行观测。由式(5-30)可得，运动效应引起的多普勒频移 Δf_0 与频率 f 成正比，电离层介质效应引起的附加多普勒频移 Δf_d 与频率 f 成反比，因此可通过分频或倍频的方法实现两个信标频率在同一频率上差分，从而消去运动效应项，剩下两个信号在同一频率上介质效应的差分值。这就是微分多普勒技术。

假设卫星发射两个频率为 f 和 mf 的信号，其中 m 为某个大于 1 的正整数。它们是由同一振荡器产生的不同倍数的倍频信号，因而它们的相位是相关的。由式(5-28)可得，两信号穿透电离层传输后到达地面的接收频率分别为

$$f_{r1}=f-\frac{f}{c}\frac{\mathrm{d}P}{\mathrm{d}t}=f-\frac{f}{c}\frac{\mathrm{d}}{\mathrm{d}t}\int\mathrm{d}s+\frac{40.3}{cf}\frac{\mathrm{d}}{\mathrm{d}t}\int N_e\mathrm{d}s\tag{5-53}$$

$$f_{r2}=mf-\frac{mf}{c}\frac{\mathrm{d}P}{\mathrm{d}t}=mf-\frac{mf}{c}\frac{\mathrm{d}}{\mathrm{d}t}\int\mathrm{d}s+\frac{40.3}{cmf}\frac{\mathrm{d}}{\mathrm{d}t}\int N_e\mathrm{d}s\tag{5-54}$$

地面台站将接收的信号 f_{r2} 进行 m 次分频，并与 f_{r1} 差拍得到拍频 f_b：

$$f_b=f_{r1}-\frac{f_{r2}}{m}=\frac{40.3}{cf}\left(\frac{m^2-1}{m^2}\right)\frac{\mathrm{dTEC}}{\mathrm{d}t}\tag{5-55}$$

式(5-55)即为微分多普勒频移的表达式。不难看出，它与方程(5-31)所示的电离层附加多普勒频移 Δf_d 的表达形式基本相同，两者均与工作频率 f 成反比，与总电子含量 TEC 的时间变化率成正比，所不同的仅仅相差一个常数因子 $(m^2-1)/m^2$。因此只要能从实验中测出微分多普勒频移 f_b，同样可以获得总电子含量的信息。

注意，式(5-55)仅仅给出了微分多普勒频移与总电子含量随时间的变化率之间的关系，并未给出总电子含量的绝对大小。为求得总电子含量，还必须将所得多普勒频移对时间积分，于是可得

$$\mathrm{TEC}=\frac{cf}{40.3}\left(\frac{m^2}{m^2-1}\right)\int f_b\mathrm{d}t+C\tag{5-56}$$

式中，积分常数 C 可用一些特殊方法求出，比如将微分多普勒方法与法拉第旋转测量技术结合起来可以确定积分常数。

3. 法拉第旋转法

根据 5.1.3 小节中式(5-26)可知，通过测量卫星信号穿透电离层传播后的法拉第旋转角即可获得信号路径上或垂直方向上的电离层总电子含量 TEC。然而实际上，由于卫星上发射波的极化面不确定，因此无法获得旋转角 Ω 的绝对值。

对于单频信标，通常将法拉第旋转测量和微分多普勒频移测量结合起来测量法拉第旋转角的变化率 $\mathrm{d}\Omega/\mathrm{d}t$(称为法拉第频率)。由式(5-26)可得

$$\frac{\mathrm{d}\Omega}{\mathrm{d}t}=\frac{40.3e}{cm_{\mathrm{e}}f^2}\left[\frac{\mathrm{d}M}{\mathrm{d}t}N_{\mathrm{T}}+M\frac{\mathrm{d}N_{\mathrm{T}}}{\mathrm{d}t}\right] \tag{5-57}$$

在微分多普勒频移为零的瞬间，$\mathrm{d}N_{\mathrm{T}}/\mathrm{d}t=0$，即卫星高度下的总电子含量为常量，此时式(5-57)变为

$$\frac{\mathrm{d}\Omega}{\mathrm{d}t}=\frac{40.3e}{cm_{\mathrm{e}}f^2}\frac{\mathrm{d}M}{\mathrm{d}t}N_{\mathrm{T}} \tag{5-58}$$

式中，M 的时间导数是缓慢变化的。对于给定的磁场和电子密度模型，$\mathrm{d}M/\mathrm{d}t$ 是可计算的，由实测的法拉第旋转角的变化率 $\mathrm{d}\Omega/\mathrm{d}t$ 便可通过式(5-58)直接获得积分电子浓度 N_{T}。

对于双频信标，假如用两个十分接近的频率 f 和 $f+\delta f$ 进行观测，设两个频率的信号对应的法拉第旋转角分别为 Ω 和 $\Omega+\delta\Omega$，由式(5-26)可得

$$\frac{\delta\Omega}{\Omega}=\frac{f^2-(f+\delta f)^2}{(f+\delta f)^2}\approx-2\frac{\delta f}{f} \tag{5-59}$$

例如，卫星上发出 40 MHz 和 41 MHz 两个频率的信号，故 $\delta f/f=2.5\%$，因此两个法拉第旋转角每隔 20 个整周期就相重合。只要两接收机连续记录，这种一致性就十分清楚。利用整周位置数定出 $\delta\Omega$ 的大小，从而消除法拉第旋转角测量的多义性，确定绝对旋转角 Ω 的数值，并求得总电子含量 N_{T}，这种方法称为微分法拉第技术。

5.2.3 基于 GPS 卫星信号的电离层延迟修正

对于穿透电离层的地—空链路的无线电波传播，其所受到的电离层延迟影响较为严重，特别是卫星导航系统，电离层延迟将严重降低卫星导航系统的定位精度。比如，在 GPS 卫星导航系统的各项误差中，电离层引起的延迟误差是其中最大的一项误差，最大可达 150 m，最小也有 5 m。下面以 GPS 卫星信号为例来讨论电离层延迟及其修正方法。

对于载波频率分别为 $f_1=1.57542$ GHz 和 $f_2=1.2276$ GHz 的 GPS 卫星信号，电离层等离子体频率 f_{p} 和磁旋频率 f_{H} 均远小于信号的载波频率，因此电离层折射指数公式中的 X、Y、Z 参量均远小于 1，即 $X\ll1$，$Y\ll1$，$Z\ll1$，此时折射指数可近似表示为

$$n=1-\frac{X}{2}\pm\frac{XY}{2}\cos\theta-\frac{X^2}{8} \tag{5-60}$$

式中，等号右边第一项相当于 GPS 信号载波在真空中的传播效应；第二项是电离层折射率的一阶项，与电波频率的平方 f^2 成反比；第三项是电离层折射率的二阶项，与电波频率的立方 f^3 成反比；第四项是电离层折射率的三阶项，与电波频率的四次方 f^4 成反比。其中，电离层折射率的二阶项和三阶项对 GPS 卫星信号延迟的影响称为高阶电离层效应。在极端影响条件下，二阶项和三阶项的时延影响比一阶项小 3～4 个数量级。比如，假设电离层 TEC 为 100 TECU，式(5-60)中二阶项和三阶项对载波 f_1 信号引起的延迟距离分别约为

1.6 cm 和 0.9 cm，对载波 f_2 信号引起的延迟距离分别约为 3.2 cm 和 2.4 cm。因此，一般可忽略高阶电离层效应，此时式(5-60)即可退化为式(5-36)。

由式(5-44)和式(5-45)可知，GPS 卫星信号的伪距测量和载波相位测量中的电离层延迟产生的距离偏差与载波频率的平方成反比，与信号路径上总电子含量 TEC 成正比。当 TEC 随地方时、季节等变化，或受到异常扰动时，伪距测量和载波相位测量的电离层效应的距离偏差也随之变化。

目前国内外对于电离层一阶延迟项的修正方法有很多，且已发展比较成熟。下面重点介绍一下双频修正法、差分 GPS 定位法、半和修正法和模型法。

1. 双频修正法

双频 GPS 接收机可以同时接收来自同一颗卫星的两种不同频率的信号，若测得两信号到达接收机的时间差，就能分别反推出它们各自所受到的电离层延迟，这种方法称为双频修正法。将应用 GPS 双频差分方法获得的式(5-49)代入式(5-44)，于是可得

$$S-P'_1=-\frac{40.3}{f_1^2}\text{TEC}=-\frac{f_2^2}{f_1^2-f_2^2}\Delta P'=-1.545\,73\Delta P' \tag{5-61}$$

$$S-P'_2=-\frac{40.3}{f_2^2}\text{TEC}=-\frac{f_1^2}{f_1^2-f_2^2}\Delta P'=-2.545\,73\Delta P' \tag{5-62}$$

式中，$\Delta P'=P'_2-P'_1$，即载波频率为 $f_2=1.2276$ GHz 的信号所测伪距与载波频率为 $f_1=1.575\,42$ GHz 的信号所测伪距之差。因此，修正后的卫星与地面接收站之间的真实距离为

$$S=2.545\,73P'_1-1.545\,73P'_2 \tag{5-63}$$

同理，将式(5-52)代入式(5-50)或式(5-51)，可利用 GPS 双频载波相位观测量得到电离层延迟：

$$S-(\varphi_1+N_1)\lambda_1=\frac{f_2^2}{f_1^2-f_2^2}[(\varphi_1+N_1)\lambda_1-(\varphi_2+N_2)\lambda_2] \tag{5-64}$$

$$S-(\varphi_2+N_2)\lambda_2=\frac{f_1^2}{f_1^2-f_2^2}[(\varphi_1+N_1)\lambda_1-(\varphi_2+N_2)\lambda_2] \tag{5-65}$$

因此可得修正后的卫星与地面接收站之间的真实距离为

$$S=[(\varphi_1+N_1)\lambda_1]\frac{f_1^2}{f_1^2-f_2^2}-[(\varphi_2+N_2)\lambda_2]\frac{f_2^2}{f_1^2-f_2^2} \tag{5-66}$$

基于载波相位测量的电离层延迟的计算很精确，但是存在整周模糊度问题，基于伪距测量的电离层修正没有模糊度问题，但存在噪声。另外，上述双频修正公式中均略去了电离层折射指数的高阶项，且未考虑信号传播路径的弯曲和地磁场的影响。该法在一般情况下可满足大多数用户的精度要求，但在总电子含量 TEC 很大、卫星的高度角又较小时求得的电离层效应距离偏差修正的误差可达几厘米。为满足高精度 GPS 测量的要求，Brunner 等提出了一种电离层效应距离偏差修正模型，充分考虑了电离层折射指数的高阶项和地磁场的影响，并沿信号传播路径积分。计算结果表明，无论在何种情况下，改进的模型精度均优于 2 mm。但是对于单频接收机用户来说，无法使用此方法。

2. 差分 GPS 定位法

对于单频 GPS 接收机，可以利用电离层延迟的空间相关性通过相对定位来消除其影

响，这种方法称为差分 GPS(Differential GPS，DGPS)。DGPS 的基本思想为：由地面基准站计算出电离层修正信息，并将其发送至其他流动用户，以减小其测量误差，提高定位精度。当进行短距离(比如 20 km 以内)相对定位时，由于卫星信号到达两个地面基准站和流动用户端所穿过的电离层电子密度的相关性很好(尤其是晚上时段)，卫星高度角也几乎相同，而且流动站离地面基准站越近，两者的测量误差就越接近，因此用户在短基线上进行相对定位或在基准站附近进行差分 GPS 导航定位时，即使用单频接收机也能获得相当好的效果。伪距测量和载波相位测量中都可以使用 DGPS。但是随着流动用户与基准站之间距离的增加，它们之间的误差的相关性减弱，因此传统的局域 DGPS 不能用于大范围的导航定位。

广域差分 GPS(Wide Area Differential GPS，WADGPS)是一个集中式系统，能够在一个很大的地理区域内，以某种形式为用户提供差分修正。在指定区域内配置一系列基准站，通常基线长度可达 1000 km，每个基准站配备一台双频 GPS 接收机和通信设备。数据中心根据各基准站将所测得的 GPS 观测数据进行误差分析并对误差源加以分离，将每个误差源的修正项发送给用户，每个用户就可以根据自己的位置适当采用相应的修正参数。

3. 半和修正法

由式(5-44)和式(5-45)可知，在忽略电离层折射指数的高阶项影响时，利用载波相位测量的电离层延迟和利用伪距测量的电离层延迟在数量上大小相等，只是符号相反。因此将同一观测时刻的载波相位观测值和伪距观测值取半并求和即可消除电离层折射的影响，这种方法称为半和修正法。

但这会引入一个整周模糊度，使数据处理变得更复杂。在利用这种方法改正时不能利用伪距观测值来改正载波相位观测值中的电离层折射，因为伪距测量中的测量噪声要比载波相位测量中的测量噪声大几个数量级，否则将会严重损害载波相位观测值的精度。

4. 模型法

电离层效应的距离偏差可以通过建立电离层效应距离偏差修正模型来消弱。常用的模型有 Klobuchar 模型、Bent 模型、IRI 模型、ICED 模型、FAIM 模型等。在 GPS 单点定位时，一般采用 Klobuchar 模型。

Klobuchar 模型是将晚上天顶方向的电离层效应距离偏差看作常数，而白天的电离层延迟偏差是随时间变化的余弦函数，即

$$T_{\mathrm{g}} = D_{\mathrm{c}} + A\cos\frac{2\pi}{B}(t - T_{\mathrm{p}}) \tag{5-67}$$

式中，T_{g} 表示白天本地时间 t 时刻天顶方向电离层引起的时间延迟量；D_{c} 表示晚上天顶方向电离层引起的时间延迟量，且 $D_{\mathrm{c}}=5$ ns；T_{p} 表示余弦函数的峰值时刻，且 $T_{\mathrm{p}}=50\,400$ s 或 $T_{\mathrm{p}}=14$ h(地方时)，即当地时间 14 时电离层延迟最大；A 和 B 分别为余弦函数的振幅和周期，且有

$$\begin{cases} A = \sum_{i=0}^{i=3} \alpha_i \varphi_{\mathrm{m}}^i \\ B = \sum_{i=0}^{i=3} \beta_i \varphi_{\mathrm{m}}^i \end{cases} \tag{5-68}$$

其中，α_i、β_i($i=0\sim3$)为 Klobuchar 模型的 8 个参数，是主控站根据不同的季节和太阳活动

时期，在 370 组常数集合中选取的 8 个系数，主控站将其编入导航电文中发送给用户(GPS 和 BDS 均提供有这 8 个参数的 Klobuchar 模型)；φ_m 为穿刺点的地磁纬度。为将天顶方向的电离层时间延迟量 T_g 投影至传播方向，GPS 卫星导航系统的 Klobuchar 模型采用如下映射函数：

$$MF_{GPS} = 1 + 16.0 \times \left(0.53 - \frac{e}{\pi}\right)^3 \tag{5-69}$$

式中，e 为卫星高度角(单位为 rad)。式(5-69)是式(5-34)的近似结果。应用 Klobuchar 模型可以将电离层引起的测量误差减少 50%～60%。

5.3 电离层闪烁

电离层中的电子密度不均匀结构(或称为不规则体)会引起介电常数和折射指数随机起伏。当电磁波在这样的介质中传播时，会引起传播路径和传播时间的改变，使信号的振幅、相位、极化以及在接收天线处射线的到达角发生快速起伏变化，导致信号衰落，即电离层闪烁。图 5.6 所示为西安电波观测站接收的 UHF 卫星信号幅度的电离层闪烁现象。

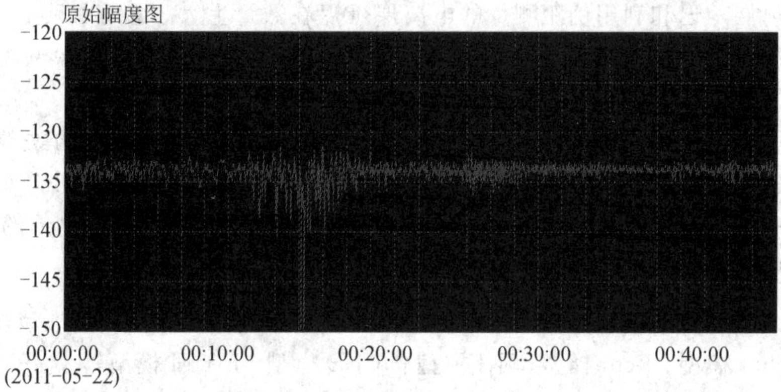

图 5.6　2011 年 5 月西安接收到的 UHF 卫星信号的电离层闪烁

通常用闪烁指数 S_4 来描述电离层闪烁事件发生的强烈程度，其定义为一定时间间隔内接收信号强度的归一化方差，即

$$S_4^2 = \frac{\langle I^2 \rangle - \langle I \rangle^2}{\langle I \rangle^2} = \frac{\langle (uu^*)^2 \rangle - \langle uu^* \rangle^2}{\langle uu^* \rangle^2} \tag{5-70}$$

式中，I 为地面接收的无线电波信号强度，u 为接收电波信号的复振幅，$\langle \cdot \rangle$ 表示统计平均。

电离层闪烁事件发生时，闪烁指数的不同取值范围分别表示不同的闪烁强度，通常当 $0.2 < S_4 \leqslant 0.4$ 时称为弱闪烁事件，当 $0.4 < S_4 \leqslant 0.6$ 时称为中等强度闪烁事件，当 $0.6 < S_4 \leqslant 1$ 时称为强闪烁事件。特别地，当 $S_4 = 1$ 时称为闪烁饱和，当 $S_4 > 1$ 时称为闪烁聚焦。

Anrons J. 等根据大量的卫星监测结果总结了电离层闪烁的全球形态。地球上电离层闪烁有着明显的时间和地域分布特征，如图 5.7 所示。从空间角度而言，电离层闪烁事件发生率及闪烁强度随纬度变化显著，赤道附近低纬地区和极区附近高纬度地区是电离层闪烁事件高发区，中纬地区电离层闪烁相对较弱。从时间角度而言，电离层闪烁事件的发生率及闪烁强度随地方时、季节、太阳活动等因素变化显著。电离层闪烁事件大都发生在夜间，通常在 18:00LT(Local Time，地方时)开始形成，在 20:00LT 以后突然加强，在 22:00LT 到 00:00LT 之间达到峰值，然后慢慢减弱。赤道附近低纬地区在春秋季闪烁事件发生最多，太阳黑子数多时，闪烁强度大。

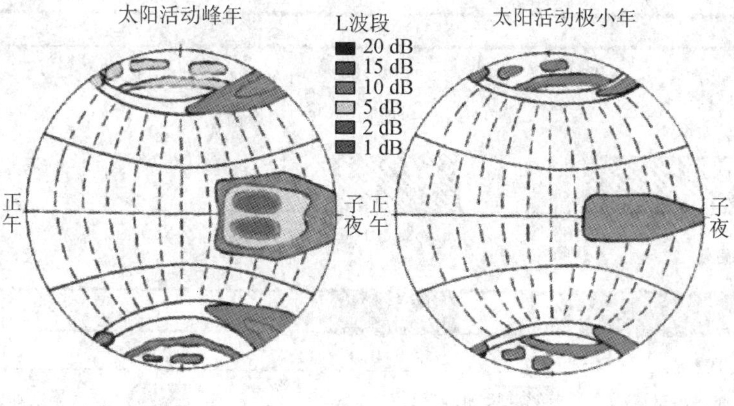

图 5.7　全球 L 波段电离层闪烁分布图

电离层闪烁对穿透电离层传播的卫星导航定位、星—地和星间通信、天基雷达成像等无线电系统的性能都会带来严重影响。当闪烁事件发生时，穿过电离层不规则结构的卫星信号的幅度、相位、到达角等受到强烈扰动，致使导航定位精度大大下降，卫星通信误码率急剧上升，甚至可导致通信链路中断以及卫星信号失锁而无法定位。我国长江以南的低纬度地区，特别是台湾、福建、广东、广西、海南及南海地区属于电离层闪烁事件的高发区，卫星通信系统在该区域受电离层闪烁的影响也比较严重。图 5.8 所示为我国低纬地区监测某 UHF 卫星通信信号时的闪烁情况。图中蓝色时间坐标描述了电离层闪烁的情况，其中白色区域表示无闪烁发生，蓝色区域表示电离层闪烁发生的时段；红色时间坐标描述了卫星通信质量的情况，其中白色区域表示通信质量良好，黑色区域表示通信质量较差，可通信但语音断续，红色区域表示基本无法通信。由图 5.8 可见，电离层闪烁会导致卫星通信质量恶化，通信可靠性降低，语音断续，甚至通信中断，严重干扰了卫星通信任务的执行。

国外一般都建有电离层闪烁监测预警网与电离层闪烁预报服务中心。美国空军先后建立了地面电离层闪烁监测网判定系统(Scintillation Network Decision Aid，SCINDA)和通信/导航中断预报系统(Communications / Navigation Outage Forecasting System，C/NOFS)，研制了电离层闪烁预报模型 WBMOD(Wideband ionospheric scintillation Model)，以加强其对电离层闪烁的感知、预报和保障能力。欧洲国家发展了著名的电离层闪烁预报模型 GISM (Global Ionospheric Scintillation Model)。国内中国电波传播研究所、武汉大学等单位利用 GPS 卫星信标、ETS-2 卫星信标、GOES-3 卫星信标等开展了大量的电离层闪烁理论与观测研究。我国已经建立了电离层闪烁监测与预报网，能对外提供电离层闪烁及其影响程度的分布地图，为各部门使用卫星通信技术提供必要的电离层天气保障。

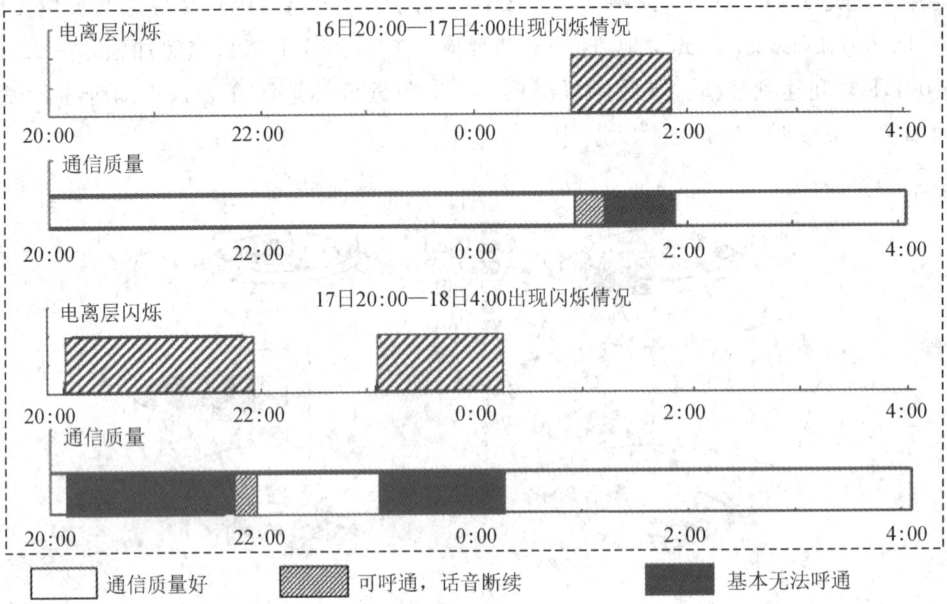

图 5.8　电离层闪烁对某卫星通信的影响

本节将基于电离层闪烁监测系统，以昆明和海口地区为例讨论电离层闪烁的基本特性。

5.3.1　电离层闪烁监测系统

电离层闪烁监测的基本原理为：位于地面的卫星信号接收站实时高速采集到达接收站的卫星下行载波信号的幅度和相位变化信息，并将这些原始数据信息以及实时计算的电离层闪烁指数送到计算机进行显示、存储或网络传输。

以 GPS 电离层闪烁监测系统为例，它采用 C/A 码调制的单频商用 GPS 接收机，以 20 Hz 的采样频率实时记录所接收的每一颗 GPS 卫星信号的幅度、相位、仰角及方位角等信息，由计算机实时计算卫星信号每分钟内的闪烁指数、相位均方起伏等参量，同时记录信号强度、相位信息以及 GPS 卫星的状态信息。一般无遮蔽条件下地面站点可同时跟踪锁定 5～9 颗卫星，这些卫星分布在天空的不同方位和不同仰角，每颗卫星每次在地平线以上出现的时间约为 5 小时。

图 5.9 是 GPS 卫星信号的电离层闪烁监测系统的回放窗口。窗口右侧可选择回放时间；窗口左侧可选择卫星编号；窗口上方对指定卫星的闪烁指数进行回放，横坐标是时间，每次可显示一周 7 天或一天 24 小时的闪烁指数数据；窗口左下方可以监测到两小时内 GPS 卫星的空间方位及其运动轨迹，系统会根据各卫星信号的闪烁指数自动判别闪烁事件的发生，并以红色标识；窗口右下方可显示 24 小时内所有卫星信号的最大闪烁指数。

图 5.10 是 UHF 频段的某地球同步轨道卫星信号的电离层闪烁监测系统的回放窗口。在窗口的左侧可以选择要观察的实时信号或者对以前的信号进行回放；在窗口的右侧可以选择回放的时间；窗口的上半部分是闪烁指数，横轴是时间，每次可以显示 24 小时的数

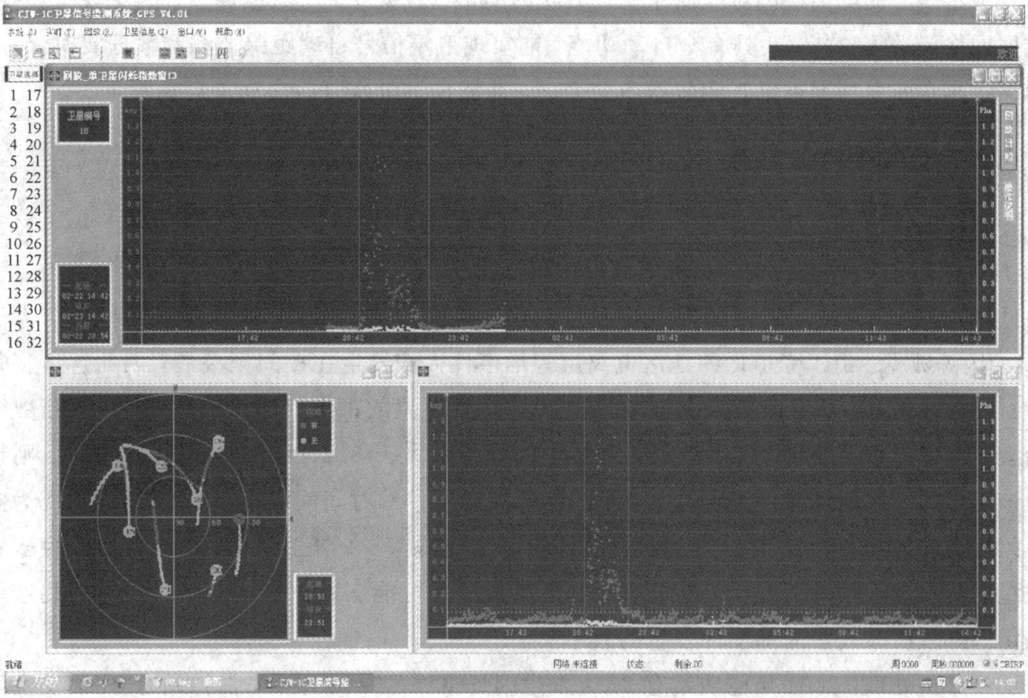

图 5.9　GPS 卫星闪烁监测系统的界面

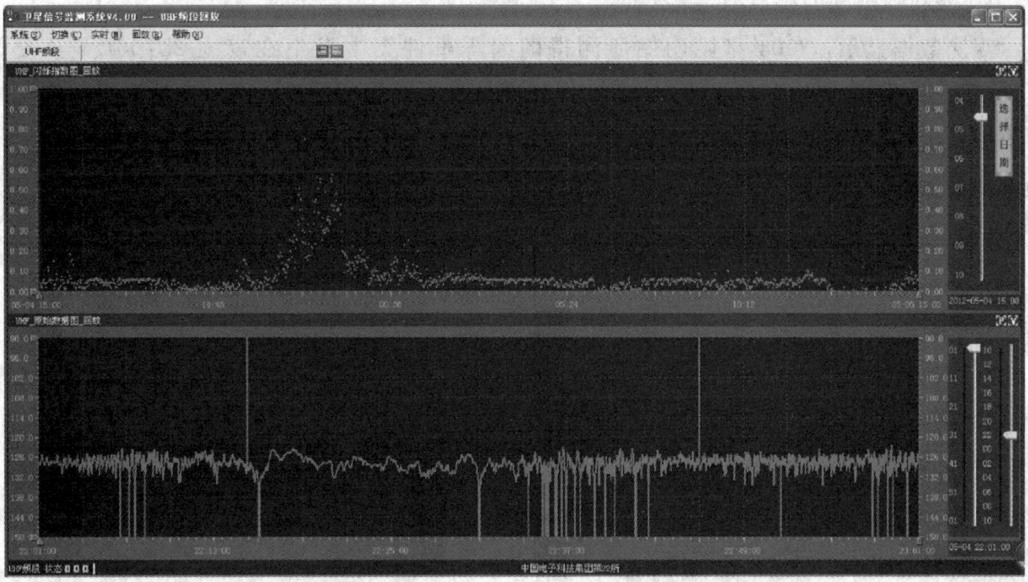

图 5.10　UHF 卫星闪烁监测系统的界面

据，纵轴是闪烁指数，一分钟计算一次闪烁指数，故一次可以显示 1440 个数据；窗口的下半部分是接收信号的幅度，横轴是时间，每次可以显示一小时的数据，纵轴是信号的幅度值。

卫星信号的电离层闪烁监测系统具有实时监测、数据存储、数据回放、闪烁现报预报、数据网络传送等功能，还具有全自动功能，能实现卫星信号自动跟踪监测和数据实时保存，确保在异常断电情况下已观测数据不会丢失，并能在供电恢复后自动重启观测系统。

5.3.2　电离层闪烁形态

本节以我国海口站(20.36°N，110.29°E)和昆明站(25.25°N，102.64°E)2004 年 1 月至 12 月的闪烁监测数据为例，分析电离层闪烁随地方时、逐日、季节等的变化形态。为了消除低仰角效应的影响，将观测数据中卫星的最低仰角设置为 25°，即只提取卫星仰角大于 25°的闪烁数据。由于赤道低纬地区电离层闪烁事件大都发生在夜间至凌晨，因此这里将每日时间界线由 0:00LT 改设为次日凌晨 6:00LT。各卫星的每次闪烁计时是从其闪烁指数开始大于 0.1 起直至小于 0.1 止，若其间最大闪烁指数大于 0.2，且历时超过 10 分钟，则视为该卫星的一次闪烁事件。若同一卫星的相邻闪烁事件的时间间隔小于 10 分钟，则视为同一闪烁事件。由于电离层闪烁监测系统可同时跟踪监测 5～9 颗卫星信号，通常会发生多颗卫星同时出现闪烁的情况，又由于单颗卫星在某一天可能多次出现闪烁的情况，因此这里采用闪烁星次来表示闪烁事件发生的频率。

经分析处理，2004 年昆明站有 27 天发生闪烁事件，共 72 星次，海口站有 84 天发生闪烁事件，共 375 星次。

1. 电离层闪烁的地方时变化特征

观测数据显示，2004 年昆明站所测得的闪烁事件集中发生在夜间 21:00LT 至凌晨 3:00LT。其间 22:00LT 至凌晨 2:00LT 闪烁事件发生的频率最高。而海口站测得的闪烁事件集中发生在夜间 20:00LT 至凌晨 2:00LT。其间 21:00LT 至凌晨 1:00LT 闪烁事件发生的频率最大，如图 5.11 所示。

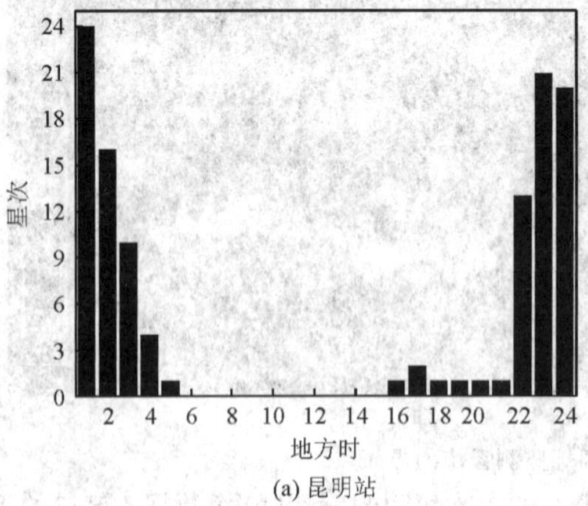

(a) 昆明站

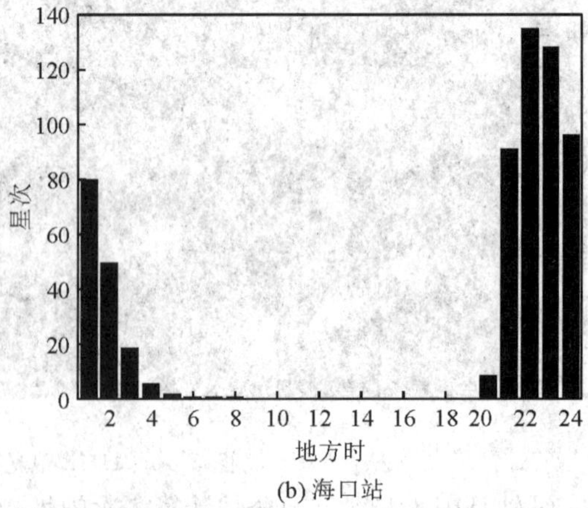

(b) 海口站

图 5.11　电离层闪烁的地方时分布

可见，昆明站闪烁事件的发生时间比海口站大约迟 1 小时。这是由于引起闪烁事件的等离子体不规则结构是由磁赤道上空沿磁场线向磁高纬度区逐渐扩散的。尽管昆明站和海口站都位于电离层赤道异常区的北端，但昆明站所在磁纬度比海口站高，因此等离子体不规则结构先到达海口站，诱发其上空发生电离层闪烁事件，一段时间以后等离子体不规则结构才到达昆明站并诱发电离层闪烁事件。

2. 电离层闪烁的逐日变化特征

2004 年昆明站观测到闪烁事件的 27 天中，闪烁指数在 0.8 以上的有 7 天，大约占 26%；而海口站观测到闪烁事件的 84 天中，闪烁指数在 0.8 以上的有 28 天，大约占 33.3%。

图 5.12 给出了昆明站和海口站最大闪烁指数、闪烁历时和闪烁星次的逐日变化情况。可见，昆明站在 1 月 27 日闪烁历时最长，但当日最大闪烁指数不高，3 月 25 日前后的闪烁星次多，历时长，强度大；海口站在 2 月 11 日、3 月 25 日前后及 10 月 5 日均有 7～10 星次闪烁事件发生，闪烁指数为 0.8 以上，历时在两小时以上，甚至长达五六个小时。

整体来看，昆明站闪烁发生的频率和强度明显小于海口站。这是因为引起电离层闪烁的等离子体不均匀结构从磁赤道向南北两侧扩散的过程同时也是其逐渐演变直至消亡的过程。海口站位于磁赤道异常区的北驼峰附近，是全球闪烁最频繁、影响最为严重的区域之一，而昆明站位于赤道异常区的北边缘处，大部分等离子体不均匀结构扩散到该区域时已经衰弱甚至消亡，致使昆明站的闪烁频率和强度明显减弱。观测数据显示，当昆明站观测到闪烁现象时，大都能在海口站的同一天观测到，如 1 月 22 日、2 月 11 日、3 月 25 日、3 月 26 日、4 月 4 日、4 月 14 日、9 月 11 日等，均可同时在昆明和海口两观测站观测到电离层闪烁现象。

3. 电离层闪烁的逐月变化特征

图 5.13 给出昆明站和海口站闪烁历时、闪烁星次和每月闪烁天数的逐月变化情况。观测数据显示，海口站在 2004 年的 12 个月中，3—4 月份和 9—10 月份的闪烁事件最为突出，在这 4 个月的 122 天中，共有 53 天观测到闪烁事件 278 星次，约占全年闪烁事件发生总天数的 63.1%，占全年闪烁事件总星次的 74.1%，相反地，5—7 月份和 11—12 月份闪烁事件发生很少；昆明站的 2004 年上半年闪烁强于下半年，5—6 月份和 11—12 月份几乎无闪烁事件发生。

从闪烁事件发生的季节分布来说，主要集中在春(2—4 月)、秋(8—10 月)两季，特别在春分和秋分前后闪烁事件频发。图 5.14 所示为春分附近 GPS 电离层闪烁监测结果。无论昆明站还是海口站，发生在春秋两季的闪烁事件均占各站全年所观测闪烁事件总数的 85%以上。这是因为在春秋两季，尤其是春秋分附近，太阳的日落线与地磁磁力线趋于平行，此时高度积分裴德森(Pedersen)电导率的经度梯度最大，东向电场和垂直漂移增加，促使瑞利-泰勒(Rayleigh-Taylor)不稳定性生长率增强，结果可能会导致电离层等离子体泡的产生和发展。

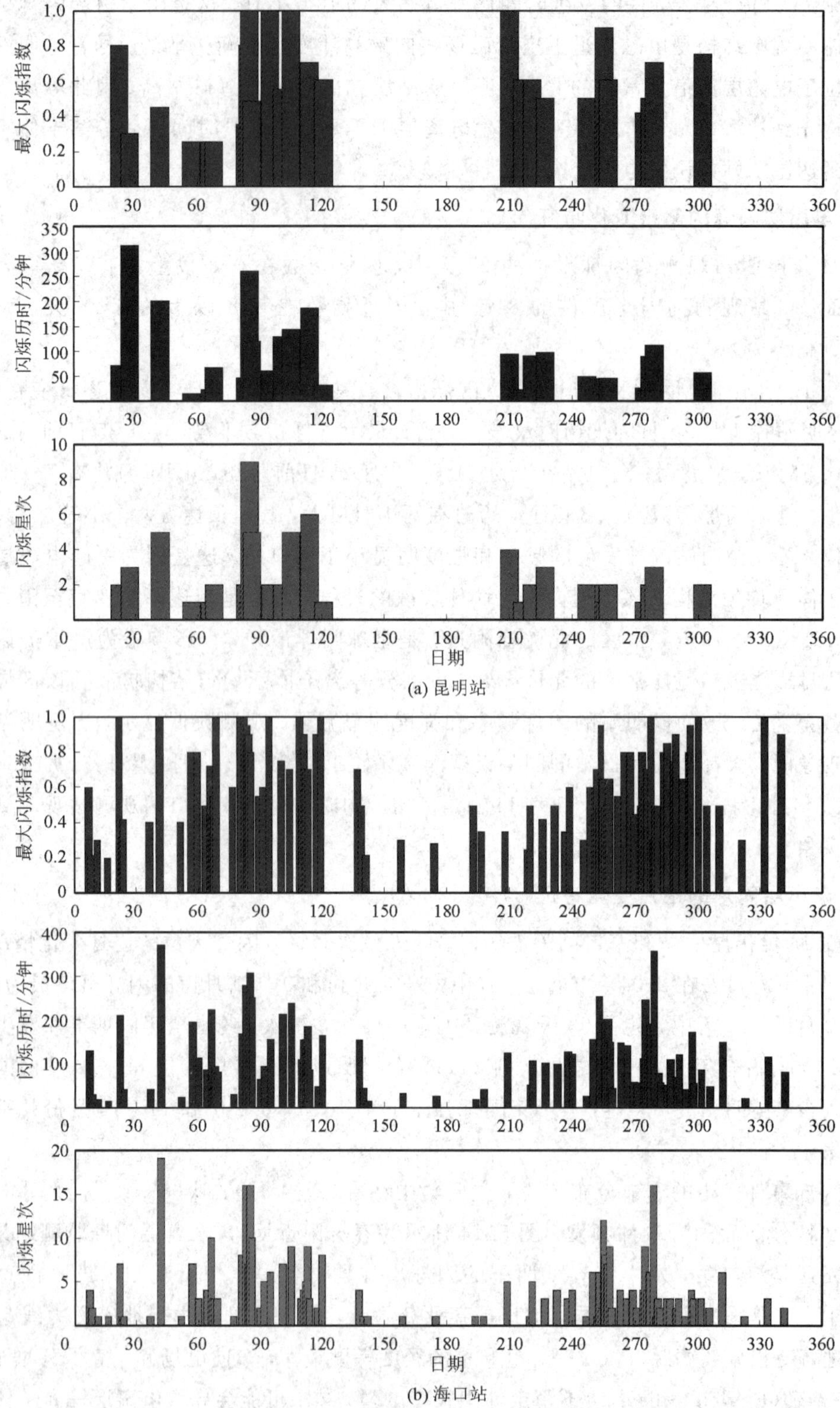

图 5.12　电离层闪烁星次、闪烁历时和最大闪烁指数的逐日变化情况

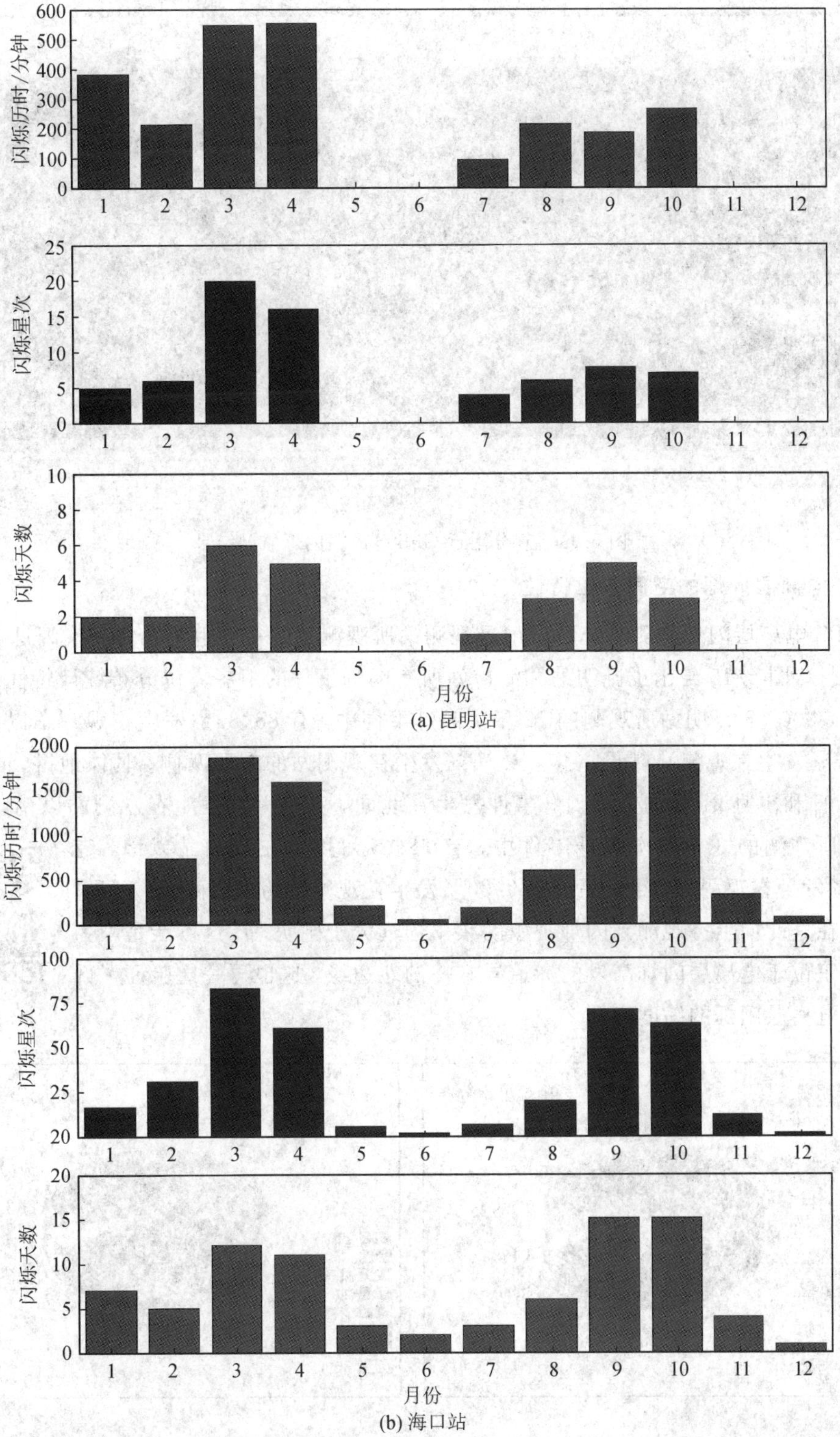

图 5.13　昆明站和海口站闪烁历时、闪烁星次、闪烁天数的逐月变化情况

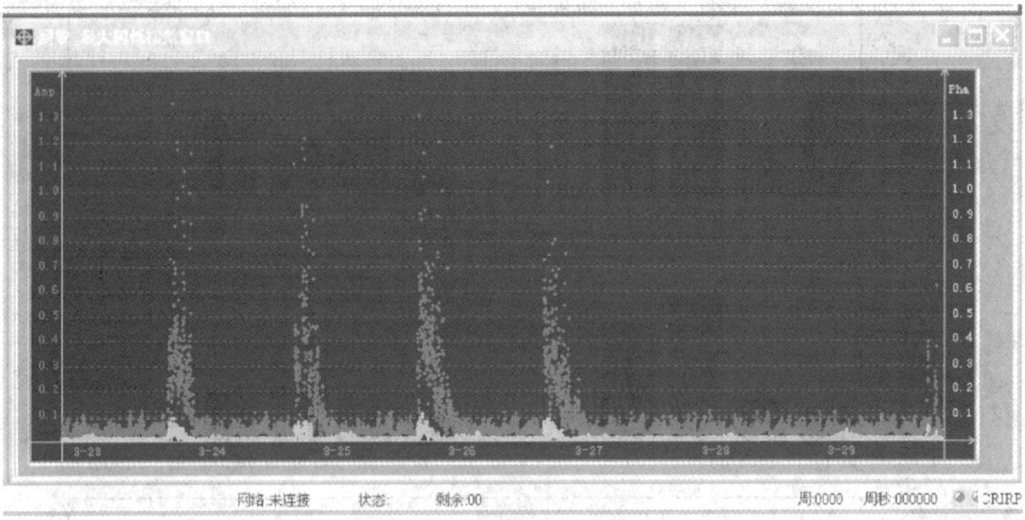

图 5.14　春分附近 GPS 电离层闪烁监测结果

4. 电离层闪烁的空间方位特性

GPS 电离层闪烁监测系统可以记录观测站所观测到的每颗卫星在每一次闪烁事件中的方位特性。图 5.15 给出了昆明站和海口站所有闪烁事件的卫星方位分布统计特性。统计结果表明，2004 年昆明站所观测的 72 星次闪烁事件中，有 88.89％发生在观测站以南，而只有 5.56％发生在观测站以北，还有 5.56％发生在观测站的东西两侧。具体地讲，昆明站仅 1 月 22 日和 1 月 27 日的个别闪烁事件发生在北向，其余大都发生在观测站以南。2004 年海口站所观测的 375 星次闪烁事件中，有 68.27％发生在观测站以南，有 22.53％发生在观测站以北，另外有 9.20％发生在观测站的东西两侧。可见，海口站在其北向上空观测到闪烁现象的频率远远大于昆明站。这可能是因为昆明站正位于电离层闪烁高发的赤道异常峰的北边缘，这也再一次验证了低纬地区电离层闪烁的纬度特征。

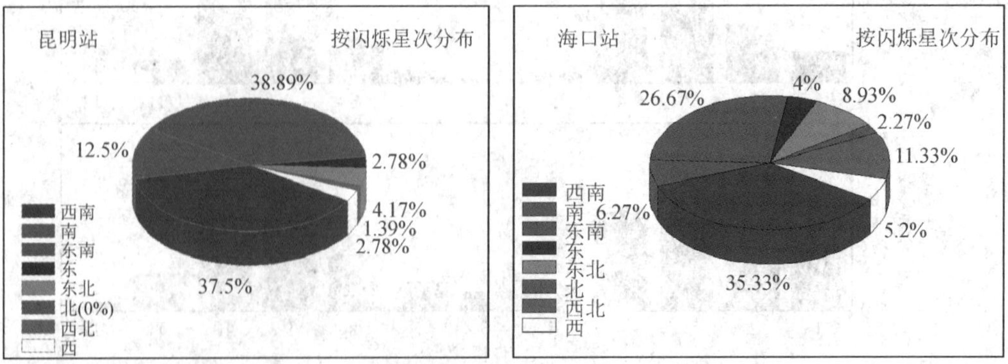

图 5.15　昆明和海口站闪烁事件的空间分布

5. 电离层闪烁的逐年变化特性

根据电离层闪烁观测数据，2005 年海口站有 30 天发生闪烁事件，共 108 星次，其中有 12 天闪烁指数在 0.8 以上，能观测到 5 颗以上卫星信号发生闪烁的只有 6 天；昆明站仅在 7 天发生闪烁事件，共 16 星次，其中仅有 3 月 23 日和 5 月 8 日闪烁指数在 0.8 以上，仅在 3 月 22 日有 5 颗以上卫星信号发生闪烁。2004—2005 年，太阳活动逐渐减弱。可见，随太阳活动逐渐减弱，电离层闪烁事件发生的频率和强度也随之减弱。更多观测数据显示，2006—2007 年我国低纬地区电离层闪烁活动进一步减弱，各电离层闪烁观测站只能观测到个别闪烁事件。

5.3.3 电离层闪烁理论

除了背景电离层外，电离层中还存在各种尺度的电子密度不规则体结构，正是这些不规则结构导致电离层 TEC 随时空变化和卫星信号的幅度、相位、到达角、极化状态等发生闪烁。

电离层不规则体具有宽广的尺度谱，其产生机理与电子密度梯度的不稳定性、大电场引起的双流不稳定性及中性大气重力波等相联系，并与太阳及地磁活动等有一定关系。电离层不规则体主要集中于 E 层和 F 层，大尺度不规则体主要表现为 Es 层和扩展 F 层等结构。

1. 电离层不规则体的描述

电离层不规则体是连续随机介质，必须用统计方法描述其介电常数：

$$\varepsilon = \langle\varepsilon\rangle[1 + \varepsilon_1(\boldsymbol{r}, t)] \tag{5-71}$$

式中，$\langle\varepsilon\rangle$是介电常数的背景均值；$\varepsilon_1(\boldsymbol{r}, t)$是 ε 的涨落部分，它表征由不规则体引起的随机变化。对于 VHF 以上频率，若忽略地磁场和碰撞影响，由式(5-3)可得

$$\langle\varepsilon\rangle = \varepsilon_0\langle\varepsilon_r\rangle = \varepsilon_0\left(1 - \frac{f_{p0}^2}{f^2}\right) \tag{5-72}$$

式中，ε_0 为真空中的介电常数，$\langle\varepsilon_r\rangle$为介质背景的相对介电常数，$f_{p0}$ 是与背景电子密度 $\langle N_e\rangle$相应的等离子体频率，f 是入射波的频率。假定 ε_1 是均值为零的各向同性随机场，引入不规则体电子密度随机起伏 $\xi(\boldsymbol{r})$，此时 ε_1 可写为

$$\varepsilon_1(\boldsymbol{r}) = \beta\xi(\boldsymbol{r}) \tag{5-73}$$

其中：

$$\begin{cases} \beta = -\dfrac{f_{p0}^2}{f^2 - f_{p0}^2} \\ \xi(\boldsymbol{r}) = \dfrac{\Delta N_e(\boldsymbol{r})}{\langle N_e(z)\rangle} \end{cases} \tag{5-74}$$

假定 ξ 是均值为零、标准偏差为 σ_ξ 的均匀随机场，它反映电离层中不规则结构的电子密度起伏特性，而因子 β 包含了可能存在的频率关系，反映介质的色散特性。

由维纳-辛钦定理可得，相关函数 $B_\xi(\boldsymbol{r}_1, \boldsymbol{r}_2)$与谱密度构成如下傅里叶变换对：

$$\Phi_\xi(\boldsymbol{\kappa}) = (2\pi)^{-3}\iiint_{-\infty}^{+\infty} B_\xi(\boldsymbol{r})\exp(-\mathrm{j}\boldsymbol{\kappa}\cdot\boldsymbol{r})\mathrm{d}\boldsymbol{r} \tag{5-75}$$

$$B_\xi(\boldsymbol{r}) = \iiint_{-\infty}^{+\infty} \Phi_\xi(\boldsymbol{\kappa})\exp(\mathrm{j}\boldsymbol{\kappa}\cdot\boldsymbol{r})\mathrm{d}\boldsymbol{\kappa} \tag{5-76}$$

式中，$\boldsymbol{\kappa}=(\kappa_x,\ \kappa_y,\ \kappa_z)$。在某些应用中，需要用到一维谱和二维谱密度以及它们之间的关系。

电子密度的涨落往往不是严格均匀的，而是局部均匀的，这时使用结构函数比较方便。电子密度涨落的结构函数定义为

$$D_\xi(\boldsymbol{r}) = \langle[\xi(\boldsymbol{r}+\boldsymbol{r}') - \xi(\boldsymbol{r}')]^2\rangle \tag{5-77}$$

实际上电离层的电子密度涨落是时—空随机场，相关函数为 $B_\xi(\boldsymbol{r},t)=\langle\xi(\boldsymbol{r}+\boldsymbol{r}',\ t+t')\cdot\xi(\boldsymbol{r}',\ \boldsymbol{t}')\rangle$。

在电离层观测中，接收信号既有多普勒频移，也有轻微的谱展宽，它们分别由不规则体的漂移和时间变化引起。在冻结场假定下，假定不规则体的漂移速度为 $\boldsymbol{v}$，那么时—空相关函数为

$$B_\xi(\boldsymbol{r},\ t) = B_\xi(\boldsymbol{r}-\boldsymbol{v}t) \tag{5-78}$$

为了表征湍流和电子浓度不规则体的功率谱密度，在观测实验的基础上，人们提出了很多谱密度的表达式。大量观测表明，谱指数为 p 的幂率谱的形式为

$$\Phi_\xi(\kappa) \propto \kappa^{-p} \tag{5-79}$$

Shkarofsky 引入了描述一般谱指数为 p 的不规则性的幂率谱为

$$\Phi_\xi(\kappa) = \frac{\sigma_\xi^2\ (\kappa_0 l_i)^{(p-3)/2} l_i^3}{(2\pi)^{3/2}K_{(p-3)/2}(\kappa_0 l_i)}\left(l_i\ \sqrt{\kappa^2+\kappa_0^2}\right)^{-p/2}K_{p/2}\left(l_i\ \sqrt{\kappa^2+\kappa_0^2}\right) \tag{5-80}$$

式中，l_i 是内尺度，$L_0=2\pi/\kappa_0$ 是外尺度，K 是虚宗量汉克尔函数。当 $\kappa_0\leqslant\kappa\leqslant 1/l_i$ 时，式(5-80)简化为形如式(5-79)的幂率谱形式。在 $\kappa_0\leqslant\kappa\leqslant 1/l_i$ 的范围内，当取 $p=11/3$ 时，谱退化为大气湍流研究中的 Kolmogorov 谱。

在随机介质的电波传播问题中经常要用到积分相关函数：

$$A_\xi(\boldsymbol{\rho}) = \int_{-\infty}^{+\infty} B_\xi(\boldsymbol{\rho},\ z)\mathrm{d}z \tag{5-81}$$

于是，对于式(5-80)可以求得

$$A_\xi(\rho) = \frac{(2\pi)^{1/2}\ \left(\kappa_0\ \sqrt{\rho^2+l_i^2}\right)^{(p-2)/2}K_{(p-2)/2}\left(\kappa_0\ \sqrt{\rho^2+l_i^2}\right)\sigma_\xi^2}{\kappa_0\ (\kappa_0 l_i)^{(p-3)/2}K_{(p-3)/2}(\kappa_0 l_i)} \tag{5-82}$$

Shkarofsky 谱的横向相关函数及其各阶导数可解析求出，便于分析和数值模拟。

2. 相位屏理论

电离层闪烁理论属于连续随机介质的波传播问题。在弱起伏情况下，薄相位屏理论广泛应用于星际闪烁、电离层闪烁及其预报模型等研究中。薄相位屏传输模型中，电离层被视为一电子密度不规则体薄层，无线电波穿过该薄层时只受到相位调制的作用。当相位受到调制的波经不同路径到达地面时，互相干涉，产生衍射图样。随着随机介质的运动，近似平稳的衍射图样也在运动，导致地面站所接收的卫星信号强度随时间起伏。

设平面电磁波垂直穿过电离层不规则体薄相位屏后，其波场复振幅可表示为

$$u_0(\boldsymbol{\rho}) = \mathrm{e}^{\mathrm{j}\phi(\boldsymbol{\rho})} \tag{5-83}$$

式中，$\boldsymbol{\rho}$ 为横向矢量；$\phi(\boldsymbol{\rho})$ 为薄相位屏引起的相位改变量，它与薄相位屏中电子密度起伏 $\Delta N_\mathrm{e}(\boldsymbol{\rho},\ z)$ 的关系为

$$\phi(\boldsymbol{\rho}) = -\lambda r_{e}\int_{0}^{L}\Delta N_{e}(\boldsymbol{\rho}, z)\mathrm{d}z \tag{5-84}$$

式中，r_e 为经典电子半径。受到调制的电波从薄相位屏传播至地面，在前向散射假设条件下，地面处波场的复振幅为

$$u(\boldsymbol{\rho}, z) = \frac{-\mathrm{j}k}{2\pi z}\iint \mathrm{e}^{\mathrm{j}\{\phi(\boldsymbol{\rho}')+[k/(2z)]\cdot|\boldsymbol{\rho}-\boldsymbol{\rho}'|^2\}}\mathrm{d}\boldsymbol{\rho}' \tag{5-85}$$

式(5-85)为薄相位屏闪烁理论的出发点。由于引起电磁波相位改变的主要是视线路径上的不规则体，根据中心极限定理可推知，相位 $\phi(\boldsymbol{\rho})$ 服从零均值的高斯分布，因此有

$$\langle \exp[\mathrm{j}\phi(\boldsymbol{\rho})]\rangle = \exp\left[-\frac{1}{2}\langle\phi^2\rangle\right] \tag{5-86}$$

代入式(5-85)可得地面上的平均场：

$$\langle u(\boldsymbol{\rho})\rangle = \exp\left(\frac{-\phi_0^2}{2}\right) \tag{5-87}$$

式中，ϕ_0 为相位方差的均方根，即

$$\phi_0^2 = \langle\phi^2\rangle = \lambda^2 r_e^2 B_{\Delta N_e}(0) = 2\pi L\lambda^2 r_e^2 \iint_{-\infty}^{+\infty}\Phi_{\Delta N_e}(\boldsymbol{\kappa}_{\perp}, 0)\mathrm{d}\boldsymbol{\kappa}_{\perp} \tag{5-88}$$

式中，$\Phi_{\Delta N_e}(\boldsymbol{\kappa}_{\perp}, 0)$为电子密度起伏 $\Delta N_e(\boldsymbol{\rho})$的三维空间谱，且有 $\kappa_z=0$。

通常将式(5-85)中的复振幅写成如下形式：

$$u(\boldsymbol{\rho}, z) = \exp\left[\chi(\boldsymbol{\rho}, z) + \mathrm{j}S_1(\boldsymbol{\rho}, z)\right] \tag{5-89}$$

式中，$\chi(\boldsymbol{\rho}, z)$称为对数振幅，$S_1(\boldsymbol{\rho}, z)$称为波的相位偏移。弱起伏情况下，对于 $\phi_0^2 \ll 1$ 的薄相位屏，可得

$$\chi(\boldsymbol{\rho}, z) = \frac{k}{2\pi z}\iint_{-\infty}^{+\infty}\phi(\boldsymbol{\rho}')\cos\frac{k|\boldsymbol{\rho}-\boldsymbol{\rho}'|^2}{2z}\mathrm{d}\boldsymbol{\rho}' \tag{5-90}$$

$$S_1(\boldsymbol{\rho}, z) = \frac{k}{2\pi z}\iint_{-\infty}^{+\infty}\phi(\boldsymbol{\rho}')\sin\frac{k|\boldsymbol{\rho}-\boldsymbol{\rho}'|^2}{2z}\mathrm{d}\boldsymbol{\rho}' \tag{5-91}$$

进而可得对数振幅和相位偏移的空间自相关函数：

$$B_{\chi}(\boldsymbol{\rho}) = \iint_{-\infty}^{+\infty}\Phi_{\phi}(\boldsymbol{\kappa}_{\perp})\sin^2\left(\frac{\boldsymbol{\kappa}_{\perp}^2 z}{2k}\right)\cos(\boldsymbol{\kappa}_{\perp}\cdot\boldsymbol{\rho})\mathrm{d}\boldsymbol{\kappa}_{\perp} \tag{5-92}$$

$$B_{S_1}(\boldsymbol{\rho}) = \iint_{-\infty}^{+\infty}\Phi_{\phi}(\boldsymbol{\kappa}_{\perp})\cos^2\left(\frac{\boldsymbol{\kappa}_{\perp}^2 z}{2k}\right)\cos(\boldsymbol{\kappa}_{\perp}\cdot\boldsymbol{\rho})\mathrm{d}\boldsymbol{\kappa}_{\perp} \tag{5-93}$$

式中，$\Phi_{\phi}(\boldsymbol{\kappa}_{\perp})$是薄相位屏引起的相位改变量 $\phi(\boldsymbol{\rho})$的空间功率谱，它与电子密度起伏的空间谱 $\Phi_{\Delta N_e}(\boldsymbol{\kappa}_{\perp})$的关系为

$$\Phi_{\phi}(\boldsymbol{\kappa}_{\perp}) = 2\pi L\lambda^2 r_e^2\Phi_{\Delta N_e}(\boldsymbol{\kappa}_{\perp}, 0) \tag{5-94}$$

由式(5-92)和式(5-93)可得对数振幅和相位偏移的功率谱：

$$\Phi_{\chi}(\boldsymbol{\kappa}_{\perp}) = \sin^2\left(\frac{\boldsymbol{\kappa}_{\perp}^2 z}{2k}\right)\Phi_{\phi}(\boldsymbol{\kappa}_{\perp}) = 2\pi L\lambda^2 r_e^2\sin^2\left(\frac{\boldsymbol{\kappa}_{\perp}^2 z}{2k}\right)\Phi_{\Delta N_e}(\boldsymbol{\kappa}_{\perp}, 0) \tag{5-95}$$

$$\Phi_{S_1}(\boldsymbol{\kappa}_{\perp}) = \cos^2\left(\frac{\boldsymbol{\kappa}_{\perp}^2 z}{2k}\right)\Phi_{\phi}(\boldsymbol{\kappa}_{\perp}) = 2\pi L\lambda^2 r_e^2\cos^2\left(\frac{\boldsymbol{\kappa}_{\perp}^2 z}{2k}\right)\Phi_{\Delta N_e}(\boldsymbol{\kappa}_{\perp}, 0) \tag{5-96}$$

实际观测闪烁现象时，通常测量的是接收信号强度的起伏。若用 $I(\boldsymbol{\rho})$表示地面接收的信号强度，则有

$$I(\boldsymbol{\rho}) = u(\boldsymbol{\rho})u^*(\boldsymbol{\rho}) = \exp\left[2\chi(\boldsymbol{\rho})\right] \approx 1 + 2\chi(\boldsymbol{\rho}) \tag{5-97}$$

因此强度起伏的相关函数和空间功率谱分别为

$$B_I(\boldsymbol{\rho}) = 4\iint_{-\infty}^{+\infty} \Phi_\phi(\boldsymbol{\kappa}_\perp) \sin^2\left(\frac{\boldsymbol{\kappa}_\perp^2 z}{2k}\right) \cos(\boldsymbol{\kappa}_\perp \cdot \boldsymbol{\rho}) \mathrm{d}\boldsymbol{\kappa}_\perp \tag{5-98}$$

$$\Phi_I(\boldsymbol{\kappa}_\perp) = 8\pi L\lambda^2 r_e^2 \sin^2\left(\frac{\boldsymbol{\kappa}_\perp^2 z}{2k}\right) \Phi_{\Delta N_e}(\boldsymbol{\kappa}_\perp, 0) \tag{5-99}$$

式(5-96)和式(5-99)表明，地面接收信号的强度谱及相位谱均与电子密度起伏谱成线性关系。因此，利用地面观测到的信号强度起伏或相位起伏可获得其二维空间自相关函数及空间功率谱，根据式(5-96)和式(5-99)便可求得电子密度起伏的空间谱，进而可获得电离层不规则结构的信息。

原则上，地面所接收信号的强度和相位的空间起伏需借助于排列成阵的系列探测器才能测出。但由于随机介质的运动会导致地面衍射图样漂移，对某一固定接收点而言便是接收信号的强度随时间起伏，因此通常将上述空间起伏的测量转换为对单个接收点信号的时间起伏的测量。

假设电离层的电子密度不规则结构沿 x 方向的漂移速度为 v，沿 y 方向的漂移速度为 0，且满足式(5-78)所述的冻结场条件，因此地面接收点信号强度的时间自相关函数为

$$B_I(t) = B_I(r_x = vt, r_y = 0) \tag{5-100}$$

于是可得信号强度起伏的频谱：

$$\Phi_I(f) = \frac{8\pi L(\lambda r_e)^2}{v} \int_{-\infty}^{\infty} \Phi_{\Delta N}\left(\frac{2\pi f}{v}, \kappa_y\right) \sin^2\left\{\frac{z}{2k}\left[\left(\frac{2\pi f}{v}\right)^2 + \kappa_y^2\right]\right\} \mathrm{d}\kappa_y \tag{5-101}$$

式(5-101)即为薄相位屏弱闪烁条件下，沿 x 方向运动的不规则结构导致的地面接收信号强度起伏的频谱与电子密度起伏谱之间的关系。图 5.16 为典型的信号强度功率谱曲线。

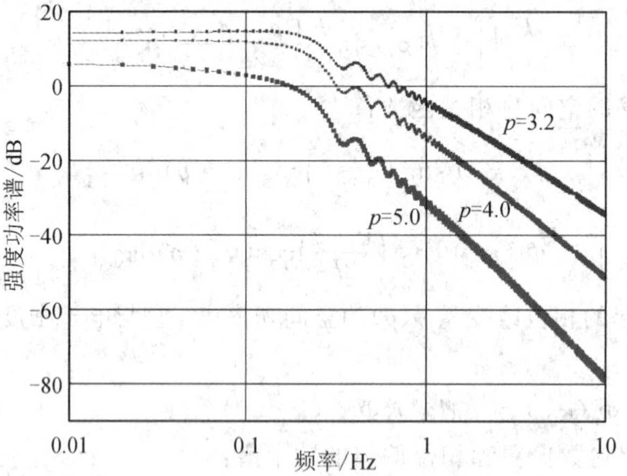

图 5.16　典型的信号强度功率谱曲线

需指出的是，强起伏情况下需要考虑多重散射效应，薄相位屏理论不再适用，于是人们提出了积分方程法、多重相位屏理论、抛物方程等各种研究方法。其中，多重相位屏技术可以采用快速傅里叶变换(Fast Fourier Transform，FFT)进行计算，广泛用于随机等离子体介质层的波传播问题，在强起伏闪烁研究中发挥了重要作用。GISM(Global Ionospheric

Scintillation Model)就是基于多重相位屏模型和 NeQuick 电子密度经验模型提出的电离层闪烁预报模式，已被国际电信联盟无线电通信部门(International Telecommunication Union - Radiocommunication Sector，ITU - R)所采用。

习 题

1. 求证群路径 P' 和相路径 P 之间满足以下关系：

$$P' = \frac{\mathrm{d}}{\mathrm{d}f}(Pf)$$

其中，f 为电波频率。

2. 频率 $f=1.57$ GHz 的无线电波穿透电离层传播，若已测得电波射线路径上总电子含量为 30 TECU，则忽略地磁场和碰撞的影响，电离层引起的传播附加时延为多少？电离层引起的群路径长度变化 $\Delta P'$ 是多少？

3. 频率为 $f=1.57$ GHz 的无线电波穿透电离层传播，若已测得电离层引起的传播附加时延为 3×10^{-8} s，则忽略地磁场和碰撞的影响，电离层引起的群路径长度变化 $\Delta P'$ 是多少？该射线路径上总电子含量 TEC 为多少？

4. 什么是法拉第旋转？

5. 什么是电离层闪烁？请描述电离层闪烁在地球上的时空分布特征。

6. 在电离层闪烁监测系统中，如何利用闪烁指数判断一次闪烁事件的发生？

7. 利用 GPS 双频差分法测量电离层的总电子含量 TEC 时，若某时刻测得某颗 GPS 卫星 L_1 波段($f=1.57542$ GHz)与 L_2 波段($f=1.2276$ GHz)信号时延之差为 1.2×10^{-8} s，则忽略地磁场和碰撞的影响，此时该射线路径上总电子含量 TEC 为多少？

课外学习任务

(1) 应用卫星闪烁监测系统的数据分析某站点电离层的闪烁形态。

(2) 学习应用卫星信号的电离层传播效应进行 TEC 测量的方法。

(3) 了解卫星导航系统的定位原理与误差修正方法。

第6章　电离层探测技术简介

电离层的研究是以垂直探测开始的，电离层探测技术的发展推动着电离层研究工作不断达到新的水平。20世纪50年代以前，地面测高仪是主要的电离层探测工具，之后人造地球卫星的发射成功，为电离层探测提供了强有力的探测工具，从而大大促进了高层大气物理探测技术的发展。同时，各种地面探测技术诸如大功率超视距雷达、斜向探测、返回斜向探测、长波探测、激光雷达等也获得了很大进步。高层大气的探测和研究与通信、导航、制导、遥测和遥控等有密切的关系。

高层大气物理特性的探测内容包括大气组成、电子含量、电子浓度、电子温度、离子浓度、离子温度、碰撞频率等，以及这些参量随时间和空间的变化，即它们的昼夜变化、季节变化、太阳周期变化、全球分布、地区分布、剖面及漂移运动等。对探测结果做进一步分析，可以了解有关电离层的形成过程、形态模式、电离输运、热能输运、热平衡等物理机制。

探测的理论依据是等离子体表现出来的电磁现象，如等离子体频率、吸收、部分反射、交叉调制、前向散射、后向散射、非相干散射、多普勒频移、法拉第效应，以及高层大气中发生的哨声、极光、流星余迹等现象。使用的探测设备除无线电波段的脉冲波和连续波设备外，还有火箭和卫星上的本地探针以及激光雷达。探测的空间可分为顶部探测(F2层峰值高度以上)和底部探测。

当前用于探测电离层的技术手段种类繁多。其中，电离层垂直探测、斜向探测、后向返回散射探测以及基于卫星信标的电离层闪烁监测和TEC测量是我国各电离层观测站的常规探测手段。电离层垂直探测技术是电离层研究历史中最早采用的探测方法，也是长期以来最主要的电离层探测方法。关于该技术，研究人员已积累了大量的探测资料，这对电离层的研究发挥着重要作用。电离层斜向探测技术是基于电离层垂直探测技术的一发多收的组网观测手段，用以观测各链路的通信频段的变化。后向返回散射探测是收、发同地的斜向探测技术，能够探测几千公里以外的电离层的物理状况，也是研究和预报远距离传播的一种重要工具。基于卫星信标的电离层闪烁监测是目前国际上用于电离层闪烁监测的主要手段，开展电离层闪烁监测和预报研究可以有效地规避或减小电离层闪烁对地空信息系统的影响。非相干散射雷达是目前地面上观测电离层的最先进和最强有力的手段，具有探测参数多、探测高度范围广、探测精度高的优点。朗缪尔探针是利用火箭或卫星进行探测的本地探测手段。电离层垂直探测、斜向探测及后向返回散射探测的探测原理、电离图分析等在本书第4章已作详细讨论，基于卫星信号的电离层闪烁监测系统、闪烁数据分析方法及TEC测量方法在本书第5章已作详细讨论。本章将着重介绍非相干散射探测、本地探针及人工影响电离层等方面的探测技术和实验。

2012 年 10 月，我国空间科学领域首个国家重大科技基础设施项目——东半球空间环境地基综合探测子午链(简称子午工程)通过国家验收。子午工程是利用东经 120°子午线附近，北起漠河，经北京、武汉，南至海南并延伸到南极中山站，以及东起上海，经武汉、成都，西至拉萨的沿北纬 30°纬度线附近现有的 15 个监测台站，建成一个以链为主、链网结合的运用地磁、无线电、光学和探空火箭等多种手段的监测网络。子午工程是国际上监测空间范围最广、地域跨度最大、监测空间环境物理参数最多、综合性最强的地基空间环境监测网，将为我国建立独立自主的空间环境监测和保障体系奠定重要基础。特别地，在电离层探测方面，子午工程同时具备垂直/斜向探测、VHF(30～300 MHz)雷达探测、基于卫星信标的闪烁监测及 TEC 测量、高频多普勒监测、高频相干雷达、非相干散射雷达、朗缪尔探针本地探测等多种探测手段。子午工程于 2012 年在云南曲靖建成了我国第一台具有国际先进水平的非相干散射雷达。2011 年 5 月子午工程首枚探空火箭成功发射，是我国空间环境监测探空火箭沉寂 20 年后的再次升空，是中国火箭探空事业一个新的里程碑。图 6.1 所示为子午工程一期地面台站布局示意图。

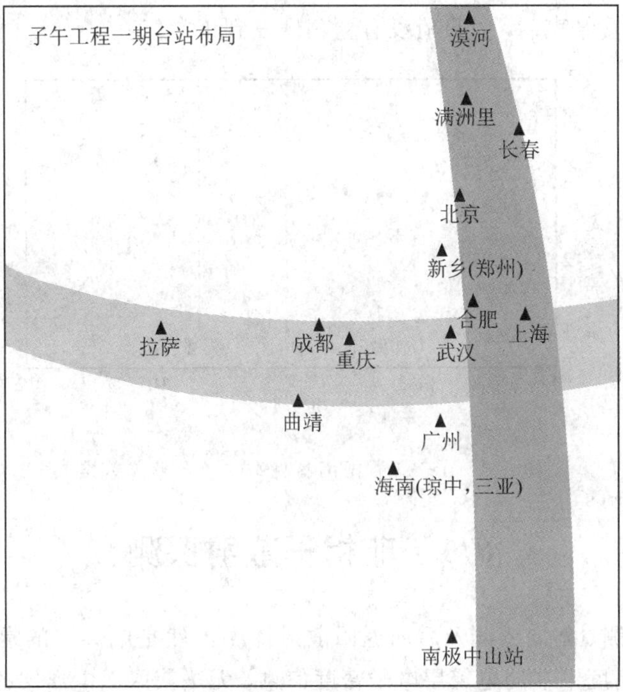

图 6.1　子午工程一期地面台站布局示意图

子午工程自建设以来，利用其监测设备所获取的大量的不同纬度的空间环境监测数据，多次为我国“神舟八号”飞船、“天宫一号”飞船、“神舟九号”飞船的发射、在轨运行和返回等国家重大航天任务提供空间天气保障服务，多次观测到空间环境对于耀斑、强磁暴、日食等事件的异常响应，并开展了相关研究。图 6.2 所示为 2012 年 6 月“神舟九号”飞船发射前子午工程宇宙线超中子堆监测数据，该数据反映了宇宙线通量的变化情况，图中横坐标为时间(日期)，纵坐标为计数率的相对值。由图 6.2 可见，6 月 10 日以前宇宙线通量处于正常的平均值，变化平稳，在±1%范围内波动，从 11 日起，宇宙线通量起伏明显增强，但变化幅度还不大，不会对仪器及航天员造成大的影响。

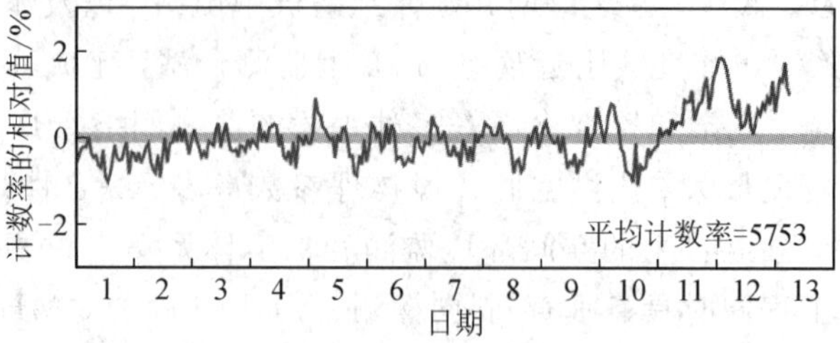

图 6.2　子午工程北京宇宙线超中子堆监测数据

图 6.3 所示为 2020 年 6 月 21 日日环食期间子午工程海南富克站电离层垂直探测系统所监测的 E 层临界频率 f_oE 随时间的变化，图中横坐标为世界时，散点表示日食当天的 f_oE 实测数据，实线表示 6 月 11—6 月 20 日的 f_oE 平均数据，三条虚线依次代表日食期间初亏、食甚、复圆的时间。由图 6.3 可见，海南富克站 f_oE 值在食甚时开始有所下降，最大降幅约为 27%，日食结束后，f_oE 值没有立刻恢复到正常值。

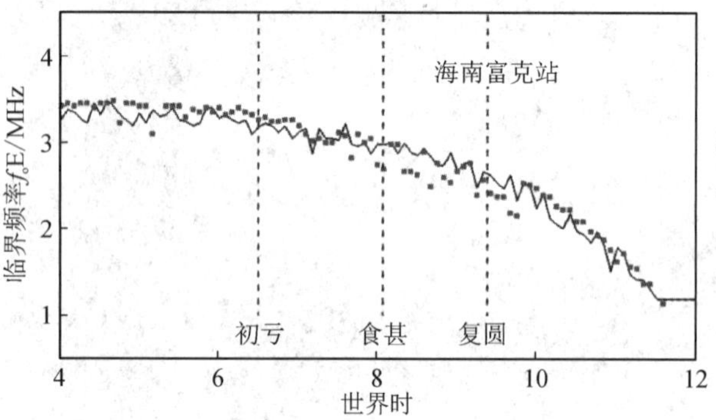

图 6.3　子午工程海南富克站的 f_oE 监测数据

6.1　非相干散射探测

电离层垂直探测、斜向探测及后向返回散射探测虽然是电离层的常规探测手段，但仅能获取 F2 层峰值高度以下的电离层电子密度信息，无法获取上电离层的电子密度信息，也无法获取电子和离子温度等其他电离层参量。而非相干散射雷达可以连续探测覆盖电离层底部和顶部高度区域内的电离层电子密度、电子和离子温度、等离子体视线漂移速度等多种参量，并由此间接推导出电离层电场、电导率、中性大气成分及风速等空间环境信息。

电离层对电磁波的非相干散射是指由于电离层中离子和电子的随机热运动而导致等离子体密度微小涨落所引起的电磁波散射。1958 年美国人戈登(W. E. Gordon)最先提出用大功率雷达探测电离层后向散射回波信号，他认为这种散射是相互独立的电子所产生的汤姆逊散射，在雷达接收机端，散射信号是功率相加的，其大小与散射区的电子密度成正比，功率谱呈高斯曲线形状，谱宽度与散射区电子热运动的温度有关。这一想法经鲍尔斯(K. L. Bowles)的实验观测证实。尽管由电子非相干运动产生的散射是相当小的，散射信号非常微弱，但仍可被强有力的大功率非相干散射雷达探测到。

事实上，非相干散射并不是完全非相干的，等离子体的集体相互作用导致的电子运动是部分相关的。这种相关性对散射信号谱产生了深刻影响，使散射信号频谱比 Gordon 预想的要复杂得多，正是这种额外增加的复杂性极大地增加了观测数据的价值。电离层的电子密度、电子与离子温度、离子成分、等离子体漂移速度等物理参数都可影响散射信号的功率谱，可以通过对散射信号功率谱的分析得到上述参数。

非相干散射雷达是目前地面上观测电离层的最先进和最强有力的手段，具有探测参数多、探测高度范围广、探测精度高等优点。其观测目的是利用电离层中等离子体的热起伏对入射高频电磁波的微弱散射来遥测电离层的物理参数。

非相干散射雷达的探测目标是由雷达波束形成的电离层等离子体，而散射体由具有平均密度 N_e 的散射电子形成。根据雷达原理可知，探测目标的总散射截面与发射天线的增益 G_t 成反比，与探测距离的平方 R^2、极化方向(用极化角度 χ 表示)和散射电子的平均密度 N_e 成正比，即

$$\sigma_{\text{Tot}} \propto G_t^{-1} R^2 \sigma \sin^2 \chi N_e \tag{6-1}$$

设探测目标的厚度为 $\mathrm{d}R$，则电离层的散射功率为

$$P_{\text{sct}} \propto \frac{P_t G_t \sigma_{\text{Tot}}}{4\pi R^2} = P_t N_e \mathrm{d}R \sigma \sin^2 \chi \tag{6-2}$$

式中，P_t 为雷达的发射功率。对于单基地非相干散射雷达，接收信号是后向散射的，满足 $\sin^2\chi=1$，其雷达方程可表示为

$$P_r = \frac{A_r P_t N_e \mathrm{d}R\sigma}{4\pi R^2} \tag{6-3}$$

式中，P_r 为雷达天线接收的散射信号的功率；A_r 为天线的有效面积，与天线增益 G_t 和工作波长 λ 有关；N_e 为探测距离 R 处的电子密度；σ 为单电子的有效散射截面积，与电子密度 N_e、电子温度 T_e、离子温度 T_i 等参量有关，可近似表示为

$$\sigma \approx \sigma_e \left[\frac{1}{\left(1 + a^2 + \dfrac{T_e}{T_i}\right)(1 + a^2)} + \frac{a^2}{1 + a^2} \right] \tag{6-4}$$

式中，σ_e 为单电子的自由散射截面积，且有 $\sigma_e = 4\pi r_e^2$，r_e 为电子半径常量；$a = k_B \lambda_D$，与离子德拜长度 λ_D 和玻尔兹曼常数 k_B 有关。

根据电离层的电子密度等特性参数不同，从电离层不同高度散射回来的功率谱的形状也各有差异，但通常具有如图 6.4 所示的基本形态。图 6.4 为经典的非相干散射功率谱。图中，中间部分为离子谱，呈双峰或单峰曲线，宽度约为 5 kHz 至数十 kHz，两侧部分分别为上移和下移等离子体谱，偏离中心频率约 5～10 MHz，谱宽小于 1 kHz。

利用非相干散射功率谱可以反演电子密度随高度的分布：

$$N_e(h) = C \frac{P_r h^2}{\sigma} \tag{6-5}$$

式中，$N_e(h)$为高度 h 处的电子密度；C 为常数，可以通过雷达定标或电离层测高仪观测的 F2 峰值电子密度确定；P_r 为接收功率；σ 为高度 h 处的电子有效散射截面。

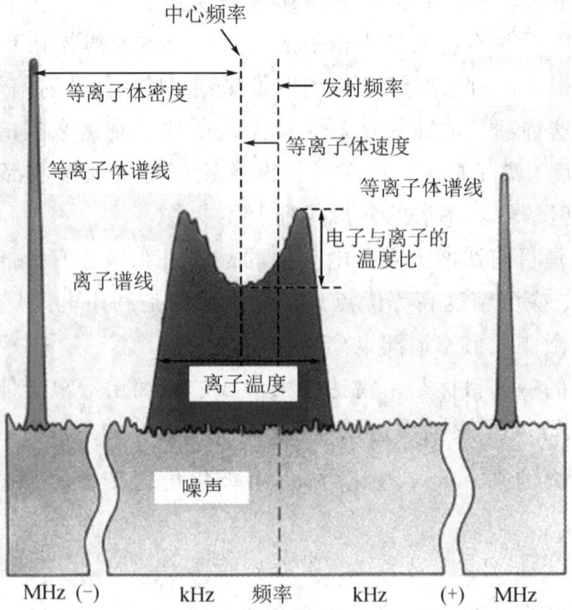

图 6.4 非相干散射功率谱示意图

若离子成分已知，则利用非相干散射雷达回波功率谱的形状可以确定电子温度和离子温度。电子与离子的温度比决定了离子功率谱线的尖锐程度，它可以通过测量功率谱中双峰之间的谷深求得。

在非相干散射雷达接收的功率谱中，离子线的两个峰之间的距离 f^+ 可表示为

$$2f^+ = \frac{4}{\lambda}\left[\frac{k_B T_i}{m_i}\left(\frac{T_e}{T_i}+1\right)\right]^{1/2} \tag{6-6}$$

式中，k_B 为玻尔兹曼常数，m_i 为离子质量。若已知离子成分以及电子与离子的温度比，可通过式(6－6)获得离子温度 T_i。

等离子体的整体视线漂移速度为

$$v_i = \lambda\frac{\Delta f}{2} \tag{6-7}$$

式中，Δf 为功率谱中心频率相对于发射频率的多普勒频移。通过测量的等离子体视线漂移速度可进一步推算中性风和电场等其他电离层参数。

由于电子的散射截面很小，非相干散射雷达只有采用高功率发射设备、大孔径接收天线以及复杂的脉冲编码方案才能达到实验探测的需要，因此非相干散射雷达的前期建造和后期维护耗资巨大。自 1961 年美国在秘鲁 Jicamarca 建成全球首套非相干散射雷达以来，以美国和欧洲非相干散射协会(EISCAT)为主先后建设了十多套非相干散射雷达。其中，EISCAT 是目前最精密的非相干散射雷达系统之一，运行着三部非相干散射雷达。EISCAT 是在 1975 年由多个国家机构组成的国际科学协会。我国于 2006 年正式加入欧洲

非相干散射协会。2012 年初，我国在云南曲靖(25.6°N，103.8°E)建成了国内首台电离层非相干散射雷达，其工作频率为 500 MHz，发射脉冲功率为 2 MW，采用口径为 29 m 的碟形天线，测量高度范围为 90～1000 km，这对我国中低纬地区的电离层空间天气监测与研究具有重要意义。图 6.5 为曲靖非相干散射雷达的外观天线罩。

图 6.5　云南曲靖非相干散射雷达的外观天线罩

6.2 本地探针

前面涉及的电离层探测方法都是利用无线电传播的方法来获取电离层信息的，统称为间接探测。而本地探针方法是直接探测电离层的方法。在 E 区及其以上，用本地探针可以测量电离层的绝大部分等离子体参数，精度在 10%范围内，有些情况还要更好。

1921 年，朗缪尔(Langmuir)等开始用探针测量放电管中的电子和离子浓度，他们成功地进行了各种等离子体的研究。在电离气体中存在着各种不同符号的离子和负电子，如果伸进一探针，此探针对气体的电位为负，则显然在其周围将出现一正离子层，相反地，如果探针电位为正，则在其周围将出现负离子和负电子层。在动态平衡时，探针就吸收周围粒子而形成电流，此电流的大小不仅与探针的形态、大小及电位有关，而且与电离气体的电子浓度、正离子浓度等有关。从探针上的电流就可以推算出周围电离气体的电离度。

最早用朗缪尔探针方法测量电离层电离度的是 1949 年安装在 V-2 火箭上的锥形圆筒探头。这个探头安装在火箭的顶端，在火箭本体与探头之间进行电绝缘隔离，并且加上锯齿形电压差。火箭本体的电位与周围电离层气体的电位差别不大，因此这个锯齿形电压实际上使探头电位不断改变，以便测出朗缪尔伏安特性曲线。从伏安特性曲线可以推算出电子浓度和电子温度。

朗缪尔探针技术是本地探测空间等离子体的重要手段，它质量小，结构简单，功耗低，可以实地测量空间等离子体的电子密度、电子温度等特性参数，以及航天器表面电位及其变化情况，因此其广泛应用于探空火箭和各种航天器，以进行科学探测和航天器的安全保障服务。比如，欧洲的 ICI 系列和 DEOS 系列探空火箭、美国的 COQUI 系列和 EQUIS 系列探空火箭都载有朗缪尔探针，用于对电离层的各种精细结构和现象进行本地探测和研究。国际空间站、DMSP 和 NPOESS 系列卫星等使用朗缪尔探针对空间等离子体环境进行监测，法国的 DEMETER 卫星利用朗缪尔探针研究地震和电离层扰动的相互关系。

2011 年 5 月 7 日我国子午工程首枚探空火箭(如图 6.6 所示)成功发射，火箭搭载的“鲲鹏一号”探空仪首次应用朗缪尔探针对中国低纬地区电离层的电子温度、电子密度、离子密度及其扰动情况开展了本地探测。2016 年 4 月 27 日，我国成功发射搭载了“鲲鹏- 1B”探空仪的空间环境探测试验火箭，获得了电离层顶的本地探测数据。

图 6.6　子午工程首枚探空火箭

6.3　人工影响电离层

太阳活动期间的突然骚扰、电离层暴等，甚至人类太空活动的增加都会使电离层等离子体环境受到一定程度的扰动。而受扰动后的电离层对无线电波的传播会产生显著影响，进而可能对雷达、导航、通信等信息系统及其在军事领域的应用带来严重影响。人工影响电离层又称为人工电离层变态，是指用人为的方法使局部电离层的结构和特性发生瞬时变化，它是对地球电离层等离子体的一种可控的主动实验。

人工影响电离层的研究目的和意义在于以下三个方面：

一是人工控制电离层，创造新的传播条件，建立可靠的通信链路，以满足我方特殊时期的特殊需求；

二是人为扰动电离层，影响或破坏原有传播条件，造成敌方通信链路畸变，进而干扰敌方正常通信；

三是针对电离层等离子体的某些物理机制或物理过程进行科学研究。

当前，人工影响电离层的常用手段主要包括利用强电波、高能电子等向电离层注入能量，以及利用火箭、卫星等向电离层释放 H_2O、H_2、CO_2 分子及钡、铯元素等化学物质。本节将简要介绍电离层加热技术和电离层化学物质释放技术。

6.3.1　电离层加热技术

电离层加热技术是指利用大功率高频无线电波波束加热电离层，形成局部电离层强烈的等离子体区，以有效控制和改变局部的电离层变化进程，改进军事指挥、控制和通信系统功能的技术。电离层加热技术是在局部空间环境人工影响电离层实验中最有效、应用最广泛的方法之一。

电离层加热技术思想源于 20 世纪 30 年代卢森堡效应(即大功率无线电波与电离层等离子体相互作用时呈现出的非线性效应)的发现。地球磁场的存在使这一问题更加复杂化，涉及电磁波能量的吸收和转移、电离层离子化学反应以及波-粒相互作用、波-波相互作用等过程。另外，电离层在不同高度上显示不同的特点，加热的结果也有很大的不同。

在大功率电磁波场中，电离层等离子体中的电子在电场作用下被加速，电子与其他粒子之间相互碰撞的概率增大，电子和离子获取附加能量，动能增加，温度升高。又因为电子的平均自由程较大，其质量又远小于离子、分子等，容易被加热，所以相比之下，离子的加热可忽略不计。当电场扰动的电离层等离子体区域的特征尺度远大于电子的平均自由程时，加热主要与电子的碰撞有关，扩散、热传导等输运过程忽略不计，这种与碰撞有关的加热效应称为欧姆加热，这是一种热非线性效应。由于碰撞随电离层高度的增加而减少，一般情况下，欧姆吸收也随高度增加而减少，因此欧姆加热理论更适用于低电离层加热效应的分析与解释。

当强电波作用于电离层时，会激发和加强各种形式的等离子体振荡，这是一种与碰撞无关的非线性过程，即参量不稳定性。当受电波扰动区域的尺度远小于电子自由程时，参量的不稳定性起主要作用，尤其是在 F 层等离子体中。参量衰变的不稳定性可以激励高频的朗缪尔波，朗缪尔波可以产生有质动力作用于电离层中的电子，并使之产生电子密度的扰动。电子的运动导致离子跟着作相应的运动，等离子体密度扰动使沿地磁场方向的自然的等离子体扩散效应增强，等离子体扩散增强可使有质动力增强，而增强的有质动力会进一步导致电子密度扰动的增强，从而激发不稳定性的发生，并可产生小尺度场向不规则体。小尺度场向不规则体还可对 HF 雷达信号在很宽的频段内产生异常吸收现象。

电离层高频加热可以产生多种变态效应，其中最重要、最本质的改变是电离层电子温度和电子密度的改变。实验结果表明，反射高度附近的电子温度增强最为明显，白天温度增加接近 50%，晚上可达 300%；低电离层区域电子温度增强可达 46%。由于离子质量很大，因此离子温度和漂移速度不会受到明显的影响。根据欧姆加热理论，电离层加热的直接结果便是电离层电子密度增加，并且加热撤销后，加热区的电子密度增强迅速减弱，大约几十秒后恢复常态。

图 6.7 所示为 2011 年某次极区电离层加热实验中电子密度和电子温度随时间的变化特征。此次加热实验从 12:00 开始，加热循环采用 18 分钟开、12 分钟关。从图 6.7 中可以看到，整个加热时段，电子密度和电子温度的加热扰动特征均很明显，其中电子温度的增强基本局限在反射高度附近，而电子密度在 200～500 km 甚至更高区域均出现了显著的增强效果。图 6.8 所示为加热时段的电子密度与未加热时段的电子密度的对比。图 6.8(a)中的实线为未加热时段的电子密度，点画线为加热时段的电子密度；图 6.8(b)为电子密度的增量百分比。由图 6.8 可见，加热期间电子密度显著增强，210 km 处电子密度增强约 270%。

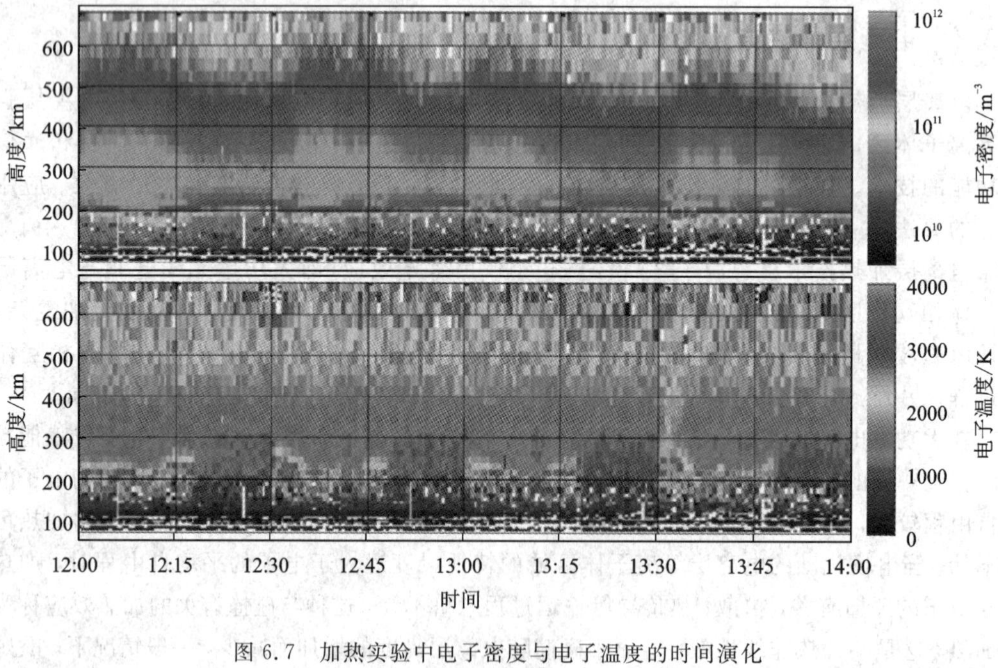

图 6.7 加热实验中电子密度与电子温度的时间演化

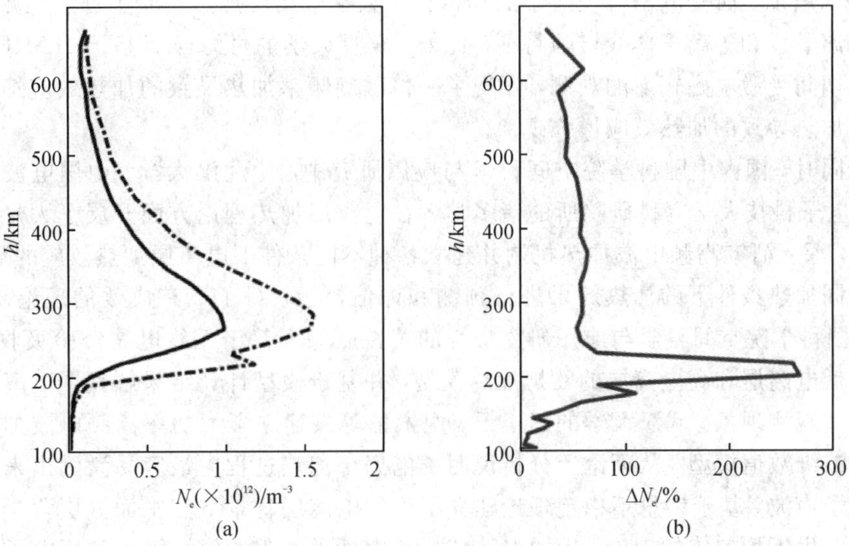

图 6.8　电离层加热引起的电子密度扰动

此外，电离层加热还会导致大尺度电子密度不均匀体激增，等离子体谱线增强，异常宽带吸收增强，气辉增强，互调和交调，极低频/甚低频(ELF/VLF)波激发，电子沿磁场排列发生散射等现象。

电离层加热技术的相关效应在无线电信息传输、空间信息对抗及电离层与磁层物理研究中具有特别重要的应用前景，比如有望改善天波超视距雷达的作用距离，改善极低频/甚低频对潜艇的通信距离，侦察巡航导弹和地空飞机，探测远方地下目标，影响导弹飞行轨迹，操纵敌方局部高层大气等。当前电离层加热技术已成为空间物理和国防高科技的一个引人注目的前沿科学研究领域。电离层高频加热产生的变态效应是局部的、短暂的并可恢复的，不会造成直接环境破坏和人员伤亡。

电离层加热实验除了需要大功率发射装置之外，还需要先进、有效的电离层探测、诊断装置对加热产生的效应进行探测。非相干散射雷达有很高的时空分辨率，且可实现多参数同时测量，成为电离层加热实验效应诊断的有效工具。世界上第一部大功率高频电离层加热装置于 1970 年在美国科罗拉多州的 Plattevill 建成并投入使用。不久以后，Arecibo 和 SURA 的加热设备相继投入使用，德国在 1980 年建成的特罗姆瑟(Tromsø)电离层加热装置于 1993 年移交欧洲非相干散射协会(EISCAT)，使德国、法国、英国、芬兰、瑞典、挪威和日本都先后加入了电离层加热实验研究的行列。当前最大的电离层高频加热设备就是美国为实施“高频人造极光研究计划”(HF Artificial Auroral Research Project，HAARP)而建在阿拉斯加的有效辐射功率达 3GW 的电离层高频加热站。

我国对电离层加热的研究起步较晚，2006 年正式加入欧洲非相干散射协会，之后每年都有固定的时间利用 EISCAT 的加热设备开展电离层加热的实验研究。EISCAT 作为电离层加热理论和实验研究领域的国际前沿组织，在实验条件、实验数据分析、电离层加热效应分析等方面为我们提供了很多便利。例如，中国电波传播研究所的吴军、徐彬等人在我国首次冬季电离层加热实验中观测到电子温度存在 60%～120%的增强，离子声波频率有

1～2 kHz的增加。西安电子科技大学的程木松等人在电离层加热实验中首次观测到了长生命周期的离子线和等离子体线增强特征。此外，复旦大学的付海洋等基于 HARRP 电离层加热实验期间受激电磁辐射的观测，发现了一倍磁旋频率加热导致的加热效应抑制和三倍磁旋频率加热导致的加热效应增强现象。

与此同时，国内中国科学院空间科学与应用研究中心、武汉大学、中国电波传播研究所、西安电子科技大学等科研院所的诸多学者在电离层加热理论方面开展了大量的研究工作。比如，深入研究高频电波加热机制并建立各种不同条件下电离层加热效应的数值模型，以期对不同加热条件下的加热效果进行预测和评估，已取得了卓有成效的理论研究成果。例如，中国科学院空间科学与应用研究中心的黄文耿等人基于无线电波经验吸收模型，分别建立了低电离层和高电离层的欧姆加热模型，并基于模型计算结果解释了电离层加热实验中的一些观测现象。武汉大学的赵正予、倪彬彬等人建立了大功率高频电波加热电离层的一维和二维数值模型，从理论上分析说明了电离层加热过程中最容易激励出来的是朗缪尔波和离子声波，基于参量不稳定理论建立了均匀电离层背景下和平面分层背景下高频加热电离层产生不均匀体的理论。中国电波传播研究所的吴健、徐彬等人利用电子的超高斯分布函数，对电离层加热实验的非相干散射功率谱进行了反演，并指出电离层加热的非相干散射谱的反演中，非麦克斯韦因素必须予以考虑。

6.3.2　电离层化学物质释放技术

电离层化学物质释放技术是用火箭或卫星在电离层释放化学物质，造成局部电离层人工变态，以有效控制和改变电离层变化进程的技术。

早期的电离层化学物质释放实验主要以火箭尾焰成分物质为主，后期实验中释放物质的种类逐渐多样，用于探索不同的物理机制或空间现象。释放的化学物质，主要分为两类。一是等离子体增强类物质，以易电离的金属物质为主，比如碱金属、碱土金属钡和镧系金属钐等，也包括少量的中性气体和临界速度电离物质，比如 NO。这类物质在太阳紫外光的照射下，非常容易发生光致电离而失去电子，致使电离层局部空间电子密度在短时间内大大增加。二是等离子体耗空的中性气体类物质，如 H_2O、H_2、CO_2、SF_6、CF_3Br、$Ni(CO)_4$、在轨发动机尾焰等。这些物质通过化学反应或亲和作用吸附自由电子，最终形成所谓的电离层洞或电子洞。比如，电离层 F 区的 O^+ 与电子的复合系数约为 $10^{-12}\,cm^3/s$，在电离层释放一定的中性气体分子，这些分子很容易与 O^+ 发生化学反应，产生相应的正离子，而正离子与电子的复合系数一般可达到 $10^{-7}\,cm^3/s$ 甚至更大，致使 F 层局部区域电子密度大大减小，从而形成电子密度耗空。此外还有影响或生成空间尘埃等离子体的纳米颗粒(比如 Al_2O_3 等)，以及高空风场测量的示踪物(比如钠、三甲基色氨酸铝 TMA 等)。

自 20 世纪 60 年代开始，美国、苏联和欧洲各国率先利用火箭、卫星和航天飞机携带化学物质，将其释放到电离层空间，通过光电、化学反应激发高层大气等离子体的某些不稳定性，改变其成分和动力学过程，产生电子密度增长或者耗空区域，甚至形成不规则结构。研究人员通过观测实验现象，研究电离层等离子体的物理过程和不稳定性触发机制、等离子体与电波的相互作用及其对信息系统性能的影响。

近些年，美国开展了大量的等离子体增强物质释放实验，通过在电离层中释放金属产生人工电离层，用以研究电离层闪烁控制、远程通信技术、赤道扩展 F 层形成机制及不稳定性触发控制因素等。这将有助于缓解或有效解决电离层闪烁引起的卫星失锁、卫星通信中断等电子信息系统的工作性能故障问题。

在等离子体耗空物质释放实验中，形成的“电离层洞”空间尺度可达数百平方千米，而且其中含有大量的不均匀体，最大电子密度下降 50%～99%，积分电子含量下降 30%～80%，它使通过此区域的电波的折射、反射、返回散射产生严重变化，高频电波将全部穿透电离层人工低电离区，使短波信息系统完全中断；短波天波雷达因失去经电离层反射的目标信号而失效；考虑正常电离层背景而事先设计好的定型远程导弹弹道将产生严重误差；对星基和天基雷达信号造成严重闪烁；人工低电离区的聚焦效应可增强对敌干扰信号的能量密度。

电离层化学物质释放实验中所释放的都是普通物质，不是违禁化学物，其效应是局部的、短暂的并可恢复的，不会造成直接环境破坏和人员伤亡。但我国在电离层化学物质释放实验方面发展较为缓慢，2013 年 4 月中国科学院空间科学与应用研究中心在海南进行了中国第一次空间等离子体主动释放试验。利用探空火箭，在电离层约 190 km 高度释放了近 1 kg 碱金属钡，本次钡释放试验实现了对中国低纬度地区电离层结构与性质及中性风场的探测。此外，诸多学者开展了化学物质释放的相关理论研究工作，比如基于等离子体扩散过程及离子化学反应来数值模拟化学物质释放引起的电离层扰动特征及其对电波传播的影响等。

习　题

1. 请描述非相干散射雷达的工作原理。
2. 人工影响电离层的目的及意义是什么？
3. 人工影响电离层的常用手段有哪几种？其原理分别是什么？
4. 请描述朗缪尔探针在电离层本地探测中的工作原理。

课外学习任务

(1) 查阅资料，了解我国非相干散射雷达的设备运行、技术参量及探测数据等相关情况。

(2) 查阅资料，了解我国电离层加热技术的发展现状。

参考文献

[1] 熊年禄，唐存琛，李行健. 电离层物理概论. 武汉：武汉大学出版社，1999.
[2] (美)叶公节，刘兆汉. 电离层波理论. 王椿年，尹元昭译. 北京：科学出版社，1983.
[3] 赵九章，等. 高空大气物理学(上册). 重排本. 北京：北京大学出版社，2014.
[4] 马腾才，胡希伟，陈银华. 等离子体物理原理. 修订版. 合肥：中国科学技术大学出版社，2012.
[5] 刘选谋. 无线电波传播. 北京：高等教育出版社，1987.
[6] 程新民. 无线电波传播. 北京：人民邮电出版社，1982.
[7] 王元坤. 电波传播概论. 北京：国防工业出版社，1984.
[8] 吕保维，王贞松. 无线电波传播理论及其应用. 北京：科学出版社，2003.
[9] 宋铮，张建华，黄冶. 天线与电波传播. 3版. 西安：西安电子科技大学出版社，2016.
[10] 李莉. 天线与电波传播. 北京：科学出版社，2009.
[11] 焦培南，张忠治. 雷达环境与电波传播特性. 北京：电子工业出版社，2007.
[12] 董庆生. 电波与信息化. 北京：航空工业出版社，2009.
[13] 徐家鸾，金尚宪. 等离子体物理学. 北京：原子能出版社，1981.
[14] 王增和，卢春兰，钱祖平. 天线与电波传播. 北京：机械工业出版社，2003.
[15] 谢华生. 计算等离子体物理导论. 北京：科学出版社，2018.
[16] 总装备部电子信息基础部. 太阳风暴对雷达及导航装备的影响与应对. 北京：国防工业出版社，2012.
[17] 总装备部电子信息基础部. 太阳风暴对通信装备的影响与应对. 北京：国防工业出版社，2012.
[18] 刘经南，陈俊勇，等. 广域差分 GPS 原理和方法. 北京：测绘出版社，1999.
[19] 刘基余. GPS 卫星导航定位原理与方法. 2版. 北京：科学出版社，2008.
[20] 北斗卫星导航系统. 网址：http://www.beidou.gov.cn.
[21] 空间环境预报中心. 网址：http://sepc.ac.cn.
[22] 空间环境地基综合监测网. 网址：http://meridianproject.ac.cn.
[23] 国家卫星气象中心/国家空间天气监测预警中心. 网址：http://www.nsmc.org.cn.
[24] 周彩霞. 中低纬电离层不规则体及闪烁特性研究. 博士学位论文. 西安：西安电子科技大学，2014.
[25] 许正文. 电离层对卫星信号传播及其性能影响的研究. 博士学位论文. 西安：西安电子科技大学，2005.
[26] 徐彤. 垂直和斜向探测电离层参数反演遗传算法研究. 硕士学位论文. 西安：西安电子科技大学，2006.
[27] 夏淳亮. GPS 台网观测中电离层 TEC 的解算方法及 TEC 现报系统的初步研制. 硕士

学位论文. 武汉：中国科学院武汉物理与数学研究所，2004.
[28] 李婧华. 电离层闪烁及不规则体参数反演方法的研究. 硕士学位论文. 西安：西安电子科技大学，2006.
[29] 徐彬. 非相干散射谱研究及其在电离层加热中的应用. 博士学位论文. 西安：西安电子科技大学，2009.
[30] 程木松. 极区电离层加热实验及异常非相干散射谱研究. 博士学位论文. 西安：西安电子科技大学，2015.
[31] 刘宇. 实验室研究化学物质释放形成的电离层空洞边界层的非线性演化. 博士学位论文，合肥：中国科学技术大学，2014.
[32] 梁百先，李钧，马淑英. 我国的电离层研究. 地球物理学报，1994，37(增刊)：51－73.
[33] 冯静，齐东玉，李雪，等. 返回散射电离图传播模式的自动识别方法. 电波科学学报，2014，29(1)：188－194.
[34] 焦培南，凡俊梅，吴海鹏，等. 高频天波返回散射回波谱实验研究. 电波科学学报，2004，19(6)：643－648.
[35] 冯静，倪彬彬，赵正予，等. 利用高频天波返回散射反演电离层水平不均匀结构. 地球物理学报，2016，59(9)：3135－3147.
[36] DAVIES K. Ionospheric effects on satellite land mobile systems. IEEE Antennas and Propagation Magazine，2002，44(6)：24－31.
[37] YEH K C，LIU C H. Radio wave scintillations in the ionosphere. Proceedings of the IEEE，1982，70(4)：324－360.
[38] AARONS J. Global Morphology of Ionospheric Scintillations. Proceedings of the IEEE：1982，70(4)：360－378.
[39] AARONS J. 50 Years of Radio-Scintillation Observations. IEEE Antennas and Propagation Magazine，1997，39(6)：7－12.
[40] 马冠一，韩文焌. 薄相屏闪烁的数值分析. 电波科学学报，1994，9(3)：26－32.
[41] 金旺，杨玉峰，李清亮，等. 曲靖非相干散射雷达在空间碎片探测中的应用. 电子学报，2018，46(1)：252－256.
[42] 丁宗华，鱼浪，代连东，等. 曲靖非相干散射雷达功率剖面的初步观测与分析. 地球物理学报，2014，57(11)：3564－3569.
[43] 关燚炳，王世金，梁金宝，等. 基于探空火箭的朗缪尔探针方案设计. 地球物理学报，2012，55(6)：1795－1803.
[44] 颜蕊，胡哲，王兰炜，等. 中国电磁监测试验卫星朗缪尔探针数据反演方法研究. 地震学报，2017，39(2)：239－247.
[45] 黄文耿，古士芬. 大功率无线电波对高电离层的加热. 空间科学学报，2003，23(5)：343－351.
[46] 黄文耿，古士芬. 大功率无线电波与低电离层的相互作用. 空间科学学报，2003，23(3)：181－188.

[47] 许正文，赵海生，徐彬，等. 电离层化学物质释放实验最新研究进展. 电波科学学报，2017，32(2)：221-226.

[48] 黄勇，时家明，袁忠才. 释放化学物质耗空电离层电子密度的研究. 地球物理学报，2011，54(1)：1-5.

[49] 王劲东，李磊，陶然，等. 电离层等离子体主动释放试验研究. 空间科学学报，2014，34(6)：837-842.